Sven-Oliver Funke, Jessika Löwen

Fame!

Das Handbuch für Influencer

Rheinwerk
Computing

Auf einen Blick

Wir hoffen, dass Sie Freude an diesem Buch haben und sich Ihre Erwartungen erfüllen. Ihre Anregungen und Kommentare sind uns jederzeit willkommen. Bitte bewerten Sie doch das Buch auf unserer Website unter **www.rheinwerk-verlag.de/feedback**.

An diesem Buch haben viele mitgewirkt, insbesondere:

Lektorat Simone Bechtold, Stephan Mattescheck
Korrektorat Isolde Kommer, Großerlach
Gutachterin Tara Wittwer
Herstellung Melanie Zinsler
Typografie und Layout Vera Brauner, Maxi Beithe
Einbandgestaltung Julia Schuster
Coverfoto Shutterstock: 518625739 © Yulia Mayorova
Satz III-Satz, Husby
Druck mediaprint solutions, Paderborn

Dieses Buch wurde gesetzt aus der Linotype Syntax (9,25/13,25 pt) in FrameMaker.
Gedruckt wurde es auf chlorfrei gebleichtem Offsetpapier (90 g/m²).
Hergestellt in Deutschland.

Bibliografische Information der Deutschen Nationalbibliothek:
Die Deutsche Nationalbibliothek verzeichnet diese Publikation in der Deutschen Nationalbibliografie; detaillierte bibliografische Daten sind im Internet über *http://dnb.d-nb.de* abrufbar.

ISBN 978-3-8362-7055-7

1. Auflage 2020
© Rheinwerk Verlag, Bonn 2020

Informationen zu unserem Verlag und Kontaktmöglichkeiten finden Sie auf unserer Verlagswebsite **www.rheinwerk-verlag.de**. Dort können Sie sich auch umfassend über unser aktuelles Programm informieren und unsere Bücher und E-Books bestellen.

Inhalt

Geleitwort

Influencer – dieser Begriff geistert seit ein paar Jahren durch die Onlinewelt und hat nun auch wirklich den letzten Winkel der Offlinewelt erreicht. Jeder kann sich etwas darunter vorstellen und doch nicht so richtig: Sind das nicht die, die Klamotten in die Kamera halten und dann pro Klick auf das Bild bei Instagram einen Cent kriegen?

Äh, nein! Influencer sein funktioniert anders und bedeutet auch so viel mehr. Man kann über wichtige Themen wie Nachhaltigkeit oder Veganismus reden, aber auch die neuesten Make-up-Produkte zeigen oder Comedy machen. Den Themen sind keine Grenzen gesetzt, und genau das macht es auch so spannend: Jeder kann Influencer sein und seinen Traum leben.

In diesem Buch wirst du alle wichtigen Dinge lernen, die du brauchst, um ein erfolgreicher Influencer zu werden. Es ist so gut strukturiert, dass du von Anfang bis Ende alles detailliert erklärt bekommst. Ich kann dir versprechen, dass dieses Buch das richtige für dich ist, wenn du dich fragst, ob du in der Onlinewelt als Influencer durchstarten möchtest – ich selbst hätte dieses Buch gerne selbst vor sieben Jahren gehabt, als ich gerade damit anfing. Mit einem gut strukturierten Plan lässt sich ein Ziel viel besser verfolgen, und diesen Plan hältst du gerade in deinen Händen.

Ich bin sicher: Mit viel Fleiß und Durchhaltevermögen wirst auch du zum Influencer, und wer weiß – vielleicht sehen wir uns bei dem nächsten großen Event?

Also, mach Netflix aus, und starte mit diesem Buch in deine Zukunft!

Tara Wittwer

Januar 2020

https://www.tarawittwer.de/
Instagram: *@wastarasagt*

Vorwort

»My parents said that sitting at home playing video games all day won't bring you anywhre in life.«
– PewDiePie, YouTuber

Du möchtest die sozialen Netzwerke erobern und Influencer werden? Nie zuvor war es so einfach, mit wenigen Mitteln viele Menschen zu erreichen und zu unterhalten. Egal, ob du 14 oder 50 Jahre alt bist: Mit Fotos, Videos und Texten kannst du Geschichten erzählen, andere Menschen inspirieren oder Wissen vermitteln. Die Möglichkeiten sind schier endlos! Was auch immer du vorhast, lässt sich mit der richtigen Strategie im Netz realisieren.

Mit diesem Buch möchten wir dir das Wissen an die Hand geben, wie du strategisch sinnvoll vorgehst und deine Inhalte planst. Lass uns einen Blick auf die Kapitel werfen!

In **Kapitel 1** klären wir, was du überhaupt brauchst, um dich als Influencer bezeichnen zu können. Außerdem kümmern wir uns um die Frage, ob Influencer zu sein wirklich ein lohnenswertes Ziel ist, und hinterfragen deine Motivation.

Es gibt zahlreiche Anfängerfehler, die du unbedingt vermeiden solltest. Damit du nicht in die Falle läufst, haben wir in **Kapitel 2** zusammengefasst, worauf du achten solltest.

Es gibt nichts Schwierigeres, als anzufangen. Der Anfang soll dir natürlich leichtfallen, weshalb wir in **Kapitel 3** über die Strategie für die Anfangszeit sprechen. Plattformen auswählen, Sprache finden und Inhalte planen: All das erwartet dich hier.

Nach der Planung kann geht es direkt ans Eingemachte: Wie du Foto und Videos produzierst und was du wirklich an Equipment brauchst, das klären wir in **Kapitel 4**!

Als Influencer sollte man eine treue Community im Rücken haben. Wie baust du sie auf und was kannst du machen, um sie zu vergrößern? **Kapitel 5** hilft dir weiter.

Immer wieder wirst du es hören: *Authentisch* sollen Influencer sein – man sollte ihnen also glauben können, was sie erzählen. Damit du das auch schaffst, schauen wir uns in **Kapitel 6** an, wie du dich von der Masse abhebst und zur Marke wirst.

Seien wir ehrlich: Ohne Moos ist nichts los! Wer sich Vollzeit darum kümmert, Content für seine Follower zu erstellen, muss auch irgendwie Geld verdienen. Markenkooperationen sind (neben anderen Einkommensquellen) für die meisten Influencer ein wichtiger Baustein für den Lebensunterhalt. In **Kapitel 7** erwartet dich deshalb, wie du als Influencer mit Markenkooperationen Geld verdienen kannst. Alle anderen Einkommensquellen für Influencer behandeln wir dann in **Kapitel 8**.

Wer als Influencer leben möchte, ist in den meisten Fällen selbstständig tätig. Das bedeutet, sich mit der unternehmerischen Tätigkeit auseinanderzusetzen: Steuern, Versicherungen und Sozialabgaben, aber auch eine gesunde Work-Life-Balance sind nur ein Teil von dem, womit wir uns in **Kapitel 9** beschäftigen.

Als Influencer muss man sich auch um einige rechtliche Dinge kümmern. Damit dir nichts anbrennt und du am Ende nicht abgemahnt wirst, hat der Rechtsanwalt Christian Solmecke in **Kapitel 10** auf den Punkt gebracht, was du rechtlich alles beachten musst.

Über die Kapitel verteilt gibt es neben vielen Beispielen aus der Praxis auch ein paar spannende Interviews mit Influencern aus verschiedenen Bereichen.

An diesem Buch haben wir über mehrere Monate hinweg geschrieben. Entsprechend viele Menschen waren direkt oder indirekt an diesem Buch beteiligt. Wir möchten uns an dieser Stelle zunächst bei den Influencern bedanken, die uns wertvolle Einblicke in ihre Arbeit gegeben haben und deren Interviews du in diesem Buch findest. Beim Rheinwerk Verlag möchten wir uns bedanken für das Vertrauen, dass dieses Buch unbedingt geschrieben werden musste. Christian Solmecke hat ein hervorragendes Rechtskapitel verfasst: Danke Christian! Und auch vielen Dank an Jennifer, die noch mal über das Steuerkapitel gelesen hat.

Jetzt liegt es an dir: Wir denken, dass du nach der Lektüre dieses Buches für das Influencer-Dasein bestens gewappnet sein wirst. Gerne möchten wir von dir hören und dir vielleicht sogar in den sozialen Netzwerken folgen. Schreib uns doch eine E-Mail an *info@sven-oliver-funke.de* (Sven-Oliver) oder *hello@jilmedia.de* (Jessika) und berichte uns von deinen Erfahrungen. Wir sind wahnsinnig gespannt!

Jessika und Sven-Oliver

Februar 2020

1 Hast du das Zeug zum Influencer?

Du träumst davon, Influencer zu werden und dir eine große Community aufzubauen? Das ist schon einmal eine gute Voraussetzung, aber hast du auch sonst alles, was du als Influencer brauchst?

Du machst gerne Fotos und Videos? Und du träumst davon, auf Instagram, YouTube und Co. Geld zu verdienen? Außerdem möchtest du andere Menschen für Themen begeistern, die dich antreiben, und dein Hobby zum Beruf machen? Dann könnte es genau das Richtige für dich sein, Influencer zu werden.

Vielleicht wirst du dich jetzt fragen: »Moment mal, ›Influencer‹? Das sind doch Menschen, die in den sozialen Netzwerken Millionen Menschen erreichen? Kann man das so einfach werden?« Wie du in diesem Buch sehen wirst, kann man diese Frage am besten mit »Jein« beantworten. Ja, unter anderem mit interessanten Themen, einer guten Strategie und ansprechenden Inhalten kann theoretisch jeder zum Influencer werden. Dazu ist es wichtig zu verstehen, wie Influencer ticken und wie man als Influencer am besten vorgeht. Und nein, Influencer kann nicht jeder werden, der denkt, mit ein paar zwischendurch geschossenen Bildern auf Instagram reich werden zu können. Ohnehin ist Geld die denkbar schlechteste Motivation, um als Influencer erfolgreich zu werden.

Sicherlich werden dir die großen Influencer-Namen etwas sagen: *Bibis Beauty Palace*, *Lisa und Lena*, *Gronkh* oder *Pewdiepie* erreichen mit einem Foto auf Instagram oder einem Video auf YouTube gleich mehrere Millionen Menschen auf einen Schlag. Wenn du schon mal auf einer der Plattformen unterwegs warst, ist es fast unmöglich, ihnen noch nie begegnet zu sein. Die wenigsten dieser Influencer sind allerdings über Nacht zu einer solch großen Reichweite gekommen, sondern haben über viele Monate und Jahre hinweg Fotos und Videos in den sozialen Netzwerken veröffentlicht. Viele ihrer Follower folgen ihnen seit Jahren und schauen sich regelmäßig die neuen Inhalte an. In diesem Buch wirst du noch merken: Jeden Tag immer weiter zu machen und Beiträge zu posten, ist auf dem Weg zum Influencer-Dasein eines der wichtigsten Erfolgskriterien.

Aber hast du auch schon einmal von *JustSayEleanor* oder *Audrey Ember* gehört? Wie die großen Namen sind auch sie Influencer, nur mit wesentlich weniger Followern.[1]

---

1 Zumindest als wir das Buch geschrieben haben ;-)

Tatsächlich ist es nämlich gar nicht so wichtig, mehrere Millionen Follower zu haben: Bereits mit einigen Tausend Followern kannst du dich schon als Influencer bezeichnen. Warum das so ist? Das klären wir im nächsten Abschnitt!

1.1   Das brauchst du, um dich als Influencer bezeichnen zu können

Vielleicht hast du es mitbekommen: Im Jahr 2017 wurde das Wort »Influencer« zum Anglizismus des Jahres gewählt. Dabei ist es zunächst gar nicht so einfach zu sagen, ab wann jemand ein Influencer ist: Das Wort stammt von dem englischen Wort »to influence« ab, das übersetzt »beeinflussen« bedeutet. Demnach müsstest du also ein Influencer sein, sobald du irgendjemanden in deinem Umfeld »beeinflusst« – zum Beispiel indem du jemanden zum Sport mitnimmst, ihm ein Restaurant vorschlägst oder ihm dabei hilfst, ein neues Handy auszusuchen. Zumindest könnte man das meinen. Wir definieren den Begriff aber noch etwas genauer:

Ein Influencer ist eine Person, die im Internet regelmäßig eine größere Menge an Menschen mit einer Botschaft erreicht und sie dadurch beispielsweise in ihrer Kaufentscheidung oder ihrem Handeln beeinflusst.

Die Größe der Menschenmenge ist in dieser Definition zwar nicht genau angegeben, meint in der Praxis aber mehrere Tausend Menschen. Vereinfacht gesagt bedeutet das also: Sobald du ein paar Tausend Follower auf Instagram, YouTube oder in einem anderen sozialen Netzwerk hast und regelmäßig Fotos, Videos oder Texte veröffentlichst, kannst du dich als Influencer bezeichnen.

Die Follower-Anzahl

Die Frage, warum man gleich mehrere Tausend Menschen erreichen muss, um als Influencer zu gelten, ist übrigens leicht zu beantworten: Der Begriff ist eng damit verknüpft, mit einer Empfehlung Geld zu verdienen. Was genau du empfiehlst und damit auch bewirbst – ob das zum Beispiel Produkte oder Dienstleistungen von Unternehmen oder deine eigenen sind –, spielt dabei erst einmal keine Rolle.

Wichtig ist aber: Geld kannst du als Influencer langfristig nur verdienen, wenn deine Empfehlung auch von so vielen Menschen wahrgenommen wird, dass ausreichend viele dieser Menschen sich anschließend auch für die Empfehlung interessieren. Bei 200 Followern lohnt es sich für ein Unternehmen aber kaum, dir Geld zu bezahlen oder dir wenigstens ein Produkt zur Verfügung zu stellen: Es werden sich danach zahlenmäßig einfach zu wenige deiner Follower für deine Empfehlung interessieren, als dass sich das Ganze rentieren würde. Wenn du aber beispielsweise 1.500 Follower hast, sieht es schon wieder anders aus!

Influencer veröffentlichen regelmäßig Inhalte in den sozialen Netzwerken

Das mag jetzt trivial klingen, aber es ist ein wesentlicher Punkt, regelmäßig Inhalte in den sozialen Netzwerken zu veröffentlichen, damit du überhaupt ein Influencer sein kannst. Viele Menschen sind beispielsweise auf Instagram und YouTube passiv: Sie schauen sich Fotos, Videos und Stories von anderen Menschen an, posten aber selbst nur unregelmäßig, selten oder sogar gar nicht.

Die meisten Influencer hingegen sind fast immer online und interagieren mit ihrer Community. Das geschieht nicht nur, indem sie andere Beiträge kommentieren oder liken, sondern vor allem, indem sie selbst Fotos, Videos, Stories und ähnliches veröffentlichen. Sie veröffentlichen täglich etwas Neues – und zwar nicht nur auf einer Plattform, sondern sehr oft gleich auf mehreren. Viele werden über die sozialen Medien von ihrer Community auf Schritt und Tritt begleitet.

Wenn du nicht regelmäßig eigene Inhalte veröffentlichst, wirst du wohl kaum als Influencer wahrgenommen. Denn nur durch regelmäßige Beiträge können deine Follower sich ein Bild von dir machen. Sie bekommen durch die vielen Beiträge ein Gefühl, was du in einer Situation machen würdest, welche Meinung du haben könntest oder welche Produkte du kaufen würdest. So gesehen wirst du zu einer Art »Marke«, die deine Follower mögen. Wenn du nun regelmäßig Inhalte veröffentlichst, festigt sich dieses Bild, und du hast mehr und mehr die Chance, deine Follower auch wirklich mit deiner Meinung nachhaltig beeinflussen zu können. Wie du es schaffst, Inhalte zu planen sowie regelmäßig zu produzieren und zu veröffentlichen, erklären wir dir genauer in den einzelnen Kapiteln dieses Buches.

Über Algorithmen

In den sozialen Netzwerken gibt es so etwas wie Entscheider, die bestimmen, ob deine Follower auch angezeigt bekommen, wenn du etwas Neues veröffentlichst. Diese Entscheider nennen sich *Algorithmen* (im Singular Algorithmus). Dabei handelt es sich um Software, die anhand verschiedenster Kriterien entscheidet, ob dein Inhalt für einen Nutzer relevanter ist als ein anderer Inhalt, der ebenfalls gerade gepostet wurde. Jedes Mal, wenn also einer deiner Follower auf eine Social-Media-Plattform geht, bewertet die Plattform nur für ihn neu, was er aufgrund seiner Interessen zu sehen bekommt.

Einige Plattformbetreiber haben ihre Algorithmen so programmiert, dass sie häufiger die Inhalte von Accounts anzeigen, die regelmäßig Inhalte veröffentlichen. Wer in den sozialen Netzwerken zum Influencer werden möchte, muss also allein deshalb schon sehr oft und regelmäßig etwas Neues veröffentlichen. Andernfalls bestimmt der Algorithmus, dass dein Account nicht relevant ist, und du hast das Pech, dass deine tollen Fotos und Videos nur von ganz wenigen Menschen gesehen werden können.

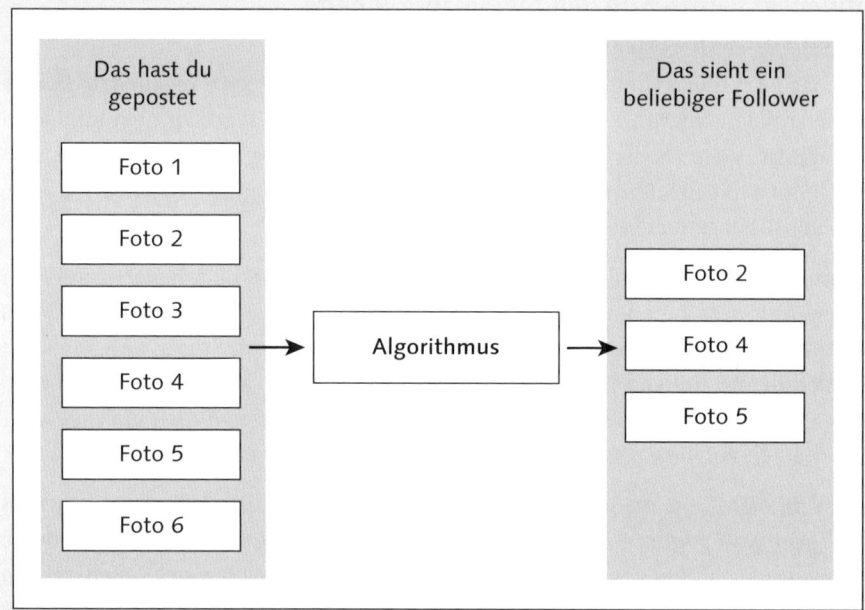

Abbildung 1.1 Algorithmen entscheiden anhand zahlreicher Kriterien, was deine Follower zu sehen bekommen.

Andere Menschen interessieren sich für deine Meinung

Lass uns über folgende Frage sprechen: Warum ist es eigentlich so, dass du andere Menschen beeinflusst, wenn du etwas in den sozialen Netzwerken postest? Stell dir vor, du bist im Urlaub, in einem tollen Hotel mit Pool und einer fantastischen Aussicht auf das Meer. Da liegt es nahe, ein Foto von diesem Ort mit deinen Followern zu teilen und ihnen zu zeigen: »Schaut mal, an welchem fantastischen Ort ich bin.« Deine Follower betrachten dieses Foto nun und denken sich: »Wow, das ist wirklich toll, da muss ich auch mal hinfahren!«

Bei der nächsten Urlaubsplanung erinnern sich vielleicht ein paar deiner Follower an das tolle Foto, das du gepostet hast, und fahren auch in das Hotel mit dem Pool und der fantastischen Aussicht auf das Meer. Und siehe da: Du hast deine Follower durch ein Foto beeinflusst. Das Hotel freut sich übrigens darüber, dass es dank deiner Werbung neue Gäste begrüßen darf!

Wenn du also in den sozialen Netzwerken etwas postest, wirst du immer auch andere Menschen beeinflussen. Das kann im großen Stil passieren, wenn du viele Follower hast und als Influencer giltst, aber auch bereits bei deinen Freunden. Je mehr Menschen du allerdings gleichzeitig beeinflusst, umso mehr Gewicht erhält deine Meinung oder deine Empfehlung: Wenn ein Influencer mit mehreren Millionen Followern seine Follower davon überzeugt, nicht mehr bei einem Unternehmen einzukaufen, weil er dort äußerst unfreundlich behandelt wurde, dann kann das ein Unternehmen schon einmal in eine Krise stürzen. Umgekehrt kommt es regelmäßig vor, dass kleine Unternehmen schlagartig komplett ausverkauft sind, weil ein Influencer begeistert über ihre Produkte berichtet hat.

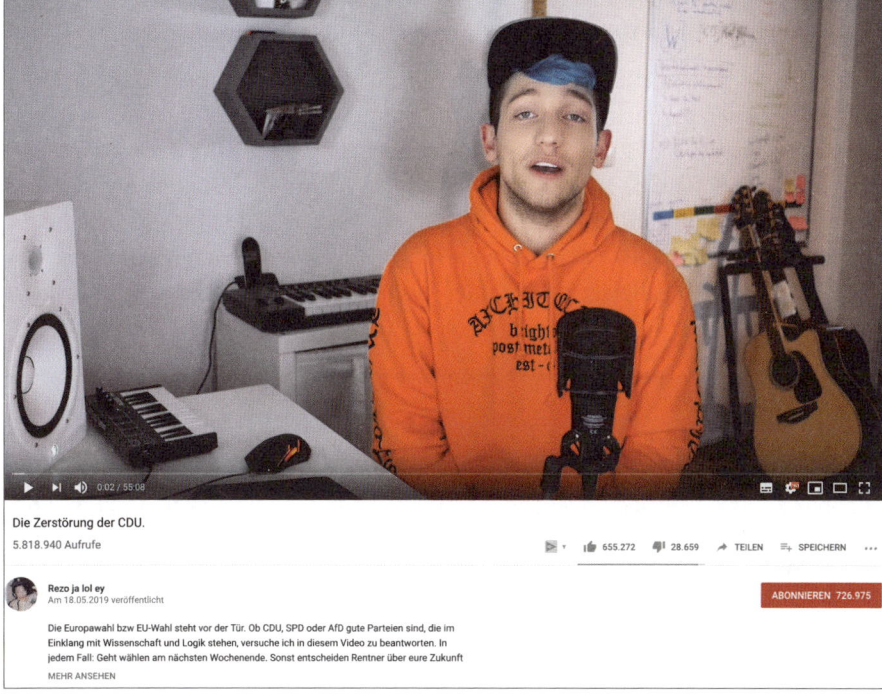

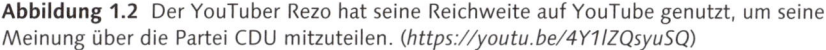

Abbildung 1.2 Der YouTuber Rezo hat seine Reichweite auf YouTube genutzt, um seine Meinung über die Partei CDU mitzuteilen. (*https://youtu.be/4Y1IZQsyuSQ*)

Das vom YouTuber *Rezo* Mitte 2019 veröffentlichte Video »Die Zerstörung der CDU« verdeutlicht ganz gut, welche Bedeutung ein Influencer erlangen kann (siehe Abbildung 1.2). In seinem über 55 Minuten langen Video legt Rezo dar, was aus seiner Sicht an der Partei CDU zu kritisieren ist. Das Video wurde in kurzer Zeit von einem Millionenpublikum gesehen und schlug hohe Wellen in der Parteizentrale sowie in den Medien. Der Grund ist einfach: Wer so viele Menschen erreicht und vielleicht auch überzeugt, der kann schon einiges bewegen. Beachte: Nicht jeder Influencer äußert sich politisch oder generell kritisch, aber anhand solcher Beispiele wird schnell deutlich, dass du als Influencer Menschen mit deiner Meinung stark beeinflussen kannst.

Du postest authentische Inhalte

Authentische Beiträge sind das A und O für Influencer. Das Wort »authentisch« wird dir immer wieder begegnen, wenn du mit Unternehmen oder Agenturen zusammenarbeitest – der eine mag dieses Wort, der andere kann es langsam nicht mehr hören. Dabei bringt es aber eines auf den Punkt: Wenn du Inhalte in den sozialen Netzwerken veröffentlichst, dann sollten sie zu dir als Person und zu deinen persönlichen Einstellungen passen. Denn nur so bleibst du glaubwürdig, und deine Follower nehmen dir ab, was du ihnen so alles erzählst.

Viel zu häufig gibt es nämlich Accounts, die sich gerne als Influencer bezeichnen würden, aber letztendlich nur eine Unternehmenskooperation nach der anderen abarbeiten, um möglichst viel Geld zu verdienen. Langfristig kann dieses Vorgehen nicht erfolgreich sein, da du beispielsweise nicht heute überzeugter Veganer und morgen überzeugter Fleischesser sein kannst, um das Ganze übermorgen wieder für eine andere Kooperation über den Haufen zu werfen. Ebenso wenig authentisch ist es, sich auf dem Fußballplatz neben eine Flasche Waschmittel zu setzen und sie zu bewerben.

Markenkooperation

Wie bereits erwähnt, bist du als Influencer ab einer bestimmten Follower-Anzahl für Unternehmen interessant. Sie werden auf dich zukommen, damit du gegen Bezahlung Werbung für ihre Produkte oder Dienstleistungen machst. Immer dann, wenn es um eine solche Zusammenarbeit zwischen Unternehmen und Influencern geht, sprechen wir in diesem Buch von einer Markenkooperation (siehe auch Kapitel 7, »Wie gehst du Kooperationen mit Unternehmen ein?«).

1.2 Vier Gründe dafür, Influencer zu werden

Du überlegst noch, ob du dich wirklich als Influencer versuchen solltest? Gleich vorweg: Grundsätzlich hast du wenig zu verlieren, sofern du nicht heute deinen Job kündigst, um morgen mit einem leeren Instagram-Account zum Influencer werden zu wollen (davon raten wir dir unbedingt ab). Trotzdem gibt es ein paar Dinge, die du mögen solltest, wenn du wirklich viele Follower in den sozialen Netzwerken erhalten und vielleicht sogar hauptberuflich als Influencer arbeiten möchtest.

Du möchtest dein Hobby zum Beruf machen

Jeder Influencer hat ein bestimmtes Thema, über das er in den sozialen Netzwerken Beiträge veröffentlicht. Neben Lifestyle, Gaming und Beauty findet sich online zu nahezu jedem Thema ein Experte. Und wenn wir von jedem Thema sprechen, dann meinen wir das auch so: Such einfach mal nach einem beliebigen Thema auf You-Tube, und du wirst jemanden finden, der sich regelmäßig damit beschäftigt.[2]

Wenn du Influencer werden möchtest, solltest du ein Thema haben, für das du brennst und für das du vielleicht sogar Experte bist oder werden möchtest. Ganz egal, ob es dein Hobby ist, an Autos zu schrauben, an beeindruckende Orte zu reisen oder dich mit Freundinnen für coole Fashion-Fotos zu schminken: Als Influencer kannst du dein Hobby zum Beruf machen. In manchen »normalen« Berufen ist es sogar möglich, mit dem Beruf nebenbei Influencer zu werden, wie zum Beispiel @*mariathepilot* mit ihrem Account beweist (siehe Abbildung 1.3).

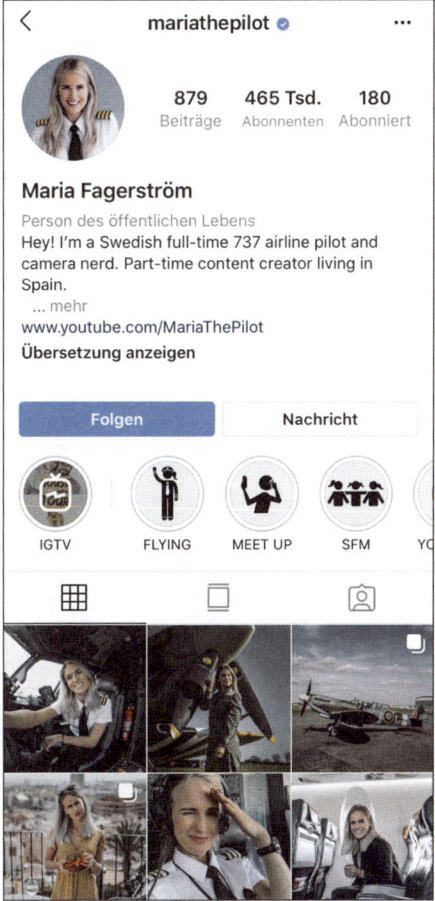

Abbildung 1.3 Maria Fagerström betreibt neben ihrem eigentlichen Job als Pilotin auch einen sehr erfolgreichen Instagram-Kanal.

---

2 Falls du tatsächlich niemanden findest, ist das vielleicht eine Marktlücke für einen neuen YouTube-Kanal. ;-)

Wir glauben, dass es kaum eine bessere Möglichkeit gibt, sich selbst zu verwirklichen: Als Influencer bist du dein eigener Chef oder deine eigene Chefin und entscheidest, was dir gefällt und was nicht. Du entscheidest, welche Markenkooperation du eingehst, wo du heute bist und wo du morgen hingehen wirst. Du kannst unabhängig arbeiten und deine kreative Ader entwickeln und ausleben. Und wenn du es richtig machst, kannst du von deinen Beiträgen sogar ziemlich gut leben.

Du liebst soziale Netzwerke und veröffentlichst gerne Beiträge

Soziale Netzwerke sind ein toller Weg, um sich mit Menschen in aller Welt zu vernetzen und auszutauschen. Wer es liebt, sich in sozialen Netzwerken zu tummeln und selbst Beiträge zu veröffentlichen, für den ist der Beruf des Influencers wie gemacht: Du kannst deinen Freunden erzählen, dass du beruflich den ganzen Tag im Internet surfst, Beiträge veröffentlichst und damit auch noch Geld verdienst.

Du möchtest selbstständig arbeiten

Selbstständig zu arbeiten, bedeutet in gewisser Weise auch einiges an Freiheit. Und als Influencer hast du maximalen Freiheitsgrad. Natürlich wirst du mit hoher Wahrscheinlichkeit Markenkooperationen eingehen, die sehr viel Arbeit bedeuten und in denen du mit Unternehmen vereinbart hast, was du als Gegenleistung für deine Bezahlung machst und postest, aber ansonsten gibt es keinen Chef, der dir erzählt, wann du wo zu sein hast und was du zu tun hast.

Wenn du selbstständig arbeiten möchtest und glaubst, viel Durchhaltevermögen zu besitzen, kannst du als Influencer perfekt durchs Leben kommen. Dabei gilt: Vielleicht bist du ja auch bereits selbstständig und möchtest dich als Experte etablieren? Experte oder Influencer, beides hängt irgendwie miteinander zusammen: Ein Friseur als Influencer kann sich wahrscheinlich nicht nur über einen vollen Terminkalender freuen, sondern auch über Kooperationen mit Marken, für die er als Influencer Werbung macht.

Du hast Lust, neuen Menschen zu begegnen

Als Influencer wirst du nicht nur viel mit deinen Followern kommunizieren, sondern auch mit vielen Menschen, die sich ebenfalls für deine Themen interessieren. Das können andere Influencer sein, aber auch Menschen aus einer bestimmten Branche. Vielleicht lernst du als Fashion-Influencer einen berühmten Star kennen? Oder darfst die Designer bei einem Autokonzern treffen, weil du dich mit Autos beschäftigst? Der Kontakt zu spannenden neuen Menschen ist für einen Influencer vorprogrammiert. Die Macher des englischsprachigen YouTube-Kanals *Yes Theory* haben sich wohl zu Beginn auch nicht träumen lassen, dass sie mit der klaren Message des Kanals einmal den Schauspieler Will Smith zum Heli-Bungee-Jumping herausfordern könnten (siehe Abbildung 1.4).

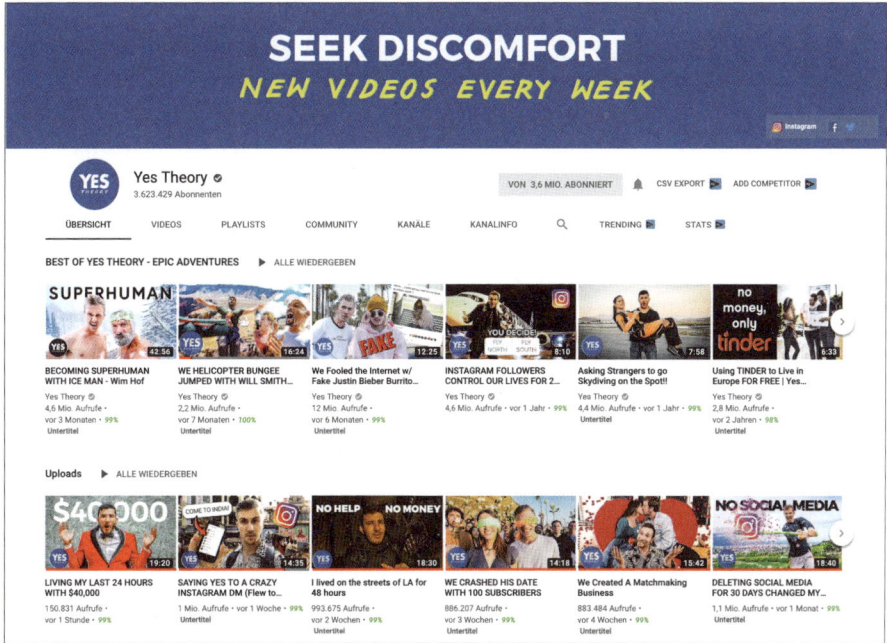

Abbildung 1.4 Die Macher des YouTube-Kanals Yes Theory haben es geschafft, Will Smith zum Bungee-Jumping herauszufordern.

1.3   Vier Gründe dagegen, Influencer zu werden

Würde es keine Gründe dagegen geben, Influencer zu werden, würden es wahrscheinlich noch viel mehr Menschen machen. Überlege es dir lieber zweimal, falls du bei den nachfolgenden Punkten Bauchschmerzen bekommst: Es ist cool, Influencer zu werden, aber nicht jeder ist dafür geschaffen, und manchmal passt es auch einfach nicht in die eigene Lebenssituation.

Du möchtest nicht, dass Bilder und Informationen über dich im Netz stehen

Sich Gedanken zu machen, was man so alles von sich im Netz preisgibt, ist unglaublich wichtig: Denn was einmal im Internet steht, ist oft nur äußerst schwer wieder zu entfernen – vor allem, wenn man sehr bekannt ist. Wenn du allerdings strikt dagegen bist, jegliche Information über dich im Netz zu posten, dann wird es sehr schwierig, als Influencer bekannt zu werden. Du kannst deinen Namen durch ein Pseudonym oder einen Künstlernamen austauschen. Achte allerdings auf die Impressumspflicht, die in Kapitel 10, »Was musst du rechtlich beachten?«, im Abschnitt »Die Impressumspflicht« noch einmal genau besprochen wird.

Influencer zu sein bedeutet aber, dass Follower eine Verbindung zu dir aufbauen können. Erfolgreiche Influencer haben deshalb auch kein Problem damit, sich regelmäßig selbst vor die Kamera zu stellen. Oder auch mal ein Interview zu geben. Denn überleg einfach mal aus deiner Perspektive: Würdest du jemandem vertrauen, den du noch nie gesehen hast? Und über den du praktisch nichts weißt?

Du magst Fotografieren und Filmen überhaupt nicht

Natürlich kannst du als Blogger nur Texte schreiben. Aber in den sozialen Netzwerken sind Fotos und Videos dein Erfolgsgarant. Die einfache Faustregel lautet: Videos sind besser als Fotos sind besser als Texte. Wenn es dir also überhaupt keinen Spaß macht, zu fotografieren und zu filmen, dann solltest du dir das mit dem Influencer noch mal gut überlegen. Du wirst einfach nicht drum herumkommen.

Abbildung 1.5 Keine professionelle Kamera zu haben, sollte dich nicht aufhalten: Dein Smartphone kann zusammen mit einer Foto-App wie VSCO schon alles, was du als Influencer brauchst!

Das bedeutet aber auch nicht, dass du bereits der beste Fotograf sein und ein professionelles Equipment haben musst, um anfangen zu können. Ganz im Gegenteil: Wie du in Kapitel 4, »Produziere und veröffentliche erste Inhalte!«, sehen wirst, bietet dir ein aktuelles Smartphone alles, was du brauchst! Moderne Smartphones haben exzellente Kameras zum Fotografieren und Filmen. Im Anschluss kannst du mit den passenden Apps gleich mit der Bearbeitung starten (siehe Abbildung 1.5) und das Ergebnis direkt auf einer Plattform deiner Wahl veröffentlichen. Mit der Zeit wirst du mehr und mehr dazulernen. Eine bessere Kamera, bessere Bearbeitungssoftware und so weiter kannst du dir also auch noch kaufen, wenn du Spaß daran hast und es richtig läuft.

Du bist nicht bereit, sehr viel Arbeit zu investieren

Influencer zu werden (und zu bleiben) bedeutet meist extrem viel Arbeit und kostet entsprechend viel Zeit. Und zwar Zeit, die du sehr oft in den sozialen Netzwerken verbringen wirst. Du wirst sehr viel am Handy oder Laptop hängen, um Beiträge zu planen, zu produzieren, zu veröffentlichen, mit deiner Community zu kommunizieren, mit Unternehmen und Agenturen zu verhandeln, Beiträge anderer Influencer anzuschauen und dich zu informieren. Und wenn du Geld damit verdienst, musst du dich auch noch mit Steuern, Versicherungen und dem ganzen Kram auseinandersetzen.

Wenn du auf all das keine Lust hast, wirst du als Influencer nicht lange Spaß haben. Du musst bereit sein, viel Zeit zu investieren – vor allem, wenn du nur als Influencer dein Geld verdienen möchtest.

Dieses Buch hilft

Wir möchten dich natürlich nicht einschüchtern, und du sollst nicht glauben, dass die Arbeit als Influencer unmöglich zu schaffen ist. Du solltest aber Lust darauf haben, für dich selbst und dafür auch mal mehr zu arbeiten. Dieses Buch wird dir helfen, sodass du dich schnell zurechtfindest und alle relevanten Tools an der Hand hast, damit du dich im Influencer-Dschungel gut auskennst!

Du willst schnell reich und berühmt werden

Wir haben bereits erwähnt, dass Geld alleine keine gute Motivation ist, um Influencer zu werden. Wenn du also lediglich schnell reich und berühmt werden möchtest, weil du gehört hast, dass so etwas als Influencer möglich ist, dann raten wir dir dringend davon ab, Influencer werden zu wollen. *Bibi*, *Gronkh*, *Felix von der Laden* oder die englischsprachigen YouTuber *Casey Neistat* und *Logan Paul* haben durch ihre Tätigkeit im Netz einen ordentlichen Lebensstandard erlangt, aber alle haben über viele Jahre hart an ihrem Erfolg gearbeitet. Lass dir nicht von irgendwelchen Boulevard-Magazinen vormachen, dass all die großen Influencer über Nacht reich und berühmt geworden sind und eigentlich nie etwas dafür tun müssen.

Und lass dich auch nicht von falschen Zahlen blenden: Ein YouTuber bekommt angeblich 50.000 Euro für eine Markenkooperation? Gut möglich, aber davon lässt sich das Finanzamt mit Umsatz- und Einkommenssteuer einen schönen Anteil überweisen. Daneben gibt es Kosten für Räume, Mitarbeiter, Equipment, Requisiten und vieles mehr. Wie du später in Kapitel 9, »Wie kannst du langfristig als Influencer leben?«, lernen wirst, gibt es zwischen Umsatz und Einkommen noch einige Zwischenschritte.

1.4 Wie wahrscheinlich ist es, Influencer zu werden?

Wenn du überlegst, viel Zeit in einen Account zu investieren, möchtest du vorher sicher gerne wissen, wie wahrscheinlich es ist, als Influencer erfolgreich zu werden. Diese Frage ist absolut berechtigt, aber auch nicht so leicht zu beantworten.

In diesem Kapitel hast du schon an der ein oder anderen Stelle erfahren, was notwendig ist, um Influencer zu werden, wie zum Beispiel ein gutes Thema, Regelmäßigkeit und Durchhaltevermögen. Natürlich musst du auch Lust darauf haben, selbstständig zu arbeiten, neue Menschen kennenzulernen und generell Zeit in den sozialen Netzwerken zu verbringen. Es gibt aber noch einige weitere Dinge, die hilfreich auf dem Weg nach oben sind. Dazu zählen zum Beispiel:

▶ **Personality:** Du als Person spielst eine große Rolle. Und nein, du musst nicht wie ein Model aussehen, aber du solltest die Menschen mitnehmen können! Die meisten suchen im Netz nach Vorbildern und möchten von dir unterhalten, informiert und gestärkt werden.

▶ **Dein Thema gut verpacken:** Die Konkurrenz im Netz ist groß, und du solltest dein Thema für die Nutzer attraktiver machen können als andere.

▶ **Die Plattform verstehen:** Alle Social-Media-Plattformen verändern sich ständig, und du solltest dich darüber informieren, welche Beiträge gerade besonders gut funktionieren. Dazu gehört auch das Wissen, was Plattformen gerade besonders bevorzugen.

Die allerwenigsten Influencer werden über Nacht erfolgreich. Manchmal gibt es zwar Auslöser für einen explodierenden Bekanntheitsgrad wie besonders erfolgreiche Beiträge oder eine Kooperation mit einem extrem bekannten anderen Influencer. Manchmal sind es auch das Thema oder die ungewöhnliche Herangehensweise des Influencers, die zu einem sehr schnellen Wachstum beitragen (beispielsweise bei dem YouTube-Kanal *Gewitter im Kopf*, siehe Abbildung 1.6). Die meisten Influencer können aber vielmehr ein sehr stetiges Wachstum ihrer Reichweite vorweisen. Hier kommen dann wieder dein Durchhaltevermögen sowie die regelmäßigen Posts ins Spiel.

Kommen wir zurück zu der Frage, wie wahrscheinlich ein Erfolg als Influencer ist. Unsere Antwort lautet folgendermaßen: Wenn du Spaß an der Sache hast und Geld nicht an allererster Stelle deiner Motivation steht, kannst du mit einem regelmäßig bedienten Account und einer guten Strategie zum Influencer werden. Eine Prise Fleiß und gute Kommunikation mit der Community solltest du dafür aber aufbringen.

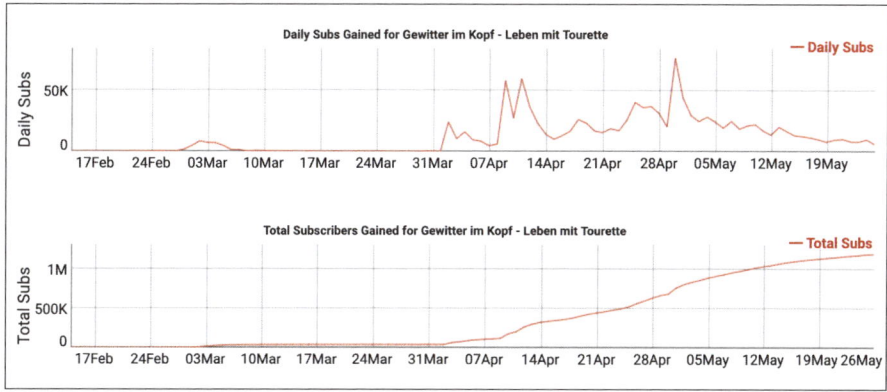

Abbildung 1.6 Ein extrem schnelles Wachstum wie bei dem Kanal Gewitter im Kopf ist nur in Ausnahmefällen zu sehen und ist hier auf die ungewöhnliche Aufarbeitung des Themas »Leben mit Tourette« zurückzuführen.

1.5   Bevor es losgeht: deine Motivation!

Bevor wir nun in den weiteren Kapiteln zum Eingemachten kommen, hier noch mal die Frage: Was ist deine Motivation, einen Account in den sozialen Netzwerken aufzubauen, Follower zu gewinnen und Influencer zu werden? Diese Frage ist wirklich wichtig, denn sie beeinflusst auch, wie du später auf deinem Account mit der Community kommunizierst. Wenn du für dich einen guten Grund hast, Influencer zu werden, wirst du viel offener mit deinen Followern kommunizieren und eher Erfolg haben. Wir haben dir mal ein paar plausible Gründe zusammengetragen, warum bekannte YouTuber, Instagrammer und Co. angefangen haben, ihre Social-Media-Accounts aufzubauen:

Machen, was du liebst, und mit Gleichgesinnten in Kontakt kommen

Das ist wohl einer der häufigsten Gründe von Menschen, die mal ganz klein angefangen haben und deren Accounts nach und nach so groß geworden sind, dass sie heute zu den bekanntesten Influencern gehören: einfach das machen, woran man Spaß hat, und Gleichgesinnte in aller Welt finden.

Wenn du dich also zum Beispiel für eine nachhaltige Lebensweise interessierst, warum dann nicht einen Instagram-Account starten, auf dem du regelmäßig zeigst, wie du eine nachhaltige Lebensweise in deinen Alltag integrierst? Auf Instagram werden sich sehr viele andere Menschen finden, die sich ebenfalls für dieses Thema interessieren und mit denen du dich in den Kommentaren oder über Direktnachrichten austauschen kannst. Vielleicht könnt ihr gemeinsame Einkaufstouren unternehmen, Seife selbst herstellen oder etwas anderes gemeinsam machen, das ihr auf euren Accounts begleitet? So lernst du nicht nur neue Menschen kennen und lernst von ihnen, sondern baust auch gleichzeitig durch Cross-Promotion (siehe Kapitel 5, »Wie baust du dir eine treue Community auf?«) und spannende Beiträge deinen eigenen Kanal auf.

Anderen Menschen die Welt erklären

YouTube ist die zweitgrößte Suchmaschine der Welt. Wer nicht weiß, wie man einen Wasserhahn repariert, sucht heute direkt auf YouTube nach Hilfe oder Informationen (siehe auch Abbildung 1.7). Dort gibt es viele Kanäle, die sich mit nichts anderem beschäftigen, als Hilfestellung zu bestimmten Themen zu geben – weil es den Betreibern Spaß macht, anderen Menschen die Welt zu erklären. Dir macht das auch Spaß? Dann kann das durchaus deine Motivation sein!

Abbildung 1.7 Auf dem Kanal MrWissen2go werden verschiedene Fragestellungen geklärt. (*https://youtu.be/FaMfrufKp6U*)

Am Ende von Kapitel 3 gibt es übrigens noch ein Interview mit *MrWissen2go*, in dem er auch über seine Motivation spricht.

Das Prinzip der Wissensvermittlung funktioniert natürlich nicht nur auf YouTube, sondern auch auf anderen Plattformen. Hier steht allerdings die Suchfunktion nicht so sehr im Vordergrund, sodass es hier noch wichtiger ist, dass du dir eine Community aufbaust, die deinem Account folgt. Du merkst: Je nach Motivation kann das durchaus auch deine Plattformwahl beeinflussen!

Andere Menschen in deinem Alltag mitnehmen

Du machst ein Au-pair-Jahr im Ausland? Du hast gerade eine Familie gegründet? Oder du machst eine länger andauernde Weltreise? Viele Menschen wünschen sich, andere auf ihren Abenteuern mitzunehmen. Das kann durchaus auch im echten Leben spannend sein, denn gerade in neuen Lebenssituationen trifft man so viel schneller auf neue Menschen, die mit Tipps aufwarten. Was auf YouTube das *Vlog-Format* ist (beispielsweise bei Reisen, siehe Abbildung 1.8), ist auf Instagram die *Story-Funktion*: Andere Menschen im Alltag mitzunehmen, ist hiermit ein Kinderspiel.

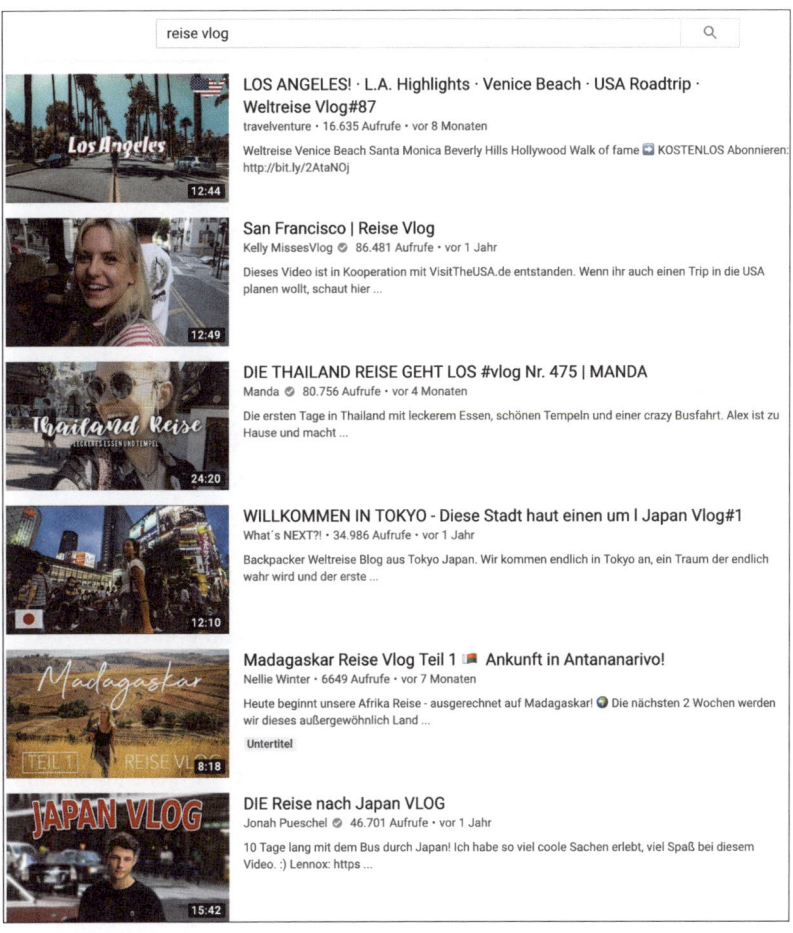

Abbildung 1.8 In Vlogs auf YouTube nehmen YouTuber ihre Follower im Alltag, auf Reisen oder bei bestimmten Aktionen mit.

Money, money, money!

Wir haben es bereits mehrfach gesagt: Geld ist keine gute Motivation, um Influencer zu werden. Klar, wenn du dir ein Buch kaufst, aus dem du erfahren möchtest, wie du selbst Influencer werden kannst, dann hast du dich sicherlich auch schon einmal damit beschäftigt, dass man als Influencer Geld verdienen kann. Trotzdem lässt sich aus der Erfahrung heraus sagen, dass ein sehr starker Fokus auf mögliche Einnahmen kein guter Start ist. Wenn du dich mit den Themen beschäftigst, die dir wirklich Spaß machen, wirst du ein ganz anderes Engagement an den Tag legen. Und deine Follower werden spüren, dass du es wirklich ernst meinst und ihnen nicht nur etwas verkaufen oder ihnen Geld aus der Taschen ziehen willst. Wenn du mit viel Engagement und Spaß an der Sache Beiträge veröffentlichst, kommen die Followerzahlen und damit auch mögliche Markenkooperationen fast schon von alleine.

Produkte testen

Sehr viele Influencer berichten über Produkte, die sie sich selbst gekauft haben oder die ihnen vom Hersteller zur Verfügung gestellt wurden. Dafür muss der Hersteller nicht einmal Geld bezahlt haben – oft werden die Produkte auch nur zur Verfügung gestellt, damit Influencer sie ausgiebig testen können. Wenn es dir Spaß macht, Produkte zu testen und anderen Menschen deine ehrliche Meinung dazu zu erzählen, kann das durchaus eine Motivation für dich sein!

1.6   Los geht's!

Du hast jetzt erfahren, was ein Influencer macht und was dich erwarten könnte. Außerdem hast du deine Motivation hinterfragt und weißt, was gute Gründe dafür sind, dir einen erfolgreichen Social-Media-Account aufzubauen. Jetzt kann es losgehen!

In den nächsten Kapiteln dieses Buches erfährst du alles, was du brauchst: Wir basteln dir eine gute Strategie, produzieren erste Inhalte, zeigen dir, wie du eine Community aufbaust und schließlich auch zu Markenkooperationen gelangst. Im hinteren Teil des Buches findest du außerdem viele wichtige Informationen beispielsweise zu Steuern, Versicherungen sowie Rechtstipps, damit du nicht abgemahnt werden kannst – denn das könnte teuer werden!

2 Welche Anfängerfehler solltest du unbedingt vermeiden?

Follower kaufen, um schneller zu wachsen? Bots und Pods für mehr Engagements? Werbung in jedem Video und Posting? Oder lieber dein gesamtes Privatleben in den sozialen Netzwerken preisgeben? Nein! Diese und andere Anfängerfehler kannst du dir sparen!

Der Weg zum Beruf des Influencers ist kein leichter und erfordert sehr viel Engagement und Durchhaltevermögen. Dabei wird es immer wieder Höhen und Tiefen geben, die du überstehen musst. Sicherlich wirst du auch einige Fehler machen, aus denen du lernen und an denen du wachsen wirst. Um es dir aber noch etwas einfacher zu machen, findest du im Folgenden die größten Anfängerfehler, die du dir sparen kannst, um deinem Ziel näher zu kommen.

2.1 Falsche Erwartungen

Einer der Fehler, den vermutlich die meisten am Anfang machen, ist es, falsche Erwartungen zu haben. Dazu zählen beispielsweise falsche Erwartungen an den Beruf des Influencers, an den eigenen Erfolg und das Geld, das man als Influencer verdienen kann. Welche Erwartungen hast du?

Der Erfolg wird in den meisten Fällen nicht sofort kommen! Deshalb solltest du viel Geduld und Durchhaltevermögen mitbringen, um dein Ziel zu erreichen. Du wirst nicht von heute auf morgen reich und auch nicht berühmt. Hinter dem Erfolg, den du bei anderen siehst, stecken jede Menge harte Arbeit und sehr viel Zeit! Die größten Influencer haben Jahre gebraucht, um dahin zu kommen, wo sie heute sind. Mach dir bewusst, dass du nur die Spitze des Eisbergs siehst. Deshalb solltest du dich dahinterklemmen und nicht aufgeben! Achte dabei auf die Resonanz innerhalb deiner Community, und reagiere darauf – schließlich entscheidet sie über Erfolg und Misserfolg!

2.2 Follower, Engagements, Shoutouts und Profile kaufen

Schnell und ohne viel Arbeit viele neue Follower bekommen? Das hört sich im ersten Moment verlockend an, ist es in Wahrheit aber gar nicht. Gerade durch die sich häufig ändernden Algorithmen in den sozialen Netzwerken wird es zunehmend schwieriger, durch organische Reichweite und Authentizität eine eigene Community aufzubauen. Deshalb überlegen sich manche User immer wieder neue Methoden, um den Algorithmus auszutricksen und so ein stetiges Wachstum ihrer Profile zu ermöglichen.

Diesen Markt haben Unternehmen für sich erkannt und etablieren zahlreiche Fake-Profile auf Social Media, um einen Profit aus dem Geschäft zu schlagen. Nicht wenige User lassen sich dazu verleiten, diese Tools zu nutzen, um ihr Wachstum zu beschleunigen. Die Tools lassen sich in folgende Kategorien einteilen: *Fake-Follower*, *Fake-Engagements*, *Fake-Shoutouts* und *Fake-Profile*. User, die solche Angebote nutzen und somit keine echte Community aufbauen, werden als *Fake-Influencer* bezeichnet.

Fake-Follower

Die Qualität einer gekauften Community fällt erwartungsgemäß schlecht aus, da hinter den Fake-Followern in der Regel keine echten Profile stecken. Dies führt dazu, dass zwar die Anzahl der Abonnenten steigt, die Interaktionsrate aber sinkt. Die eingekauften Follower stammen meistens nicht aus dem deutschsprachigen Raum und interagieren nicht mit den Inhalten. Dennoch scheint sich das Geschäft mit den Fake-Profilen und automatisierten Accounts auf den ersten Blick für viele Influencer zu lohnen, da sie bei Kooperationen unter anderem pro Follower und Klicks bezahlt werden.

Wie gesagt, auf den ersten Blick! In den letzten Jahren setzen Unternehmen und Agenturen vermehrt auf die Qualität der Influencer, weshalb sie deren Profile während der Recherche genauer unter die Lupe nehmen. Hierzu existieren viele Analysetools, welche die vermeintlichen Follower und Insights der Profile auswerten und somit belegen können, welche Art von Followern hinter den Profilen steckt. Diese Bewertung und Einordnung erleichtert es Firmen, sich zu entscheiden, ob der jeweilige Influencer für eine Zusammenarbeit geeignet ist oder nicht.

Hat ein Unternehmen also die Wahl, würde es sich in jedem Fall für den Influencer mit der qualitativ hochwertigen Community entscheiden. Eine hochwertige Community zeichnet sich durch eine starke Aktivität innerhalb des sozialen Netzwerks und eine hohe Interaktion mit dem jeweiligen Influencer aus.

Wer also nur an den schnellen Erfolg denkt und deshalb mit unlauteren Mitteln (also unfair oder sogar illegal) nachhilft, könnte schon bald enttarnt werden, was das vorläufige Ende der Karriere als Influencer bedeuten würde. Deswegen solltest du lieber auf den Kauf von Fake-Followern verzichten!

Diese Vorgehensweise ist nicht nur verwerflich gegenüber den echten Followern, anderen Influencern und Unternehmen, die mit einem kooperieren möchten, sondern verstößt auch gegen die Richtlinien der sozialen Netzwerke. Instagram geht regelmäßig gegen derartige Fake-Profile vor und löscht sie. Das führt wiederum dazu, dass Fake-Influencer eine gewisse Anzahl an Followern verlieren. Um also die vermeintliche Reichweite beibehalten zu können, müssen, wie du in Abbildung 2.1 siehst, erneut Fake-Follower eingekauft werden. Der Teufelskreis beginnt – und kann ordentlich ins Geld gehen!

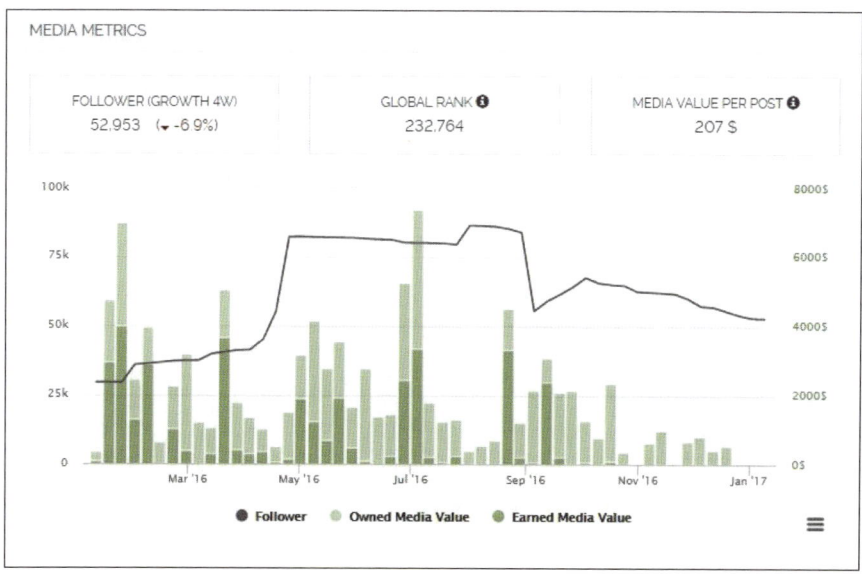

Abbildung 2.1 Account-Entwicklung mit Fake-Followern

Möchtest du wirklich so deine Laufbahn als Influencer starten? Wohl eher nicht. Das klingt zwar supereasy, aber am Ende des Tages wirst du damit nicht glücklich und auch nicht erfolgreich. Im schlimmsten Fall fällt der Betrug auf, und dann wird es richtig peinlich. Deshalb findest du in diesem Buch zahlreiche Tipps, wie du eine echte Community aufbauen kannst.

Interview mit Vreni Frost

Vreni Frost betreibt mittlerweile seit knapp zehn Jahren ihren Blog *neverever.me* und ist auch sehr aktiv auf ihrem Instagram-Profil *@vrenifrost* (siehe Abbildung 2.2). Bekanntheit erlangte sie vor allem, nachdem sie als eine der ersten Influencerinnen ihre Abmahnung durch den *Verband Sozialer Wettbewerb* öffentlich machte und für ihr Anliegen kämpfte.

Ihre Abonnenten schätzen sie besonders aufgrund ihrer offenen und ehrlichen Art sowie ihrem Mut zur Kritik an dem Business als Influencer. Nicht zuletzt hat sie sich im

April 2017 öffentlich dazu bekannt, in der Vergangenheit einen Bot für ihren Instagram-Account benutzt zu haben, um ein schnelleres Wachstum zu erzielen. In diesem Zuge trennte sie sich von den falschen Followern, die sie auf diesem Wege erlangt hatte.

Abbildung 2.2 Instagram-Profil von Vreni Frost (*https://www.instagram.com/vrenifrost/*)

Kannst du uns erzählen, wieso du einen Bot engagiert hast? Wieso hattest du das Gefühl, dass du das machen solltest?

Als ich vor zehn Jahren mit dem Bloggen angefangen habe, gab es den Begriff »Influencer« meines Wissens noch gar nicht. Über Instagram wurden dann aber plötzlich Leute mit Hunderttausenden Followern bekannt, von denen man noch nie zuvor gehört hatte. Ich glaube, uns Bloggern ging es zu dieser Zeit so, wie es den Redakteuren ging, als die Blogger kamen. Wer ist das, was machen die, und warum sind die plötzlich so erfolgreich? Ich hatte schlicht Angst, den Kürzeren zu ziehen und keine Kooperationen mehr zu erhalten, weil die Kunden sich auf einmal auf Instagram stürzten. Ich dachte, ich würde irrelevant werden, wenn ich nicht genug Reichweite hätte.

Damals, als ich mit dem Bot startete, wusste ich noch gar nicht, dass das ein Bot ist. Ich hatte eine Anfrage erhalten, die man heute fast täglich bekommt: »Steigere deine Reichweite, indem wir deinen Account betreuen.« Ich dachte, das ist eine Agentur, die mir dabei hilft, mein Profil auszubauen. Ich habe erst viel später verstanden, dass das ein Bot war.

Nachdem ich ihnen den Zugang zu meinem Account erstellt hatte, folgten sie Tausenden Leuten. Ich verstand nicht, was sie machten, und fing deshalb an, alle Leute wieder zu löschen. Daraufhin erklärten sie mir erst, dass ich für 72 Stunden anderen Leuten folgen und der Bot sie dann wieder entfolgen würde.

Das ist ja an sich nichts Illegales, und es hat auch eine Weile lang gut funktioniert, aber nach einiger Zeit kamen vermehrt Spam-Profile und pornografische sowie gewaltverherrlichende Profile hinzu. Ab dem Zeitpunkt war mir bewusst, dass ich das nicht mehr möchte.

Was kostet so ein Bot?

Vielleicht 200 Euro oder 400 Euro. Ich weiß es nicht mehr genau, aber es war nicht teuer.

Hattest du das Gefühl, dass es sich gelohnt hat?

Es hat sich am Anfang auf jeden Fall gelohnt. Am Anfang sind viele reale Profile auf mich aufmerksam geworden, die auch interessiert waren.

Wie viele Follower hast du circa mithilfe des Bots gewonnen?

Es waren vielleicht insgesamt 30.000 neue Abonnenten, die ich durch den Bot gewonnen habe.

Hast du abgesehen von den pornografischen oder gewaltverherrlichenden Profilen auch andere Veränderungen innerhalb deiner Community feststellen können?

Wenn die Anzahl an Followern steigt, das aber überwiegend Ghost- oder Spam-Accounts sind, verändert sich auch die Interaktionsrate der Community. Wenn die neuen Abonnenten nicht mit dem Content interagieren, werden die Interaktionen im Verhältnis zu der Reichweite proportional weniger. Das fiel natürlich auf! Man begibt sich also in einen Teufelskreis, weil man noch Interaktionen kaufen oder sich in Like- und Kommentar-Gruppen engagieren muss.

Wie kam es dazu, dass du dich letztendlich entschieden hast, deine Community wieder zu reinigen?

Ich habe mich eigentlich von Anfang an damit unwohl gefühlt und habe es bloß lange Zeit ausgeblendet. Letztendlich habe ich es meiner Mitarbeiterin erzählt, und wir haben gemeinsam beschlossen, uns ein Wochenende zu nehmen, um alle Spam-Accounts zu löschen und eine Instagram-Themenwoche auf meinem Blog zu starten. Freitags haben wir den Hashtag #neverevernotreal ins Leben gerufen (siehe Abbildung 2.3), mit dem zuerst niemand etwas anfangen konnte. Unter diesem Hashtag haben wir angekündigt, dass etwas passieren wird. Über das Wochenende haben wir etwa 20.000 Follower gelöscht und ab Montag auf dem Blog jeden Tag einen Bericht zu Fake-Followern, Bots und Instagram veröffentlicht.

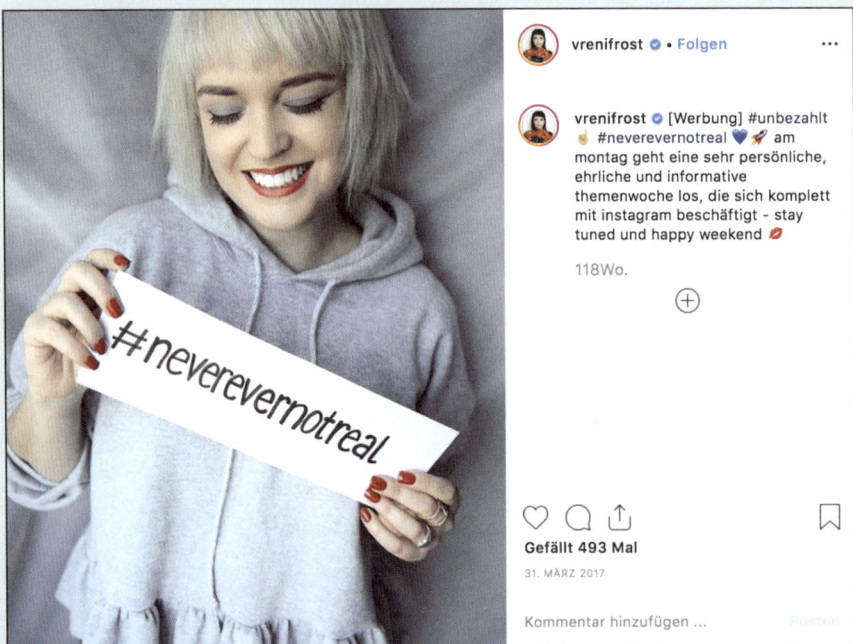

Abbildung 2.3 Das erste Posting von Vreni Frost unter dem Hashtag #neverevernotreal (*https://www.instagram.com/p/BSTTJrigefQ/*)

Woher kam deine Intention, deine Geschichte öffentlich zu machen und darüber in der Öffentlichkeit zu sprechen?

Weil es fast alle machen und an ihren Zahlen faken. Ich habe danach zahlreiche E-Mails von Kollegen und PR-Agenturen bekommen, die sich dafür bedankt haben, dass es endlich jemand ausgesprochen hat.

Fake-Engagements

Ähnlich wie mit den Fake-Followern verhält es sich auch hinsichtlich der Fake-Engagements. Wer bereit ist, noch mehr Geld auszugeben, kann neben den Fake-Followern nämlich auch Fake-Engagements erwerben. Dabei liken Fake-Profile neue Postings und verfassen Kommentare. Wir alle haben solche Kommentare schon mal gesehen und sind genervt davon. Häufig enthalten sie nur leere Floskeln, die keinen echten Bezug zu dem Posting aufweisen, oder bestehen lediglich aus

Emojis. Beispielhafte Kommentare siehst du in Abbildung 2.4. Willst du wirklich, dass deine Postings nur solche Kommentare erhalten? Wohl kaum!

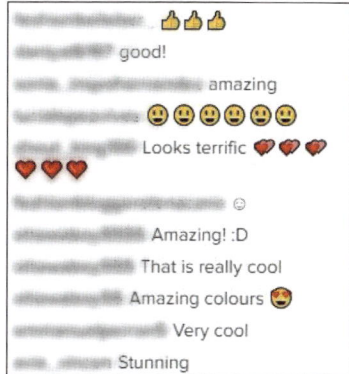

Abbildung 2.4 Fake-Kommentare unter einem Instagram-Post

Baue dir stattdessen lieber eine Community auf, die echte Kommentare hinterlässt und Interesse an deinem Content zeigt. Das sieht nicht nur für potenzielle Werbepartner besser aus, sondern gibt dir auch etwas für deine Leistung zurück. Schließlich fühlt es sich auch gut an, echte Komplimente für deine Bilder zu bekommen, oder? Mehr zu diesem Thema findest du in Kapitel 5, »Wie baust du dir eine treue Community auf?«.

Fake-Shoutouts

Neben den Fake-Engagements und Fake-Followern gibt es aber auch Wege, durch eine Geldinvestition echte Follower zu gewinnen. Auf diversen Plattformen bieten Personen, die einen eigenen Account mit einer großen Reichweite haben, gegen Bezahlung Shoutouts auf ihrem Profil an. Sobald so ein Shoutout gebucht wird, postet der jeweilige Influencer eine vermeintliche Account-Empfehlung und taggt dabei das Profil des Auftraggebers. Dieser erhofft sich dadurch, neue Abonnenten zu gewinnen und die eigene Community zu vergrößern.

Im ersten Moment hört sich das vielleicht verlockend an, weil du die Möglichkeit erhältst, echte Follower auf dich aufmerksam zu machen. Das solche Empfehlungen jedoch nicht immer echt sind, fällt schnell auf und findet somit wenig Anklang. Das wäre also eine wirklich schlechte Investition deines Geldes.

Vor allem solltest du dir überlegen, wie ein Influencer, der seinen Kanal gegen Bezahlung für Shoutouts anbietet, seine eigene Community aufgebaut hat. Sind das wirklich die treuen und echten Follower, die du dir für deinen Kanal wünschst?

Fake-Profile

Neben den Möglichkeiten, sich nach und nach durch Zukauf von Followern eine Community aufzubauen, können auch bereits bestehende Profile mit vielen Followern eingekauft und übernommen werden. Diese eingekauften Profile haben dann bereits mehrere Tausend Abonnenten und sind teilweise sogar durch Instagram mit einem blauen Haken verifiziert – je nachdem, was man bereit ist, dafür zu bezahlen.

Dieses Vorgehen ist natürlich nicht nur unehrlich und unfair gegenüber deinen Kollegen. Das Problem besteht zudem darin, dass du bei vielen Anbietern solcher Profile nichts über die Follower des eingekauften Profils weißt und im Vorfeld keine Informationen erhältst. Vielleicht wurden sie ebenfalls von dem ursprünglichen Account-Inhaber gekauft, sodass du im schlimmsten Fall Geld für eine »tote« Community ausgibst, die ausschließlich aus Bots besteht.

Es ist auch sehr schwer zu sagen, wie nachhaltig eine solche Investition wirklich ist. Sollte es sich um echte Follower handeln, ist trotzdem ein Rückgang der Community zu erwarten. Schließlich haben sie ursprünglich einen ganz anderen Account abonniert, und du sowie dein Content sind unbekannt und vielleicht auch uninteressant für sie.

2.3 Einsatz von Bots

Auch die Nutzung von Social-Media-Bots kann dabei helfen, die eigene Reichweite zu steigern und stetig zu wachsen. Diese Bots kommen vor allem auf Instagram zum Einsatz und verstoßen wie der Kauf von Fake-Followern und die anderen bereits vorgestellten unfairen Mittel gegen die Instagram-Richtlinien.

Was genau ist denn ein Social-Media-Bot? Es handelt sich dabei um ein Computerprogramm, das automatisch eine bestimmte Aufgabe tätigt. Auf Social Media kann es sich dabei beispielsweise um das automatisierte Liken oder Kommentieren von Beiträgen anderer User oder das Folgen und Entfolgen von anderen Social-Media-Profilen handeln. Das Ziel dabei liegt immer darin, andere User auf das eigene Profil aufmerksam zu machen und auf diesem Weg neue Abonnenten für dich zu gewinnen.

Es gibt im Social-Media-Bereich zahlreiche Anbieter, über die man Bots beauftragen kann. Das hört sich im ersten Moment zwar gut an, an der Umsetzung hapert es dann aber. Man hat keine Kontrolle darüber, welche Postings geliked werden und welchen Profilen gefolgt wird. Da kann es sehr schnell mal passieren, dass anzügliche oder politisch kritische Posts ein Like von dir erhalten, wie es auch Vreni passiert ist. Auch wenn diese Vorgehensweise hinsichtlich des Follower-Wachstums sehr effektiv sein kann, ist die Qualität dieser aufgebauten Community eher gering. Ein nachhaltiges Wachstum kann dadurch auch kaum entwickelt werden, da die Community vermutlich wieder schrumpft, sobald man auf den Einsatz der Bots verzichtet. Also auch hier – ein Teufelskreis!

Mittlerweile sind solche Bots nicht nur bei allen Instagram-Usern bekannt, sondern auch verpönt und hinterlassen eher einen negativen Beigeschmack. Zudem werden Bots sehr schnell vom Instagram-Algorithmus erkannt, sodass es zu einem Ausschluss aus der App kommen kann und du wieder von vorne beginnen musst. Dann waren die ganze Zeit und das investierte Geld also auch noch umsonst! Deshalb solltest du dir vorher sehr genau überlegen, ob dies tatsächlich der Weg ist, den du mit allen damit verbundenen Risiken gehen möchtest.

Der Unterschied zu Fake-Followern und Fake-Engagements liegt darin, dass mithilfe der Bots echte Follower und echte Engagements gewonnen werden können. Deshalb ist es aber nicht unbedingt ehrlicher!

Fake-Influencer-Experiment des WDR

Für den öffentlich-rechtlichen Sender WDR wurde der Reporter Frederik Fleig innerhalb von vier Wochen zum Fake-Influencer auf Instagram (siehe Abbildung 2.5). Zum Start des Experiments investierte Frederik Geld in Bots und Fake-Follower, um so seinen Account zu pushen. Mit diesen Maßnahmen konnte er seine Community von ursprünglich 600 Followern auf über 23.000 Follower steigern.

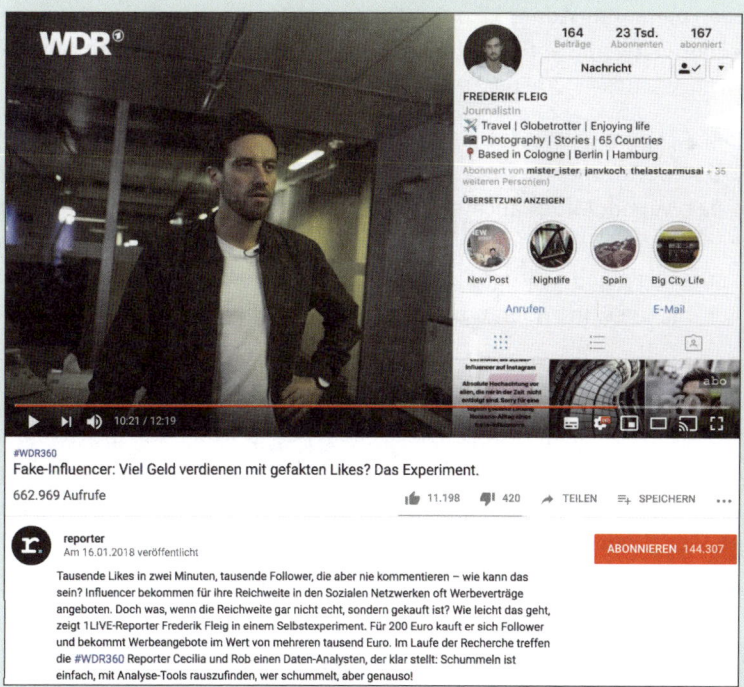

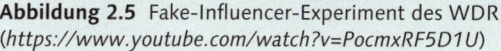

Abbildung 2.5 Fake-Influencer-Experiment des WDR (*https://www.youtube.com/watch?v=PocmxRF5D1U*)

Es dauerte nicht lange, bis die ersten Unternehmen auf ihn zukamen und ihm Kooperationen anboten. Auch er selbst schrieb verschiedene Unternehmen an, um zu testen, inwieweit diese zu einer Zusammenarbeit bereit wären. Da es sich um ein Experiment handelte, ging der Reporter natürlich keine Kooperation ein. Schließlich ist eine solche Vorgehensweise nicht nur aus moralischen Gründen verwerflich, sondern auch aus rechtlicher Sicht kritisch zu betrachten.

2.4   Beteiligung an Engagement Pods

Seit Instagram aktiv gegen Bots und Fake-Profile vorgeht, suchen User sich immer neue Möglichkeiten, um ihre Reichweite zu steigern. Sehr beliebt sind dabei die Engagement-Gruppen, welche auch Engagement Pods genannt werden. In diesen Gruppen organisieren sich Influencer, um sich gegenseitig zu »unterstützen«, indem sie gegenseitig mit den kürzlich veröffentlichten Inhalten interagieren.

Solche Absprachen finden vor allem für das soziale Netzwerk Instagram statt, wobei sich die Gruppen häufig über WhatsApp und Telegram organisieren. Dabei gibt es für so ziemlich jedes Thema eine Gruppe, und es werden innerhalb solcher Gruppen bestimmte Regeln festgelegt, die von jedem befolgt werden müssen und von einem oder mehreren Admins kontrolliert werden. Bei Nichteinhaltung der Regeln oder anderweitigem Fehlverhalten innerhalb der Gruppe droht den Mitgliedern der Ausschluss.

Wenn eines der Gruppenmitglieder einen neuen Beitrag veröffentlicht, postet es einen Link dazu in der Gruppe, sodass die anderen Mitglieder darauf reagieren. Im Vorfeld muss das Mitglied aber auch selbst die geposteten Beiträge der anderen Mitglieder liken und/oder kommentieren. Was genau von den Mitgliedern gefordert wird, ist abhängig von der Gruppe, in der man sich befindet. In manchen Gruppen geht es nur um Likes, in anderen um Likes und Kommentare.

Da der Instagram-Algorithmus Beiträge, die viele Interaktionen erzielen, mit Reichweite belohnt, können alle Mitglieder gleichermaßen durch die Wechselbeziehung der Gruppe profitieren. Je mehr Mitglieder sich in der Gruppe befinden, desto stärker ist also der Effekt, aber eben auch der Aufwand, um mit den Beiträgen der anderen Mitglieder zu interagieren. Es gibt allerdings auch Gerüchte, dass der Algorithmus merkt, wenn immer nur bestimmte Personen Likes oder Kommentare hinterlassen, und Inhalte dann seltener ausspielt. Hierzu liegen uns aber keine gesicherten Informationen vor.

Sich mit anderen Usern zusammenzuschließen und sich untereinander auszutauschen, ist an sich nichts Verwerfliches. Wie so eine Cross-Promo mit anderen Influencern aussehen kann, erfährst du auch in Kapitel 5. Besteht dieser Zusammenschluss jedoch nur, um künstliche Engagements zu erzeugen und Kooperationsanfragen zu generieren, ist die Unterstützung nicht ehrlich. Schließlich handelt es sich dabei zwar um reale Engagements, diese sind jedoch nicht aus echtem Interesse entstanden, sondern aus Eigennutz.

Durch die künstlichen Engagements wird auch ein künstliches Wachstum gefördert. Tritt der jeweilige Influencer aus der Gruppe aus, werden auch die Interaktionen auf seinem Profil zusammenbrechen, was wiederum eine negative Beeinflussung des Algorithmus zur Folge hat. Man hat also kaum noch die Chance, auf organische Weise zu wachsen und neue Nutzer zu erreichen.

Instagram wird zukünftig bestimmt auch gegen solche Pods vorgehen. Wenn du dir überlegst, dein Profil darüber aufzubauen, könntest du spätestens dann mit Problemen konfrontiert werden und an deine Grenzen stoßen. Deshalb solltest du dir die Teilnahme an solchen Pods gut überlegen.

All das soll natürlich nicht bedeuten, dass du nicht mit anderen Usern interagieren sollst. Ganz im Gegenteil! Soziale Netzwerke leben von der Interaktion der Nutzer. Like aber nur das, was dir wirklich gefällt, und verfasse ganz individuelle Kommentare, die auch zu den jeweiligen Inhalten passen. Das kommt viel besser und ehrlicher rüber als automatisierte Interaktionen!

2.5   Zeitaufwand unterschätzen

Wie du siehst, ist es sehr wichtig, den Zeitaufwand, um deinen Social-Media-Kanal zu bespielen und ein Influencer zu werden, indem du dir deine eigene echte Community aufbaust, keinesfalls zu unterschätzen. Dessen solltest du dir vorher bewusst sein! Wie so ein Tagesplan eines Influencers aussehen kann, siehst du in Abbildung 2.6.

Im Vorfeld jedes Beitrages musst du eine Idee erarbeiten und im Anschluss daran den entsprechenden Content dazu produzieren. Hierzu benötigst du vielleicht auch noch bestimmte Requisiten, die du einkaufen musst, oder du musst noch die richtige Location finden. In der Regel sitzt es dann auch nicht direkt beim ersten Schuss, sondern du musst vielleicht 20 oder sogar 50 Bilder aufnehmen und diese im Anschluss sichten. Wenn du dich dann für ein Bild oder sogar mehrere Bilder entschieden hast, musst du diese bearbeiten. Das kann 5 Minuten dauern oder sogar zwei Stunden – je nachdem, wie aufwendig die Bearbeitung ausfällt. Das Verfassen einer Caption für dein Posting sowie die Recherche passender Hashtags kann auch noch mal 10 bis 30 Minuten in Anspruch nehmen. Aber auch die Nachbearbeitung eines jeden Beitrages gehört zu deinen Aufgaben, die du bedenken solltest.

Schließlich wünschen sich deine Abonnenten auch eine Antwort auf ihre Nachrichten. Am Anfang dauert das noch nicht allzu lange, sobald du aber eine größere Community aufbauen konntest, erhalten deine Postings schnell auch schon mal 50 bis 100 Kommentare. Wie du siehst, sind das einige Aufgaben, die auf dich zukommen und für die du dir Zeit nehmen musst.

Uhrzeit	To Do's	Status
09.30–11.00 Uhr	Requisiten für Bilder einkaufen	✓
11.00–13.30 Uhr	Fotos produzieren 1. Bild im Wald 2. Bild im Waschsalon 3. Bild im Cafe	✓
15.00–16.30 Uhr	Produzierte Bilder sortieren und bearbeiten	
16.30–17.00 Uhr	Posting vorbereiten	
17.00–18.00 Uhr	Mails und Kooperationsanfragen beantworten	
19.00 Uhr	Content veröffentlichen	
19.00–21.00 Uhr	Nachrichten und Kommentare beantworten	

Abbildung 2.6 Beispielhafter Tagesplan eines Instagram-Influencers

Neben diesen geplanten Beiträgen, die du bereits im Vorfeld produzierst, gibt es zwischendurch aber auch immer mal wieder spontane Geschichten. Dazu gehören beispielsweise tägliche Stories, in denen du deine Follower in deinem Alltag mitnimmst. Auch hierfür musst du also täglich Zeit einplanen. Die einzelnen Sequenzen dauern zwar nur 15 Sekunden, aber vielleicht möchtest du die Stories noch optisch bearbeiten, Verlinkungen und Hashtags hinzufügen sowie einen kleinen Text dazu schreiben. Je nachdem, wie viele Stories du pro Tag veröffentlichst, kann dich der Aufwand am Tag schnell 30 Minuten bis zu mehrere Stunden kosten.

Um Kooperationen umsetzen zu können, übernimmst du neben der Betreuung deines Profils und der Kommunikation mit deinen Abonnenten auch die Absprachen mit Unternehmen und Agenturen. Hierfür wirst du am Tag mehrere Mails beantworten müssen, was je nach Aufwand eine Stunde dauern kann.

Wie du siehst, musst du als Influencer ein echtes Allround-Talent sein. Alle Aufgaben musst du ganz allein übernehmen, und das beansprucht sehr viel Zeit, die du einplanen solltest. Denn gerade am Anfang kannst du es dir nicht leisten, alle Aufgaben abzugeben und die beauftragten Dienstleister dafür zu bezahlen.

2.6   Unregelmäßig posten

Um die Algorithmen der sozialen Netzwerke optimal bespielen und somit die eigene Reichweite steigern zu können, ist es wichtig, regelmäßig Content zu veröffentlichen. Das hat nicht nur positive Auswirkungen auf den Algorithmus, sondern fördert auch die Bindung zu deiner Community. Überlege dir am besten feste Tage und Uhrzeiten, an denen du etwas veröffentlichst. Daran können sich deine Abonnenten dann orientieren, und sie entwickeln zeitgleich eine gewisse Vorfreude. Wie du dich am besten organisierst und einen Content-Plan erstellt, kannst du in Kapitel 3, »Aller Anfang fällt schwer: Womit beginnst du?«, nachlesen.

Wenn du schon im Vorfeld weißt, dass dir eine stressigere Zeit bevorsteht, in der du kaum dazu kommen wirst, Content zu produzieren, solltest du diesen am besten schon vorher vorbereiten. So kannst du vermeiden, dass Lücken entstehen und deine Community das Interesse verliert. Denn seien wir mal ehrlich: Social Media ist ein schnelllebiges Feld, und die Konkurrenz schläft nicht!

Falls es aber doch mal zu einem ungeplanten Ausfall kommen sollte, weil es beispielsweise einen traurigen Zwischenfall in deiner Familie gab, solltest du dir natürlich die Zeit für dich nehmen, die du brauchst. Um deine Community darüber zu informieren, würde sich aber die Veröffentlichung eines Postings anbieten. Darin musst du natürlich nicht die Gründe für deine Auszeit darlegen. Deine Abonnenten sollten Verständnis dafür haben, dass du nicht dein gesamtes Privatleben auf Social Media preisgibst.

2.7   Inkonsistenz bei der Wahl der Nische

Heute ein Spiegel-Selfie, morgen das Mittagessen und übermorgen ein Bild von einer schönen Landschaft – so sehen viele Feeds auf Instagram aus. Aber ist es wirklich das, was deine Follower sehen wollen?

Entscheide dich bereits im Vorfeld, welchen Content du produzieren möchtest, wofür du stehst und was deine Abonnenten auf deinem Kanal erwarten können. Wenn du zu viel auf einmal möchtest, können deine Abonnenten dich schlecht einschätzen und zuordnen. Das erschwert es ihnen, eine Bindung zu dir aufzubauen.

Wenn du dich für mehrere Themen interessierst und dich nicht entscheiden möchtest, könnte es eine Überlegung sein, ein weiteres Profil auf der gleichen Plattform, auf der du eh schon aktiv bist, anzulegen oder die Themen jeweils auf einer anderen Plattform zu bespielen.

Multi-Channel-Strategie am Beispiel von Nina

Die Influencerin *Nina* hat ein Profil auf Instagram und zwei verschiedene Kanäle auf YouTube. Dabei zeigt sie auf Instagram (siehe Abbildung 2.7) Bilder und Videos zu Momenten aus ihrem alltäglichen Leben. Ihre Abonnenten können sie beim Sport sowie auf ihren Reisen begleiten, bekommen von ihr aber auch beispielsweise Outfit-Inspirationen und vieles mehr. Auf ihrem Lifestyle-Kanal auf YouTube (siehe *https://www. youtube.com/user/NinasBeautyPlace1*) veröffentlicht sie zusätzlich dazu auch noch Vlogs, sodass ihre Community einen tieferen Einblick in ihr Leben erhält.

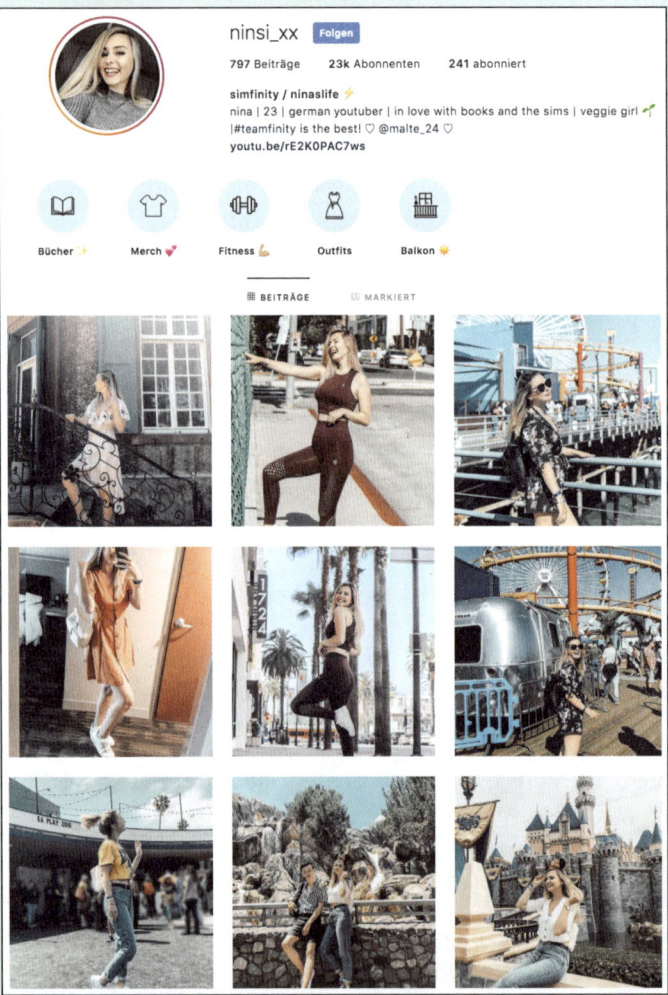

Abbildung 2.7 Ninas Profil @ninsi_xx auf Instagram (*https://www.instagram.com/ninsi_xx/*)

Nina spielt aber auch gerne *Die Sims* und möchte ihre Abonnenten an ihren Let's Plays teilhaben lassen. Gaming-Videos interessieren aber nicht jeden ihrer Abonnenten, und

Kanäle, auf denen zu unterschiedlicher Content veröffentlicht wird, sind auch schwieriger zu vermarkten. Deshalb hat sie auf YouTube einen zweiten, reinen Gaming-Kanal für diese Videos eröffnet (siehe Abbildung 2.8). Auf diesem kann sie zusätzlich zu ihren Lifestyle-Profilen noch mal eine ganz andere Zielgruppe ansprechen und hat eine weitere Möglichkeit der Vermarktung geschaffen.

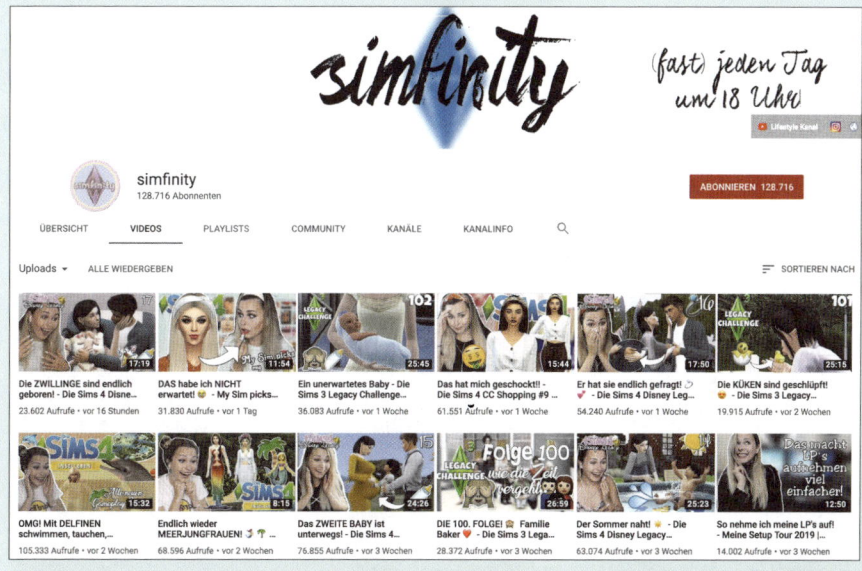

Abbildung 2.8 Ninas Kanal simfinity auf YouTube (*https://www.youtube.com/channel/ UCQlufOsKKA0czNskx7SxGjw*)

Wenn du dich dafür entscheidest, mehrere Profile zu bedienen, musst du entsprechend mehr Content produzieren, und das bedarf natürlich deutlich mehr Zeit. Bedenke unbedingt den noch größeren Arbeitsaufwand!

2.8   Zu viel vom Privatleben preisgeben

Auf der Straße erkannt und angesprochen werden? Das passiert einem wohl nicht alle Tage – Influencern schon! Man kennt sie aus den sozialen Netzwerken, und durch die Einblicke in das Privatleben hat man das Gefühl, man würde sie persönlich kennen. Aber wie viel Privatsphäre sollte man als Influencer tatsächlich preisgeben? Der Spagat zwischen der privaten Persönlichkeit und dem Influencer-Dasein ist sehr schmal und manchmal sicherlich schwierig zu meistern.

Dein Social-Media-Kanal lebt von den persönlichen Einblicken in dein Privatleben. Schließlich sind deine Abonnenten immer mit dabei und können deinen Alltag verfolgen. Aber wo ist hier die Grenze? Das kannst nur du für dich selbst entscheiden.

Was soll denn schon passieren, wenn deine Follower wissen, mit wem du zusammen bist? Vielleicht macht dich dieses kleine Beispiel nachdenklich:

Die YouTuberin *janasdiary* teilte sehr lange Zeit ihre Beziehung mit ihrem Partner über ihre Social-Media-Kanäle mit ihren Fans. Dabei war es nicht immer einfach – zwischenzeitlich war das Paar nämlich auch getrennt. Aber sie versöhnten sich wieder, und all das konnten ihre Abonnenten verfolgen. Leider nahmen sie sich auch das Recht heraus, über die Beziehung der beiden zu urteilen. Sie bewerteten beispielsweise die Beziehung, äußerten sich negativ dazu und kritisierten Entscheidungen, die getroffen wurden. In einem Video (siehe Abbildung 2.9) spricht janasdiary über die Schwierigkeiten und das Risiko einer Beziehung, die man mit der Öffentlichkeit teilt. Deshalb entschied sie sich letztendlich dazu, nicht mehr öffentlich über ihre Beziehung zu sprechen, um diese nicht der Meinung anderer und den Hater-Kommentaren auszusetzen.

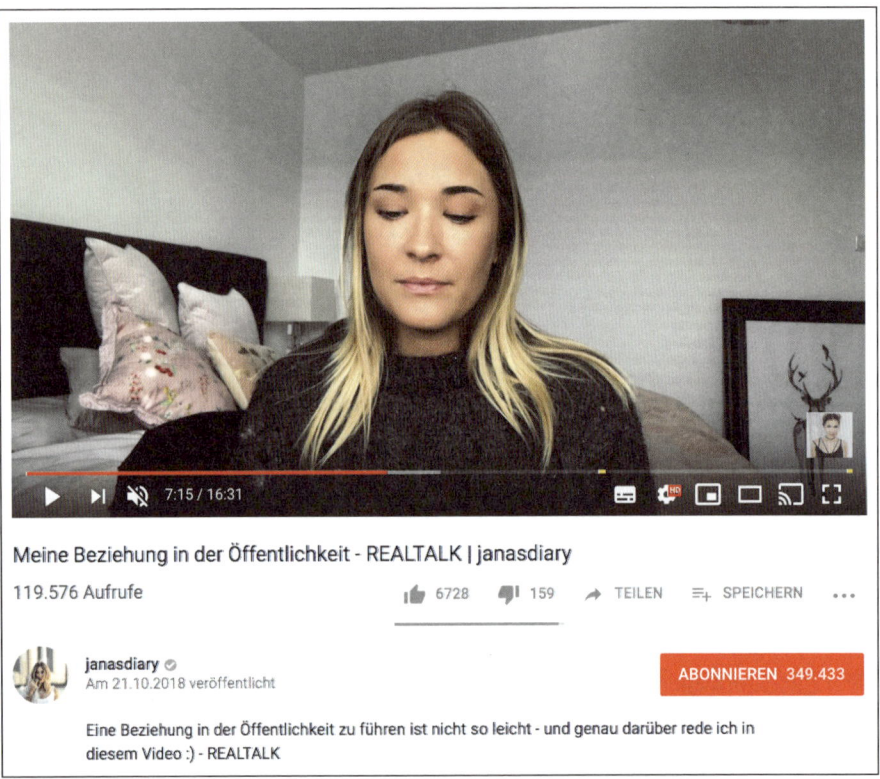

Abbildung 2.9 janasdiary in einem YouTube-Video über ihre Beziehung in der Öffentlichkeit (*https://www.youtube.com/watch?v=kN_rTSek0lg&t=435s*)

Negative Kommentare und Kritik werden jedoch nicht nur in Bezug auf die eigene Beziehung geäußert. Wenn du dein Privatleben über Social Media mit anderen teilst, sie mitnimmst und ihnen einen Einblick gewährst, solltest du darauf vorbereitet sein, dass nicht jeder deine Meinungen teilt und nicht jede deiner Entscheidungen befürwortet. Das musste janasdiary ebenfalls mehrmals feststellen und richtete sich deshalb verzweifelt und unter Tränen in einem Video an ihre Community.

Wie du in Abbildung 2.10 sehen kannst, gab es Zuschauer, die Janas Reaktion sehr verständnisvoll aufnahmen. Anderen bot das Video wiederum einen Anlass, um erneut ihre Kritik und ihr Unverständnis zu äußern.

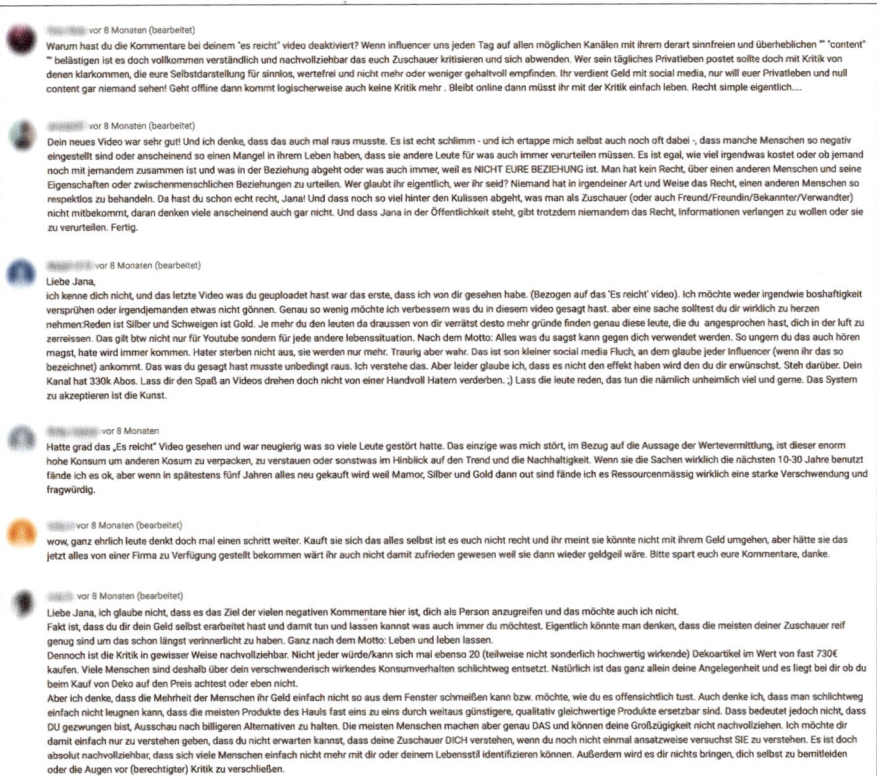

Abbildung 2.10 Zuschauerreaktionen zu der Entscheidung von janasdiary (*https://www.youtube.com/watch?v=onpjY0nMcFw&t=1s*)

Genauso wichtig wie der Schutz deiner eigenen Privatsphäre ist es aber auch, die Privatsphäre deiner Mitmenschen zu respektieren. Du hast dich dafür entschieden, in den sozialen Netzwerken aktiv zu sein. Das Gleiche gilt aber nicht für deine Familie und Freunde. Deshalb solltest du sie vor dem Upload von Videos oder Bildern, auf denen sie zu sehen sind, fragen, ob sie mit einer Veröffentlichung einverstanden sind. Wenn nicht, dann sollte das für dich okay sein, und du solltest ihre Entscheidung akzeptieren.

Gerade weil du deinen Abonnenten einen Einblick in dein Privatleben gewährst, wirst du vermutlich oft auch vor der Situation stehen, dass du kritisiert oder sogar verbal angegriffen wirst. Gerade deshalb solltest du dir im Vorfeld ganz genau überlegen, was du wirklich erzählen möchtest. Du solltest dir darüber bewusst sein, dass alles, was du auf deinem Kanal postest, auch gegen dich verwendet werden kann.

Obwohl du deinen Abonnenten viel von dir erzählst und sie oft auch in deinem Alltag mitnimmst, bist du ihnen nicht immer Rechenschaft schuldig. Schließlich ist es nur dein Hobby oder dein Beruf, welcher aber nicht deine komplette Persönlichkeit einnehmen sollte. Das solltest du dir und deinen Abonnenten klarmachen.

Wenn du eine Frage nicht beantworten möchtest, weil sie dir zu privat ist, dann darfst du ehrlich sein und das auch so sagen. Denn du allein entscheidest, was du preisgeben möchtest und was nicht! Sicherlich werden das nicht alle verstehen, aber das ist auch okay so. Wenn jedoch jemand in irgendeiner Art und Weise beleidigend werden sollte, solltest du das nicht auf die leichte Schulter nehmen, sondern wenn nötig auch zur Polizei gehen. Denn trotz des Daseins als Influencer und der öffentlichen Präsenz musst du dir nicht alles gefallen lassen!

Um deine Privatsphäre zu schützen, solltest du im Internet außerdem auch nicht deine private Adresse preisgeben oder die Umgebung in der Nähe deines Zuhauses zeigen. Du möchtest doch nicht, dass du vor deinem Zuhause von deinen Fans abgefangen oder belagert wirst? Es ist dein Zuhause, dein privater Bereich – das solltest du schützen. Achte allerdings auch auf die Impressumspflicht, auf die in Kapitel 10, »Was musst du rechtlich beachten?«, noch einmal genau eingegangen wird.

Um dennoch Pakete und Briefe von Kooperationspartnern und deinen Fans erhalten zu können, könntest du dir einen Zugang zu einer Packstation und ein Postfach zulegen. Alternativ könntest du auch die Adresse deines Netzwerks oder Managements angeben, wenn du eins hast.

2.9   Kooperationen, die nicht zur eigenen Marke passen

Dieser Punkt ist am Anfang nicht so wichtig für dich, später dafür aber umso mehr! Du hast schon eine eigene Community aufgebaut und bereits die ersten Kooperationsanfragen erhalten? Herzlichen Glückwunsch! Aber Achtung – vergiss deine Abonnenten nicht, und missbrauche nicht ihr Vertrauen. Über die Zeit konntest du dir bei ihnen einen gewissen Vertrauensvorschuss erarbeiten, den du nicht aufs Spiel setzen solltest.

Du solltest jetzt und auch zukünftig wirklich nur Kooperationen eingehen, die zu dir und deinem bisherigen Content passen. Denn nichts wirkt weniger authentisch als die Vorstellung eines Smartphones, wenn du sonst immer nur ein Smartphone eines anderen Herstellers verwendet hast und auch in Zukunft verwenden wirst. Genauso wenig sinnvoll ist es, Werbung für einen Automobilhersteller zu machen, wenn du selbst keinen Führerschein hast. Stelle deshalb nur Produkte vor, die du dir auch selbst gekauft hättest und deiner besten Freundin oder deinem besten Freund empfehlen würdest.

Worauf du bei Kooperationen noch achten solltest und wie du dir dabei selbst treu bleibst, kannst du in Kapitel 6, »Bleib authentisch!«, und Kapitel 7, »Wie gehst du Kooperationen mit Unternehmen ein?«, nachlesen. Dort haben wir viele Tipps für dich zusammengefasst.

2.10 Zu viele Kooperationen eingehen

Um deine Glaubwürdigkeit innerhalb der Community aufrechtzuerhalten, ist eine gute Balance zwischen dem redaktionellen Content und der Werbung auf deinem Profil essenziell. Nicht jeder zweite Beitrag sollte Werbung sein! Sonst kommt schnell das Gefühl auf, dass es sich um einen reinen Werbekanal handelt und die persönliche Note, weshalb man dem Influencer überhaupt erst folgt, verloren geht. Wenn du aber täglich etwas postest, dann kann beispielsweise einer von den sieben Beiträgen ein werblicher Post sein. Sobald es deiner Community zu viel wird, wird sie sich sehr wahrscheinlich bei dir melden und dir innerhalb der Kommentare zeigen, dass du etwas übertrieben hast.

Aus Angst vor Kritik deiner Community aufgrund von zu viel Werbung solltest du aber auf keinen Fall versuchen, diese zu verschleiern. Das macht das Ganze nämlich nicht besser, sondern nur noch schlimmer. Wenn du eine Kooperation eingegangen bist, solltest du ehrlich damit umgehen und die Werbung entsprechend kennzeichnen. Ansonsten besteht die Gefahr, dass die Schleichwerbung auffällt und du mit rechtlichen Konsequenzen und einem Vertrauensverlust innerhalb deiner Community rechnen musst. Mehr zum Thema Kennzeichnung von Werbung findest du in Kapitel 10, »Was musst du rechtlich beachten?«.

2.11 Unprofessionell mit Kooperationspartnern umgehen

Wenn du als Influencer eine Kooperation mit einem Unternehmen eingehst, bestehen vonseiten des Auftraggebers Erwartungen und auch Forderungen an dich und deine Arbeit. Schließlich bedeutet die Tätigkeit als Influencer nicht nur, Produkte zu testen und Content darüber zu veröffentlichen, sondern vielmehr, als Botschafter der Marke zu fungieren. Im besten Fall habt ihr alle Vereinbarungen sogar vertraglich festgehalten, und es gibt ein Briefing für die Umsetzung, an dem du dich orientierst. Umso wichtiger ist es natürlich, dass du dich an diese Vereinbarungen hältst, sodass der Auftraggeber zufrieden ist und aus der einmaligen Kooperation womöglich sogar eine langfristige Zusammenarbeit entstehen kann.

Jede positiv abgeschlossene Kooperation ist für dich als Influencer wie ein Arbeitszeugnis, das auch andere potenzielle Kooperationspartner auf deinem Profil einsehen können. Das ist gerade auch für Agenturen wichtig, die regelmäßig Influencer für unterschiedliche Kunden beauftragen. Wenn sich hier herumspricht, dass du dich beispielsweise nicht an Absprachen hältst oder unzuverlässig bist, läufst du Gefahr, Aufträge zu verlieren. Genauso wirst du aber auch umso lieber gebucht, wenn die Kunden zufrieden mit dir und der Zusammenarbeit waren.

Sollte es doch mal vorkommen, dass du beispielsweise mit der Kommunikation oder der Organisation vonseiten des Unternehmens unzufrieden bist, ist es wichtig, professionell zu bleiben und die Kritik konstruktiv und sachlich zu äußern. Da Mails schnell auch falsch verstanden werden können, würden wir dir ein persönliches Gespräch empfehlen – dieses kann beispielsweise telefonisch stattfinden. Auf diesem Wege können Ungereimtheiten meistens unkompliziert geklärt werden.

In keinem Fall solltest du dich jedoch in einer Kurzschlussreaktion auf deinem Social-Media-Profil negativ über einen Kooperationspartner äußern. Das fällt nur negativ auf dich zurück! Dieses Verhalten wirkt unprofessionell, und du könntest dadurch auch noch andere potenzielle Kooperationspartner verschrecken.

3 Aller Anfang fällt schwer: Womit beginnst du?

Jetzt geht's so richtig los: Thema finden, Zielgruppe definieren, Account einrichten und Inhalte planen! Damit aller Anfang nicht schwerfällt, klären wir in diesem Kapitel, wie du als Influencer richtig startest.

Es gibt eigentlich nur zwei Wege, Influencer zu werden: indem du einfach Fotos und Videos postest und zufällig sehr viele Leute deine Inhalte interessant finden oder indem du eine Strategie im Kopf hast, die du verfolgst, um dich als Influencer zu etablieren. Zufällig erfolgreich zu werden, ist äußerst schwierig. Wenn du Influencer werden möchtest, ist eine gute Strategie, mit der du an die Sache herangehst, also der bessere Weg.

In diesem Kapitel wollen wir dir helfen, dein Thema zu finden, deine Zielgruppe zu definieren, und dich an die Plattformen heranführen. Alle sozialen Netzwerke werden ständig weiterentwickelt, sodass wir dir nicht mehr im Detail erklären werden, wie du einen Account auf den verschiedenen Plattformen anlegst: Das schaffst du! Wir möchten dir vielmehr die grundlegenden Funktionen zeigen, die dir die verschiedenen Netzwerke bieten.

Im Anschluss geht es noch einmal ans Eingemachte: Wie planst du am besten deine Inhalte? Welche Tools helfen dir dabei? Und wie findest du deine eigene Sprache, die dich unverwechselbar macht? Für dich als Influencer ist es wichtig, regelmäßig bei deinen Followern präsent zu sein, damit sie dich auch als Influencer wahrnehmen. Das setzt voraus, dass du deine Inhalte sehr gut planst, denn ansonsten postest du entweder nur sehr selten (weil du nur spontane Gelegenheiten deines Alltags aufgreifst), oder du sitzt plötzlich vor deinem Smartphone und weißt überhaupt nicht, was du posten sollst (weil du einfach keine Themenstrategie hast).

Also, worauf wartest du? Lass uns loslegen und dir eine gute Strategie entwickeln, mit der du dich in den sozialen Netzwerken als Influencer etablieren kannst!

3.1 Was ist dein Thema?

Wenn du im Netz als Influencer Karriere machen möchtest, solltest du unbedingt festlegen, für welches Thema du stehst: Nur wenn potenzielle Follower und Abonnenten wissen, mit welchen Themen du dich auseinandersetzt, können sie auch entscheiden, ob sie dir folgen möchten! Wer will schon jemandem folgen, der heute Gaming-Videos macht, morgen Ernährungstipps gibt und übermorgen Schminkvideos präsentiert? Klar, auch diese Influencer gibt es, aber sie haben es gar nicht so leicht, wie es oft scheint.

Muss ein Thema für immer festgelegt werden?

Die Youtuberin *Typisch Sissi* (250.000 Abonnenten) hat bereits im Jahr 2011 Videos veröffentlicht: Zu Beginn lag ihr klarer Fokus auf Schmink- und Beauty-Videos. Über mehrere Jahre hat sich ihr Fokus hin zu Lifestyle und schließlich zu Mami-Videos verschoben. Wer über viele Jahre einen Account pflegt, wird auch selbst sein Interesse ändern und richtet sein Influencer-Dasein danach aus. Das ist auch wichtig für die eigene Zielgruppe, denn sie wächst über mehrere Jahre schließlich auch immer mit und interessiert sich für andere Dinge. Wer also zu Beginn ein Thema festlegt, ist nicht zwangsläufig für immer daran gebunden! Ein klares Thema hilft aber vor allem zu Beginn ganz ungemein.

Bevor wir uns der Frage widmen, wie du **dein** Thema am besten findest, sollten wir zunächst einmal klären, was überhaupt ein Thema sein könnte und wie du es am besten abgrenzt! Nehmen wir an, du möchtest im Gaming-Bereich eine Influencer-Karriere starten: Was genau machst du dann? Spielst du ganze Spiele am PC durch, und möchtest du Let's Plays veröffentlichen? Oder konzentrierst du dich beim Zocken auf eine bestimmte Konsole? Oder sind vielleicht Smartphone-Games dein Ding? Jede Konsole und sogar jedes Spiel hat ihre bzw. seine eigenen Fans – diese folgen anderen Leuten, die sich ebenfalls damit auseinandersetzen. Konzentriere dich also auf einen bestimmten Bereich, und mache nicht »einfach alles«, was mit Gaming zu tun hat. Das lässt sich natürlich auch auf andere Themen übertragen.

Stellen wir uns also der Frage: Wie findest du dein Thema? Vielleicht hast du es auch schon längst festgelegt? Glückwunsch, denn das ist die beste Voraussetzung: Du hast deine Leidenschaft gefunden! Falls du noch kein Thema hast und vor allem das Influencer-Dasein spannend findest, gibt es hier ein paar Anhaltspunkte, die dir helfen können:

1. **Wem folgst du selbst?**

   Wenn du dich dafür interessierst, Influencer zu werden, aber noch kein Thema hast, schau am besten nach, wem du selbst folgst. Oft erklärt das auch, warum du überhaupt Influencer werden möchtest. Folgst du zum Beispiel Influencern, die viel reisen, könnte es deren Lifestyle sein, der dich auf die Idee des Influencer-Daseins gebracht hat. Warum also nicht auch in diesem Bereich starten? Schließlich scheint es genau das zu sein, wovon du träumst?

2. **Mit wem bist du bereits vernetzt?**

   Du tauschst dich bereits mit kleinen, mittleren oder sogar großen Influencern zu einem Thema aus, hast aber selbst kaum Follower? Dann überlege doch mal, ob du dich nicht auch in diesem Bereich etablieren kannst: Was kannst du beitragen, wovon dein Netzwerk vielleicht profitiert und wobei es eventuell sogar mit dir zusammenarbeiten möchte? Vielleicht bist du auch bereits in einer Community aktiv und tauschst dich aus: Wenn du jetzt anfängst und Inhalte erstellst, kannst du in der Community schnell Follower gewinnen!

3. **Gibt es andere Mitstreiter?**

   Viele bekannte Influencer haben nicht alleine angefangen. Sie hatten Freunde in der Schule oder Familienmitglieder, die das gleiche Interesse für ein Thema hatten. Der persönliche Austausch hilft, und ihr könnt zusammen Videos machen. Dazu müsst ihr nicht unbedingt zusammen einen Account starten (so etwas kann später schnell dazu führen, dass ihr euch vielleicht nicht mehr versteht): Startet einfach jeder für sich und nutzt die Synergieeffekte, wenn ihr regelmäßig gemeinsam etwas unternehmt oder gemeinsam Inhalte erstellt!

4. **Hast du ein Special Interest – etwas, womit sich nur wenige Menschen auseinandersetzen?**

   Es gibt einige Piloten und Interessierte, die sich mit Flugzeugen oder dem Fliegen als Influencer auseinandersetzen. Für den YouTuber *Sam Chui* (1,6 Millionen Abonnenten) ist das allerdings noch nicht »Special Interest« genug: Er testet fast ausschließlich teure Business- und First-Class-Suites von Fluglinien sowie Airport-Lounges (siehe Abbildung 3.1). Du hast ein Hobby oder Interesse, das so besonders ist, dass sich kaum jemand damit so gut auskennt wie du? Oder du möchtest dich ab sofort nur noch damit sehr genau auseinandersetzen? Perfekt, du kannst zum Influencer-Experten für dieses Thema werden!

5. **Was kannst du besonders gut?**

   Viele Influencer starten auch aus einer Begabung heraus: Manche können sehr gut singen, gut recherchieren und erklären oder andere Menschen zum Lachen bringen. Gibt es etwas, das du besonders gut kannst? So findet sich leicht ein Thema!

Hast du dein Thema nun finden können? Was auch immer dein Thema ist: Du solltest motiviert genug sein, dein Thema über eine sehr lange Zeit durchzuziehen. Andernfalls werden deine Follower merken, dass du eigentlich gar keine Lust hast und dich entfolgen. Oder du wirst dir schnell ein anderes Thema suchen und dabei eventuell viele deiner ursprünglichen Follower verlieren. Wer oft sein Thema wechselt, wird das zwar nicht immer an schwindenden Follower-Zahlen spüren, aber umso mehr an einer sinkenden Interaktionsrate: Wer sich nicht mehr so richtig für deine Inhalte interessiert, scrollt durch deine Bilder und schaut sich kaum noch Videos von dir an.

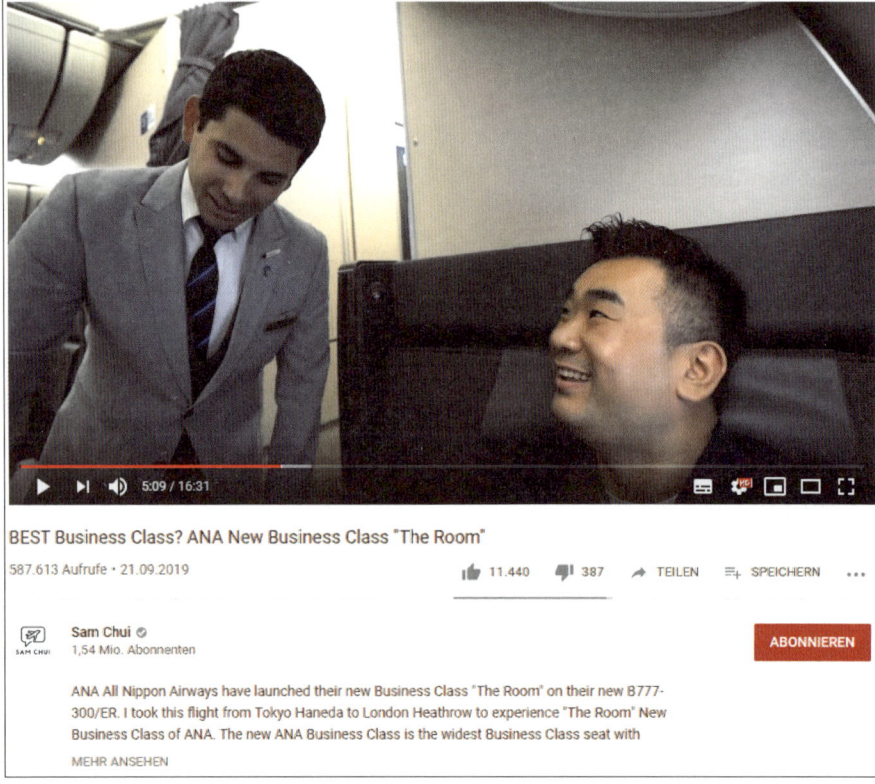

Abbildung 3.1 Der YouTuber Sam Chui bedient ein absolutes Special-Interest-Thema: Er testet insbesondere Business und First Classes von Fluglinien. (*https://youtu.be/SL8M6Rq2Teo*)

3.2   Wen willst du ansprechen?

Dein Thema hast du jetzt festgelegt, aber wer interessiert sich eigentlich dafür? Damit du deine Inhalte so aufbereiten kannst, dass sich deine Follower auch dafür interessieren, solltest du deine (potenziellen) Follower gut kennen: Wer zählt zu deiner Zielgruppe? Welche Personen möchtest du mit deinen Inhalten erreichen? Welche Inhalte interessieren sie? Wie kannst du sie am besten erreichen? All diese Fragen solltest du dir zu Beginn stellen, um deine Inhalte innerhalb deiner Zielgruppe platzieren zu können.

An dieser Stelle hilft ein Blick auf große Marken, die auch ihre Zielgruppe sehr gut kennen. Sie definieren eine Zielgruppe zum Beispiel über folgende Eigenschaften:

▶ Wie alt sind die Menschen, und welches Geschlecht haben sie?

▶ Wo leben sie, und welche Sprache sprechen sie?

▶ Welchen Familienstand haben sie?

▶ Wie viel Geld verdienen sie?

▶ Welchen Bildungsgrad und welche Interessen haben sie?

Es gibt viele weitere Eigenschaften, die Unternehmen über ihre Zielgruppe zusammentragen und die ihnen helfen, ihre Produkte zu verkaufen. Das Produkt, das du »verkaufen« willst, besteht aus deinen Inhalten: Je mehr Menschen deinen Content konsumieren, umso erfolgreicher wirst du als Influencer sein.

Machen wir uns also ein paar Gedanken über deine Zielgruppe: Nimm dir einfach mal die Fragen vor, die wir dir oben aufgelistet haben, und versuche, die Menschen zu beschreiben, die sich für deine Inhalte interessieren könnten. Beim Alter gehe von einer Spannweite von zum Beispiel 18 bis 25 Jahre aus. Oder beim Geschlecht von hauptsächlich weiblich (z. B. bei Schminkvideos) oder hauptsächlich männlich. Natürlich können auch andere Menschen deine Inhalte konsumieren, aber hier gilt es, diejenigen festzulegen, die sie sich hauptsächlich anschauen sollen. Orientiere dich bei der Beantwortung ruhig an anderen Influencern, die eine ähnliche Zielgruppe ansprechen wie du.

Am einfachsten ist es für dich sicherlich, wenn du selbst ein Teil dieser Zielgruppe bist und auch den entsprechend relevanten Influencern in den sozialen Netzwerken folgst. So bleibst du nicht nur immer up to date und bekommst aktuelle Trends mit, sondern kannst diese Informationen auch nutzen, damit deine Accounts im Netz relevant werden. Greife gefundene Trends unbedingt auf, und wandele sie passend für dich ab, um ihnen deinen individuellen Touch zu verleihen. So stichst du aus der Masse heraus und machst weitere Menschen auf dich aufmerksam.

Trends aufspüren

Du möchtest herausfinden, was die Menschen in der Welt gerade am meisten beschäftigt? Oder wie sehr sie sich für ein bestimmtes Thema interessieren? Eines der beliebtesten Tools für diesen Zweck ist Google Trends (*https://trends.google.de*). Hier kannst du nach aktuellen Suchbegriffen und Themen recherchieren, aber auch nachschauen, wie sehr sich Menschen für ein bestimmtes Thema gerade interessieren (siehe Abbildung 3.2).

Auf Social-Media-Plattformen gibt es häufig Trendlisten. So findest du im YouTube-Menü die Schaltfläche TRENDS, über die du eine Liste mit den aktuell beliebtesten Videos angezeigt bekommst. Viele YouTuber lassen sich davon inspirieren und behandeln ähnliche Themen oder beziehen sich auf beliebte Videos. Ähnliche Listen gibt es auf allen anderen Plattformen auch.

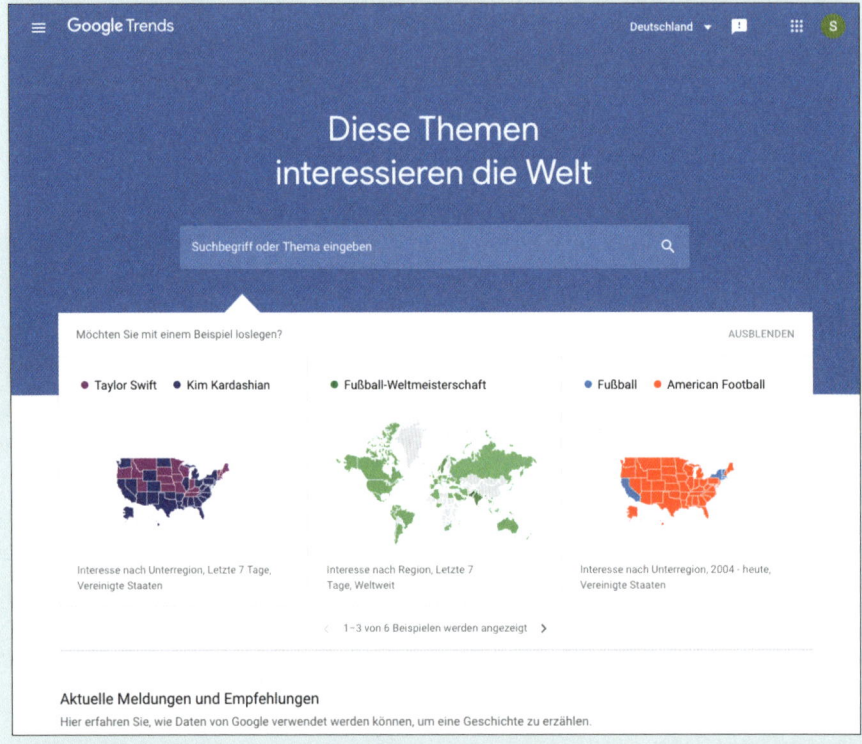

Abbildung 3.2 Google Trends ist ein mächtiges Tool, um Themen zu recherchieren, die gerade aktuell sind.

Um up to date zu bleiben, ist es zudem unbedingt ratsam, anderen Influencern in deinem Themenumfeld zu folgen. So siehst du nicht nur, welche Themen gerade behandelt werden, und du kannst dich mit eigenen Beiträgen dazu anschließen. Außerdem kannst du dich gleich noch vernetzen und vielleicht durch eine Kollaboration neue Follower gewinnen.

Ein sehr gutes Trendbeispiel ist der *Fidget Spinner*. Der YouTuber *Johnny Hand* griff diesen Trend beispielsweise in einem Unboxing-Video auf, in dem er Fidget Spinner aus China vorstellte (siehe Abbildung 3.3). Während des Hypes folgten aber auch die unterschiedlichsten Influencer dem Trend und wandelten ihn in Teilen leicht ab, sodass er zu ihren bisherigen Profilinhalten passte. Die Youtuberin *Rebekah Wing* nutzte den Hype zum Beispiel und integrierte den Fidget Spinner in das von ihr bekannte Videoformat »3 AM/3 Uhr nachts Challenge« (siehe Abbildung 3.4). Auch *BibisBeautyPalace* ist auf den Trend aufgesprungen und hat gemeinsam mit *Julienco* ein Video veröffentlicht, in dem sie mit einem 3D-Stift einen Fidget Spinner zeichnen.

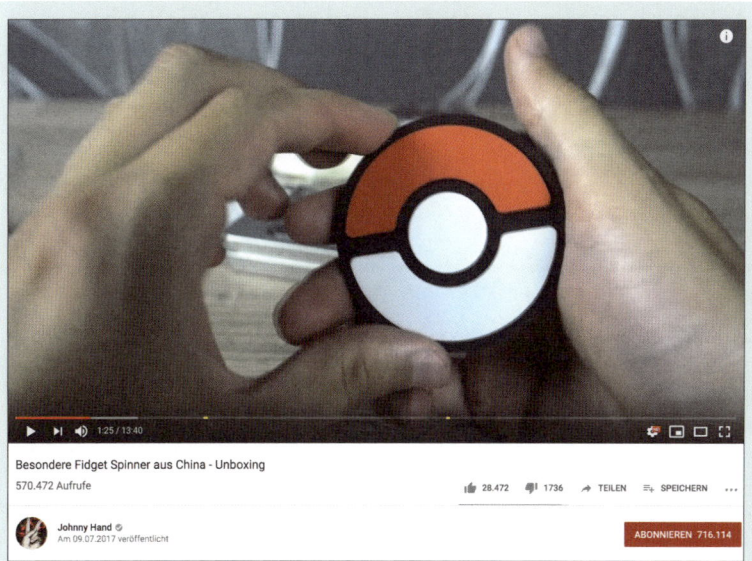

Abbildung 3.3 Video zum Fidget Spinner von Johnny Hand (*https://www.youtube.com/watch?v=mhTlx5_1Qbk*)

Aber du musst schnell sein: Wenn ein Trend vorbei ist, schaut sich kaum noch jemand Inhalte dazu an, und dein Content könnte schnell veraltet wirken. Auch dem Fidget-Spinner-Trend ist es so ergangen: So schnell, wie er kam, ist er auch wieder von der Bildfläche verschwunden.

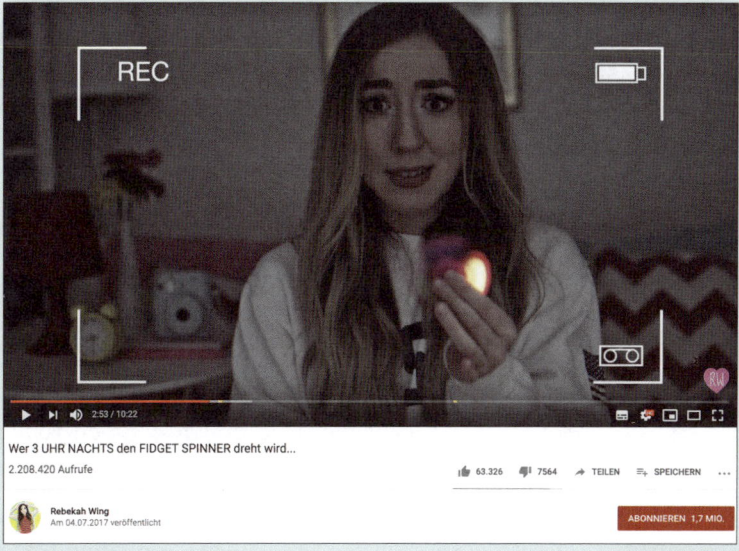

Abbildung 3.4 Video zum Fidget Spinner von Rebekah Wing (*https://www.youtube.com/watch?v=0btE6FDa-C8*)

3.3 Finde deine eigene Sprache, und grenze dich ab!

Wenn du dein Thema gefunden hast und weißt, welche Zielgruppe du erreichen möchtest, solltest du dich im nächsten Schritt auch noch mal für einen Augenblick mit deiner Konkurrenz auseinandersetzen. Wer ist in deinem Themenumfeld bekannt? Was machen andere zu dem Thema? Und wie kannst du dich von ihnen unterscheiden?

Konkurrenzdenken als Influencer

Als Influencer deine eigene Sprache zu finden, ist äußerst wichtig: Nur so wirkst du authentisch. Deshalb solltest du aber nicht gleich alle anderen Influencer als deine Konkurrenz betrachten. In diesem Kapitel verstehen wir unter »Konkurrenz« eigentlich lediglich andere, die sich auch in deinem Themenfeld bewegen. Denn in den sozialen Netzwerken ist echte Konkurrenz eher hinderlich: Wenn du mit anderen Influencern für gemeinsame Inhalte zusammenarbeitest, kannst du sogar eher dazugewinnen! So werden deine Konkurrenten schnell zu Mitstreitern und sehr oft zu guten Freunden.

Das Schöne ist: Als Influencer musst du mit anderen Influencern nicht um Abonnenten kämpfen – schließlich kann jeder auch mehreren Profilen gleichzeitig folgen. Dennoch solltest du versuchen, innerhalb deines Themenfeldes eine Marktlücke zu identifizieren, um deiner Zielgruppe etwas Neues zu bieten. Dabei hilft es, andere Accounts zu beobachten, um neue Ideen zu entwickeln.

Mache dir dabei Gedanken wie: Wieso sollte man dir folgen, wenn man die gleichen Inhalte schon bei anderen findet, die bereits sehr erfolgreich sind? Was könntest du machen, was deine Influencer-Kollegen noch nicht machen? Das kann zum Beispiel ein besonderer Stil sein, den du in deinem Content umsetzt. Oder du teilst Informationen, die bei anderen Influencern fehlen. Vielleicht gehörst du aber auch einer unterrepräsentierten Gruppe in deinem Themengebiet an und kannst dies somit als Alleinstellungsmerkmal nutzen.

Idealerweise folgst du bereits einigen Influencern in deinem Themenumfeld und konntest bereits ein Gespür dafür entwickeln, was bei diesen Influencern gut funktioniert und was nicht. Je nach Plattform kannst du aber auch aktiv nach Themen suchen, auf Instagram beispielsweise über die Suche nach Hashtags: Wenn du beispielsweise Influencer im Food-Bereich suchst, könntest du nach beliebten Hashtags wie *#foodporn* suchen. Auch bei YouTube wirst du schnell über die Suchfunktion bei beliebten YouTubern landen. Auf beiden Plattformen wirst du zudem Influencer-Vorschläge passend zu deinen Interessen erhalten – ein weiterer Anhaltspunkt für die Suche nach anderen Influencern in deinem Themenumfeld.

An dieser Stelle möchten wir auch noch einmal auf das Thema Inspiration eingehen: Wie bereits zuvor beschrieben ist es sehr hilfreich, sich Inspiration zu holen und bereits bestehende Trends aufzugreifen. Du solltest aber in keinem Fall versuchen, eine andere Person oder ihren Content 1:1 zu kopieren. Auch wenn bestimmte Inhalte bei anderen Influencern vielleicht gut funktionieren und sie sich auf diesem Weg eine große Reichweite aufbauen konnten, müssen diese Inhalte bei dir nicht automatisch genauso gut funktionieren. Deine Nachahmung könnte zudem auffallen und würde von deinen Followern eventuell negativ aufgefasst.

Wenn du Ideen für deinen Content also aus anderen Quellen beziehst, spricht nichts dagegen, diese auch umzusetzen. Du solltest dir aber vielleicht überlegen, die Quelle deiner Inspiration anzugeben. Das ist nicht nur deiner Community gegenüber transparent, sondern auch dem Urheber gegenüber mehr als fair. Viele Influencer haben eigene Hashtags für ihre Formatideen etabliert – nutze diese ruhig im Sinne der Quellenangabe.

Warum du Ideenklau vermeiden solltest

Follower achten auch bei größeren Influencern sehr genau darauf, was gepostet wird und woher die Ideen stammen. So ist es auch der Influencerin *Ana Johnson* bereits passiert, dass ihr Ideendiebstahl vorgeworfen wurde. In Abbildung 3.5 siehst du einen Beitrag von @*bymarielle_*, der sie an der Hohenzollernbrücke mit dem Kölner Dom im Hintergrund zeigt. Es handelt sich hierbei zwar bei Bloggern und Touristen um ein sehr beliebtes Fotomotiv, allerdings ist das Styling eine Idee von bymarielle_. Während sie ihr Posting bereits am 4. Oktober 2018 veröffentlichte, postete Ana Johnson ein sehr ähnliches Bild erst am 18. Oktober 2018.[1] Das veranlasste ihre Abonnenten dazu, sie zu beschuldigen, die Fotoidee kopiert zu haben.

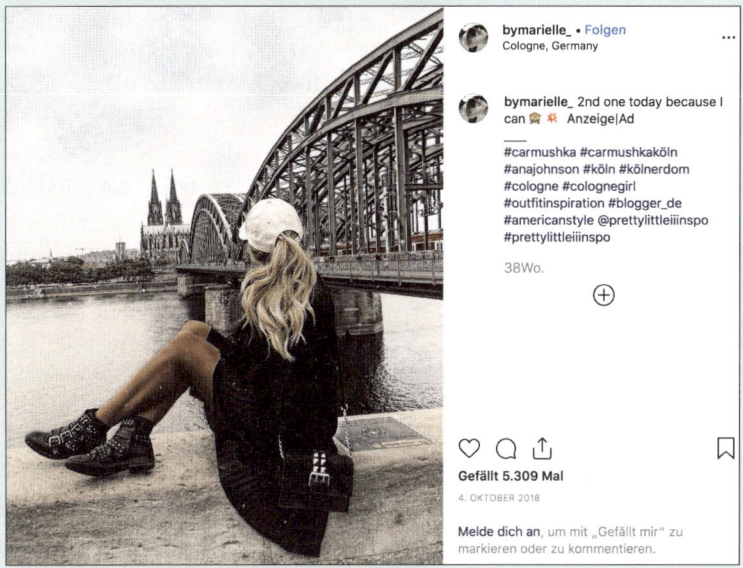

Abbildung 3.5 Posting von @bymarielle_ (*https://www.instagram.com/p/BohQEl9gA5u/*)

---

1   Beitrag von Ana: *https://www.instagram.com/p/Bo9tTpllEcp/*

Dies betrifft auch einen zweiten Beitrag von Ana: *@christie_ferrari* postete bereits im Februar ein Bild (siehe Abbildung 3.6), das Ana Johnson als herbstliches Posting im Oktober offensichtlich nachstellte.[2] Daraufhin folgten Kommentare ihrer Community wie: »Du solltest zumindest @Christie_ferrari markieren. Es war ihre Bildidee.«

Langfristig macht sich ein solches Verhalten stark bemerkbar. Deine eigenen Ideen sind also immer die besten Ideen – die kannst du aber sehr gut mit Inspiration entwickeln.

Abbildung 3.6 Posting von @christie_ferrari (*https://www.instagram.com/p/BfLtr-9hINg/*)

3.4   Thema und Plattform anhand deiner Interessen auswählen

Nachdem du nun auch deine Konkurrenz kennst, gilt es zuletzt noch, die passende Plattform für dich zu finden. Die Wahl solltest du nicht einfach nur aus dem Bauchgefühl heraus treffen: Wenn du einen Account über mehrere Jahre aufbaust, sollte die Plattform zuvor gut ausgewählt sein.

Bei der Auswahl der Plattform spielen gleich mehrere Dinge eine große Rolle, von denen wir vor allem drei ganz besonders wichtig finden:

Welche Plattform magst du persönlich gerne?

Natürlich solltest du dich auf der Plattform selbst zu Hause fühlen. Wenn du selbst kaum auf Facebook aktiv bist, hast du wohl kaum ein Gespür dafür, welche Inhalte dort gut funktionieren und wie man als Influencer auf Facebook erfolgreich kommu-

---

2   Beitrag von Ana: *https://www.instagram.com/p/BpkedUmHVgi/*

niziert. Genauso verhält es sich mit anderen Plattformen wie beispielsweise You-Tube: Schaust du selbst keine Videos auf YouTube an und folgst dort keinen aktiven YouTubern, wird dir ein Start umso schwerer fallen. Beziehe also in die Überlegung ein, welche Plattformen du selbst nutzt und wo du anderen Menschen folgst.

Welche Inhalte möchtest du veröffentlichen?

Auch das ist eine sehr wichtige Frage: Nicht alle Inhalte funktionieren auf allen Plattformen gleich. Was möchtest du also veröffentlichen? Lange oder kurze Video-Formate? Livestreams? Fotos? Oder vielleicht kürzere oder längere Texte? Bevor du also startest und dir einen Account anlegst, solltest du dich sehr genau mit deinen Fähigkeiten und Interessen auseinandersetzen. Wofür brennst du? Was kannst du besonders gut, und worin hast du vielleicht schon Erfahrung? Was machst du gerne, und was bereitet dir Freude? Wenn du diese Fragen für dich beantwortet hast, fällt es dir sicherlich leichter, dich für die passende Plattform zu entscheiden.

In diesem Kapitel stellen wir dir vor, was du auf den einzelnen Plattformen veröffentlichen kannst. Denke aber immer daran: Nur weil beispielsweise Videos auf einer Plattform gut funktionieren, musst du dich nicht verbiegen und Videos produzieren – entscheide dich für Medien, bei denen dir die Produktion auch Spaß macht. Ansonsten wirst du auf lange Sicht nur wenige Inhalte produzieren und nicht lange durchhalten.

Wo ist deine Zielgruppe aktiv?

Das ist wohl eine der eher nicht ganz so offensichtlichen Fragen, die du dir stellen solltest. Es macht aber durchaus Sinn, sich über die Vorlieben deiner Zielgruppe Gedanken zu machen. Vielleicht ist deine Zielgruppe ja jünger als du und schon lange nicht mehr auf Facebook aktiv? Du hast in diesem Kapitel bereits einiges über deine Zielgruppe herausgefunden. Vergleiche diese Informationen mit dem, was wir dir über die einzelnen Plattformen in diesem Kapitel erzählen.

3.5   Beliebte Plattformen im Netz

Du reist gerne und nimmst während deiner Ausflüge gerne Videos auf? Oder liebst du es, Technik zu testen und darüber in einem Video zu sprechen? Vielleicht kennst du dich aber auch auf einem anderen Themengebiet besonders gut aus und möchtest anderen Menschen mehr darüber erzählen. Dann könnte YouTube die richtige Plattform für dich und deinen Content sein. Wenn du dich mit der Produktion von Videos nicht auskennst und auch nicht so gerne vor der Kamera sprichst, passen Instagram, Twitter oder Snapchat vielleicht besser zu dir. Um einen Eindruck davon zu erhalten, was die einzelnen Plattformen bieten, stellen wir dir im Folgenden ein paar davon kurz vor.

YouTube

YouTube ist mit fast 2 Milliarden Nutzern die erfolgreichste Videoplattform, auf der praktisch jeder Videos hochladen kann. YouTube steht laut eigenen Angaben in über 80 Sprachen zur Verfügung und erreicht damit 95 % aller Internetnutzer. Auf YouTube sind junge wie ältere Menschen aktiv – du kannst hier also praktisch jede Zielgruppe ansprechen. Veröffentlichte Videos sind hier tendenziell im Vergleich mit allen anderen Plattformen relativ lang, und da Nutzer für das Konsumieren eines YouTube-Videos deutlich mehr Zeit aufbringen müssen als für ein Instagram-Foto, ist es äußerst wichtig, einen echten Mehrwert zu bieten. Wenn du allerdings gerne regelmäßig längere Videos produzierst, kann YouTube eine sehr gute Wahl sein: Über die Suchfunktion gelangen neue Interessenten sehr schnell auf deine Inhalte und folgen dir vielleicht über eine längere Zeit.

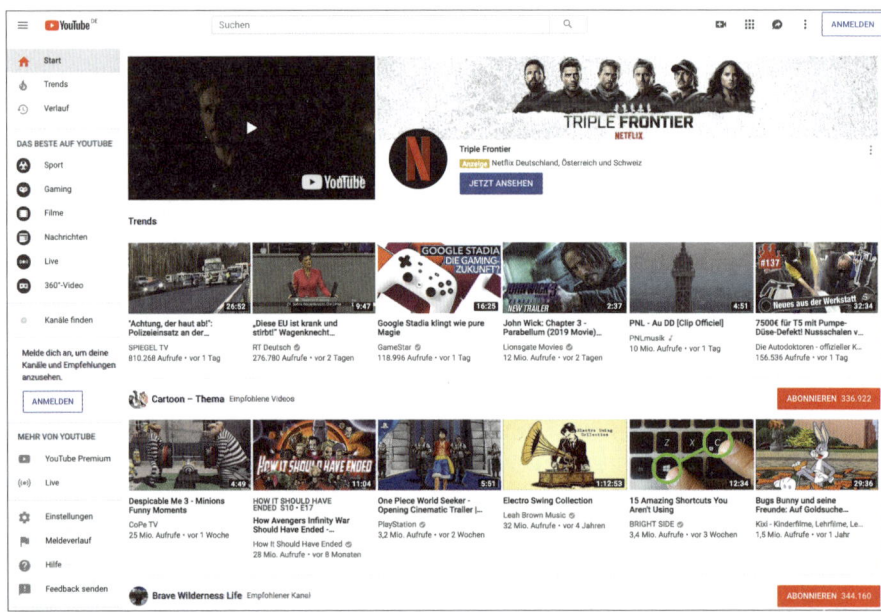

Abbildung 3.7 Die Startseite von YouTube (*https://www.youtube.com/*)

YouTube ist für Influencer übrigens durchaus besonders interessant: Videoinhalte sind besonders glaubwürdig, und Unternehmen bezahlen hier im Vergleich mit anderen Plattformen meist wesentlich mehr, wenn du mit ihnen Kooperationen eingehst. Außerdem kannst du auf der Plattform Geld verdienen, indem du Werbung vor deinen Videos zulässt.

Facebook

Facebook ist wohl das umfassendste soziale Netzwerk, das es derzeit gibt. Auf Facebook kannst du in Beiträgen Fotos, Videos und Texte veröffentlichen, Livestreams veranstalten, dich in Gruppen organisieren, den Marketplace zum Verkauf von gebrauchten Waren nutzen, im Messenger mit anderen Nutzern schreiben und vieles mehr. Da die Nutzer durch Inhalte scrollen, sollten diese nicht so schwer zu konsumieren sein: Kurze und prägnante Inhalte funktionieren auf Facebook also relativ gut. Auf der anderen Seite führen viele Nutzer aber auch ihre Unterhaltungen über den Facebook-Chat und sind hier sehr viel online. Zu den Interaktionen auf Facebook gehört auch das Verlinken von Freunden in und unter anderen Postings, was wiederum im Newsfeed erscheint und für deren Freunde zu sehen ist.

Bedenken solltest du allerdings, dass auf Facebook mittlerweile vor allem die älteren Generationen aktiv sind (siehe Abbildung 3.8). Und der Trend geht dahin, dass die Facebook-Nutzer immer älter werden, während Jüngere eher auf anderen Plattformen aktiv sind und gar keinen Facebook-Account mehr besitzen. Wenn du also eine ältere Zielgruppe ansprechen möchtest, ist Facebook hier sicherlich sehr gut geeignet – bei Teenies und jungen Erwachsenen solltest du besser überlegen, ob sich der Aufwand rentiert.

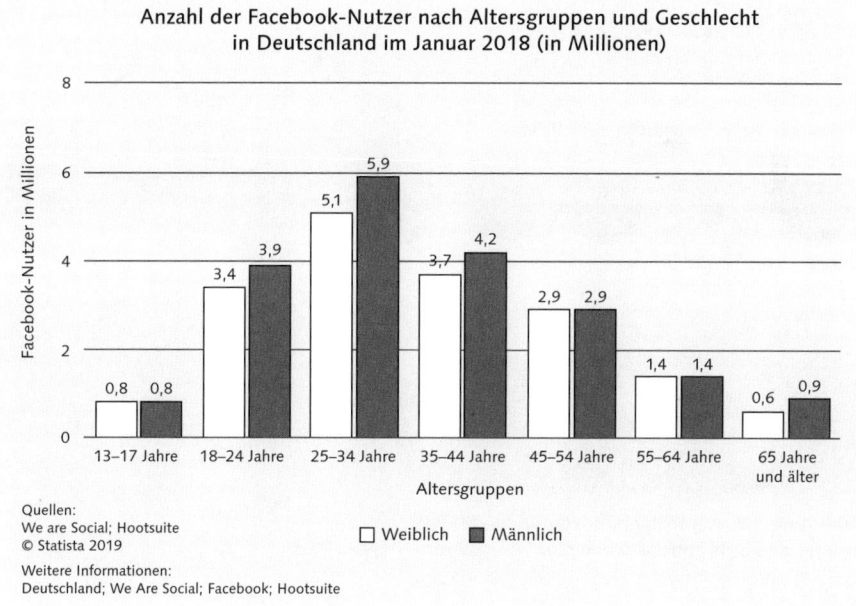

Abbildung 3.8 Facebook-Nutzer gehören im Vergleich zu anderen Plattformen vor allem der älteren Generation an. (Quelle: Statista)

Instagram

Instagram ist ein sehr stark auf visuelle Inhalte ausgerichtetes Netzwerk: Fotos und Videos spielen hier eine sehr große Rolle. Du kannst unter deinen Beiträgen zwar auch Texte schreiben, aber niemand wird sich täglich lange Romane durchlesen wollen. Das ist aber auch gar nicht notwendig, wenn du aussagekräftige Fotos, Videos und Stories postest. Im Vordergrund stehen vor allem ästhetische Bilder und Videos (siehe Abbildung 3.9). In Stories kannst du deine Follower perfekt bei allen möglichen Aktivitäten mitnehmen und sehr einfach mit ihnen in Kontakt treten. Über die vielfältigen Möglichkeiten des Netzwerks ist eine intensive Kommunikation mit deiner Community möglich. Dass Instagram ein äußerst beliebtes Netzwerk ist, haben auch Unternehmen erkannt, und sie kooperieren immer häufiger mit Influencern.

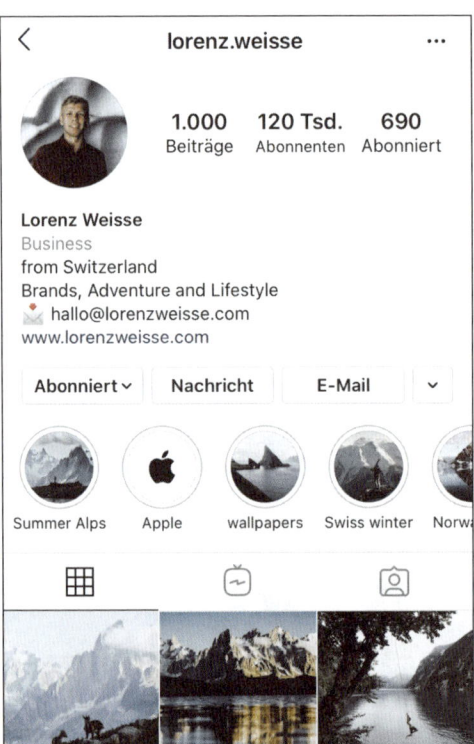

Abbildung 3.9 Auf Instagram werden hauptsächliche ästhetische Fotos gepostet, wie hier von @lorenz.weisse.

Wenn du keine Lust hast, ästhetische Fotos zu machen oder dich für Stories vor deine Handykamera zu begeben, solltest du dir allerdings überlegen, ob Instagram wirklich die richtige Plattform für dich ist. Wer hier miserable Fotos abliefert, hat es sehr schwer.

Snapchat

Über *Snapchat* kannst du vor allem eine junge Zielgruppe zwischen 14 und 29 Jahren erreichen. Das Netzwerk ermöglicht dir eine Kommunikation über Nachrichten, Videos und Fotos, die sich jedoch nach 24 Stunden löschen. Bekannt geworden ist das Netzwerk vor allem durch die Masken und Effekte, die man nutzen kann und die immer weiter aktualisiert werden.

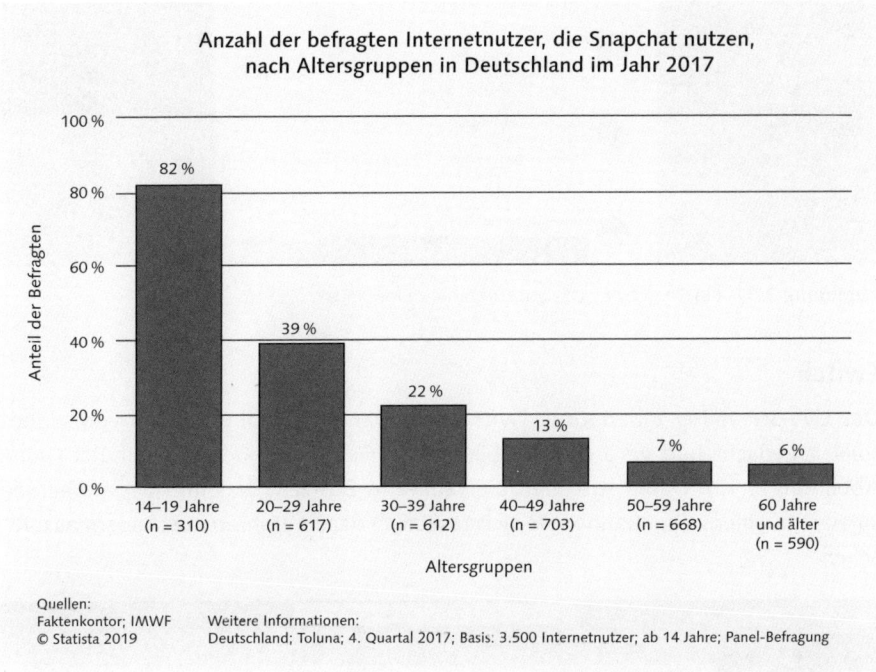

Abbildung 3.10 Mit Snapchat erreichst du vor allem sehr junge Menschen. (Quelle: Statista)

Twitter

Twitter dient der schnelllebigen Kommunikation und ermöglicht insbesondere das Teilhaben am aktuellen Zeitgeschehen. Deshalb trifft man auf Twitter vor allem eine Zielgruppe, die ein starkes Interesse an Nachrichten hat. Aber auch Influencer nutzen das Netzwerk, um ihre Accounts zu stärken und im ständigen Austausch mit ihrer Community zu bleiben. Als Hauptplattform ist Twitter nur selten bei deutschen Influencern anzutreffen.

Auf Twitter geht es insbesondere um Tweets in Form kurzer Textnachrichten, welche die Nutzer veröffentlichen (Beispiel in Abbildung 3.11). Auch wenn man in seinen Tweets Fotos und Videos teilen kann, liegt der eigentliche Fokus auf Textnachrichten. In deinen Tweets solltest du dich knapp, aber präzise äußern!

Abbildung 3.11 Ein Tweet des US-Unternehmers Elon Musk

Twitch

Das Live-Streaming-Videoportal *Twitch* ist vorrangig zur Übertragung von Video-spielen gedacht und wird deshalb häufig von Gaming-Influencern genutzt (siehe Abbildung 3.12). Dabei streamen die Gamer in Echtzeit, was und wie sie gerade spielen. In einem Chat können sie sich zusätzlich dazu mit ihren Zuschauern austau-schen.

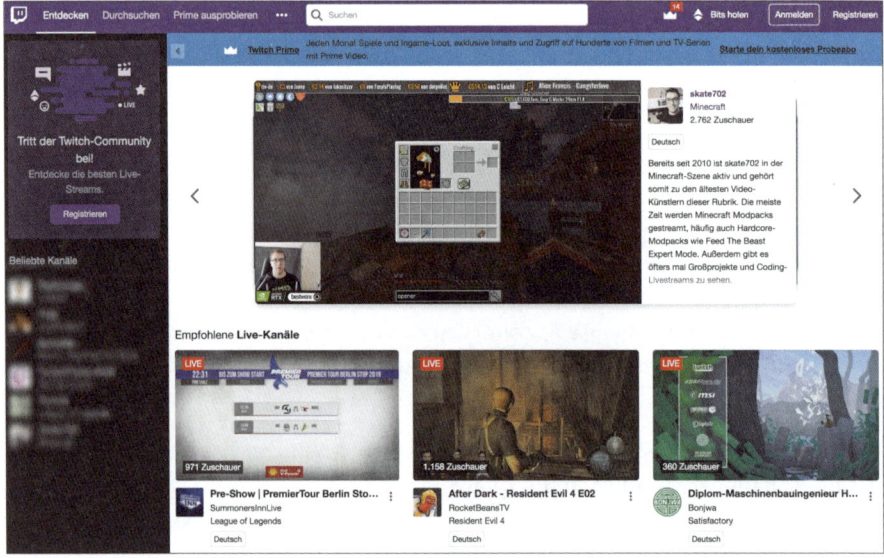

Abbildung 3.12 Startseite auf Twitch (*https://www.twitch.tv/*)

Mittlerweile nutzen aber nicht nur Gamer die Plattform: Twitch wird auch für die Übertragung von Talkshows eingesetzt oder um den Zuschauern zu zeigen, wie man eine App programmiert. Wie du siehst, bieten sich verschiedene Themen zum Streamen an.

Die Zielgruppe von Twitch ist eher jung und meist im Alter von 14 bis 29 Jahren. Möchtest du eine ältere Zielgruppe erreichen, kann die Plattform eventuell eher ungeeignet sein.

TikTok

TikTok ist der Nachfolger von Musical.ly (siehe Abbildung 3.13) und hat einen sehr starken Entertainment-Wert. Nutzer können auf TikTok Musikvideos und andere kurze Videoclips synchronisieren und mit Spezialeffekten und Filtern ergänzen.

Ähnlich wie bei Snapchat erreichst du über TikTok eine sehr junge Zielgruppe mit deinen Inhalten – dementsprechend solltest du diese auch aufbereiten. Deine Zuschauer wollen lockere und sorgenfreie Kurzvideos sehen, die sie unterhalten und entertainen. Erklärvideos und lange Videoformate finden auf TikTok keinen Platz.

TikTok ist eine der am schnellsten wachsenden Plattformen und mehr und mehr werden auch Unternehmen auf TikTok aufmerksam. Es kann sich also durchaus lohnen, auf der Plattform aktiv zu werden – aber eben nur, wenn deine Zielgruppe auch bereits TikTok nutzt und deine Inhalte auf die Plattform passen.

Abbildung 3.13 Startseite von TikTok (*https://www.tiktok.com/*)

3.6   Accounts richtig anlegen

Du hast sensationelle Fotos und Videos produziert und willst sie nun veröffentlichen. Solltest du die Nachbearbeitung nicht direkt auf deinem Smartphone erledigt haben, musst du sie je nach Plattform nun von deinem Computer auf dein Smartphone übertragen. Zuvor kümmern wir uns aber noch darum, dass du überhaupt einen Account hast! Denn egal, ob YouTube, Instagram oder eine andere Plattform: Einen Account anzulegen, ist kinderleicht. E-Mail-Adresse, gewünschtes Passwort sowie einen Nutzernamen eingeben, und schon bist du startklar! Und trotzdem gibt es bereits beim Anlegen des Accounts ein paar Dinge zu beachten.

Einen guten Namen auswählen

Wenn du einen Social-Media-Account neu anlegst, brauchst du natürlich auch einen guten Namen, unter dem dich alle finden und dir folgen können. Auch wenn du den Namen je nach Plattform meist noch einmal ändern kannst, ist es immer besser, sich gleich von Anfang an Gedanken über einen guten Namen zu machen. Dann gehen dir später zum Beispiel auf Instagram auch keine Verlinkungen verloren.

Aber was macht einen guten Namen eigentlich aus? Auf jeden Fall sollte er gut zu merken sein. Das bedeutet nicht zwangsläufig, dass der Name kurz sein muss: »BibisBeautyPalace« ist das beste Beispiel, dass auch lange Namen sehr erfolgreich sein können.

Sehr empfehlenswert ist ein Name, der irgendwie mit dir oder deinem Thema in Verbindung steht. Du hast einen besonderen Namen oder Spitznamen? Vielleicht ist er so besonders, dass er noch nicht belegt ist!

Um einen kreativen Namen zu finden, der zu deinem Thema passt, kannst du zum Beispiel folgendermaßen vorgehen: Mache dir eine Liste mit allen möglichen Wörtern, die dir spontan zu deinem Thema einfallen. Bewerte dabei nicht, ob die Wörter geeignet sind oder nicht, schreibe sie einfach auf! Im nächsten Schritt suche nach Synonymen dieser Wörter. Dazu kannst du auch Tools wie *openthesaurus.org* nutzen. Nutze auch weitere Quellen wie zum Beispiel ein Wörterbuch, um englische Wörter zu finden. Im Anschluss hast du eine lange Liste mit Wörtern, die du nun miteinander kombinieren kannst. Dabei kannst du natürlich auch Wörter streichen, die du definitiv nicht verwenden möchtest.

Außerdem solltest du bei der Wahl deines Namens auf folgende Dinge achten:

► Vermeide Zahlen im Namen, die keinerlei Bedeutung haben: »hansdieter98356« ist kein Name, der gut aussieht. Man kann ihn sich auch nicht gut merken. Vermeide auch dein Alter im Namen, ansonsten ist der Benutzername nach deinem nächsten Geburtstag hinfällig!

▸ Denke an die Wirkung deines Namens: »sexymausi« kann für manche Zwecke nicht so geeignet sein, weil er nicht seriös wirkt.

▸ Du hast vor, einen Städtenamen wie »Frankfurt« in deinen Namen einzubauen? Denke daran: Vielleicht wirst du einmal umziehen! Es gibt aber auch andere Wortbestandteile, die vielleicht irgendwann nicht mehr stimmen. Es ist immer schade, wenn du deinen Namen dann ändern musst.

Jetzt zählt natürlich auch noch, dass dein Wunschname frei ist. Probiere ihn auf allen Plattformen aus, auf denen du aktiv werden möchtest. Es ist immer gut, wenn du denselben Namen auf allen Plattformen verwenden kannst. Meist ist das aber äußerst schwierig, weil sehr viele beliebte Namen bereits belegt sind. Vielleicht lässt sich der Name dann ja noch etwas abwandeln?

Sichere Passwörter und Zwei-Faktor-Authentifikation

Sichere Passwörter? Ja, klar! Die meisten Menschen verwenden sehr einfache Passwörter, die sich schnell erraten lassen, wenn man sie gut kennt. Außerdem sind Passwörter mit richtigen Wörtern sehr unsicher. Dabei gibt es einen einfachen Tipp, damit du lange und komplizierte Passwörter erstellen und auch behalten kannst: Denke dir einen Satz aus, der sich gut merken lässt. Dieser Satz könnte zum Beispiel so lauten:

Im Jahr 2020 werde ich Influencer auf der Plattform YouTube und mache nur noch, was mir Spaß macht!

Nun nimmst du jeweils das erste Zeichen eines jeden Wortes inklusive Groß- und Kleinschreibung plus Satzzeichen und erhältst folgendes Passwort:

IJ2wiladPYumnn,wmSm!

Du musst dir nur den oben stehenden Satz wortgenau merken, und schon kannst du jederzeit dein Passwort wieder zusammensetzen. Mit 20 Stellen sowie Zahlen und Sonderzeichen ist dieses Passwort sehr sicher. Verwende es aber nur für einen einzigen Account und nicht für alle gleichzeitig!

Damit dein Account noch sicherer ist, solltest du außerdem die Zwei-Faktor-Authentifikation aktivieren. Die meisten Social-Media-Plattformen und E-Mail-Anbieter unterstützen dieses Verfahren. Je nach Anbieter wird direkt nach der Passworteingabe beispielsweise eine SMS mit einem Zahlencode an dein Handy geschickt. Nur wenn Passwort und Code richtig sind, erhältst du Zugriff auf deinen Account. Ein Angreifer müsste also dein Passwort kennen und deine SMS lesen können, um unerlaubten Zugriff auf deinen Account zu erhalten.

Welche E-Mail-Adresse verwenden?

Sicherlich hast du eine E-Mail-Adresse, die du zur Registrierung verwendest. Wenn du später allerdings Anfragen bearbeitest, ist es sinnvoll, eine extra Mailadresse einzurichten. Sicherheitshalber solltest du die Mailadressen aber trennen: Nutze eine nicht öffentlich bekannte Mailadresse für die Registrierung und den Log-in und eine extra Mailadresse für dein Impressum und für Kooperationsanfragen.

Profilbild auswählen

Je nach Plattform hat dein Profilbild eine andere Bedeutung. Es tritt aber immer wieder in Erscheinung, wenn man auf dein Profil oder deinen Kanal klickt oder auch wenn man mit dir kommuniziert (siehe Abbildung 3.14). Oft wird das Profilbild jedoch nur sehr klein angezeigt: Wähle ein Profilbild, das man gut in verschiedenen Größen erkennen kann. Idealerweise bist du darauf auch zu sehen und hebst dich von einem klaren Hintergrund ab. Da sich deine Follower an dein Profilbild gewöhnen und dich daran schnell erkennen, solltest du es nicht so oft wechseln.

Abbildung 3.14 Das Profilbild wird oft nur sehr klein angezeigt und sollte deshalb gut erkennbar sein, hier am Beispiel von Instagram.

3.7 Der Social-Media-Circle

Bis hierhin hast du in diesem Kapitel die Grundsteine gelegt: Du hast ein Thema, kennst deine Zielgruppe, hast dich erkundigt, was andere Influencer in deinem Themenbereich machen, und hast dich für eine oder mehrere Plattformen entschieden. Jetzt geht deine eigentliche Arbeit los, und du fragst dich sicherlich, welche Aufgaben auf dich zukommen. Wenn man es genau nimmt, lässt sich deine Arbeit in fünf wesentliche Schritte unterteilen, von denen jeder Schritt wichtig ist (siehe Abbildung 3.15).

Bevor du überhaupt etwas produzieren und veröffentlichen kannst, musst du erst mal eine Idee haben. Gleichzeitig muss diese Idee auch in dein Gesamtkonzept passen. Konkret bedeutet das zum Beispiel, dass du überlegst, zu welchen konkreten

Themen du Videos machen könntest. Dabei denkst du nicht nur an populäre Trends, sondern auch an das, was sich deine Community von dir in der Vergangenheit vielleicht gewünscht hat. Auch Kooperationen mit Marken können ein Grund sein, Ideen zu sammeln. Zu Beginn steht also: Ideen sammeln und einen (Content-)Plan machen.

Mit dem neu geschmiedeten Plan kannst du dich nun an die Produktion der Inhalte machen. Vielleicht beinhaltet das, einen Blogartikel zu schreiben, ein Foto oder eine Story für Instagram vorzubereiten oder ein Video für YouTube zu drehen. Oder aber auch etwas anderes – je nach Thema und Plattform, auf der du aktiv bist.

Nachdem du die Inhalte produziert hast, musst du sie veröffentlichen. Dabei solltest du bereits im ersten Schritt (Ideen sammeln und planen) festgelegt haben, zu welchen Zeitpunkten deine Fotos, Videos und Texte veröffentlicht werden sollen. Es ist immer gut, wenn deine Follower regelmäßig etwas Neues von dir sehen – viele Fotos und Videos auf einen Schlag zu veröffentlichen, nur weil du sie gerade schon alle produziert hast, überfordert deine Follower, und die wenigsten werden sich alles ansehen. Überlege dir also gut, wann du veröffentlichst, und kündige Beiträge eventuell sogar an: Das bietet sich insbesondere an, wenn du Videos auf YouTube veröffentlichst.

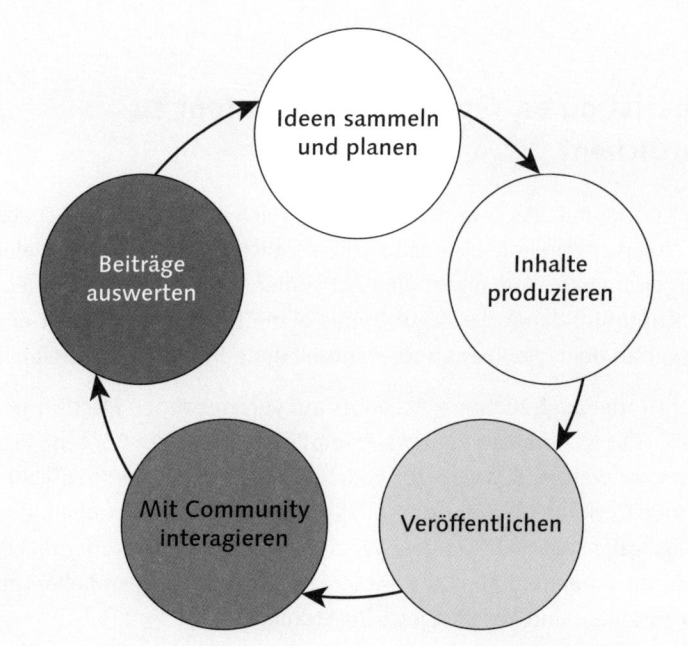

Abbildung 3.15 Als Influencer wirst du den Social-Media-Kreislauf immer wieder durchlaufen.

Bist du schon gespannt, wie deine Follower auf die neuen Beiträge reagieren werden? Nun heißt es: Aufmerksam sein! Schau dir an, was deine Community kommentiert, und reagiere darauf! Je mehr du dich mit deiner Community austauschst, umso mehr fühlen sich deine Follower beachtet. Das wiederum führt dazu, dass sie in dir eine Art Freund sehen, dem sie vertrauen können.

Bevor der Kreislauf wieder von vorne beginnt, folgt noch ein Schritt, den sehr viele Influencer einfach ignorieren: Schau dir an, welche Beiträge gut funktionieren und wofür sich deine Community überhaupt nicht interessiert. Je nach Plattform findest du sehr detaillierte Insights und Analytics zu deinem Account und deinen Beiträgen. So kannst du nicht nur sehen, wie viele Likes und Views deine Beiträge bekommen haben, sondern zum Beispiel auch, zu welchen Uhrzeiten deine Beiträge besonders erfolgreich sind oder wie alt deine Community ist. Es gibt unzählige Messwerte, anhand derer du mit etwas Kombinationsgabe Rückschlüsse darauf ziehen kannst, welche deiner Beiträge im Netz gut ankommen.

Sobald du den Kreislauf einmal durchlaufen hast, beginnt wieder das Ideensammeln. Wir haben es bereits erwähnt: Beziehe beim Ideensammeln auch die Reaktionen deiner Community ein. Dabei helfen dir die Messwerte aus der Auswertung ebenso wie die Kommentare deiner Community. Oft ergibt sich so sehr schnell eine Themenliste, die du nur noch in einen guten Content-Plan einarbeiten musst (siehe nächster Abschnitt).

3.8 Wie schaffst du es, regelmäßigen Content zu veröffentlichen?

Für Influencer ist Kontinuität das A und O, um erfolgreich zu werden und später auch zu bleiben: Nur wer regelmäßig Inhalte veröffentlicht, wird in den sozialen Netzwerken wahrgenommen. Auf manchen Plattformen sind regelmäßige neue Inhalte sogar ein Kriterium, damit der Algorithmus deine Inhalte als relevant einstuft und sie häufiger an deine Follower und eventuell neue Interessierte ausspielt.

Um deinen Account (oder auch mehrere Accounts auf verschiedenen Plattformen) gut zu organisieren, solltest du einen *Content-Plan* pflegen. In einem Content-Plan legst du fest, wann du welche Beiträge auf welchen Plattformen veröffentlichen willst. Wenn du ohne Content-Plan startest, wirst du recht schnell feststellen, dass du nur alle paar Tage oder sogar nur alle paar Wochen etwas Neues veröffentlichst. Vermutlich hast du dir vorgenommen, alle wichtigen Dinge in deinem Leben mit deinen Followern zu teilen, und kommst jetzt ins Straucheln.

Spätestens jetzt wird auch klar, dass es manchmal anstrengend sein kann, Themen zu finden und sich neue Inhalte zu überlegen. Denn: Oft gibt es auch einfach nichts zu berichten! Fakt ist: Nur sehr wenige Menschen erleben jeden Tag weltbewegende Dinge. Und wenn doch, sind das Menschen, die bereits richtig bekannt sind und sehr viele Chancen geboten bekommen. Solltest du dich zu diesen Menschen zählen, bist du in einer wirklich glücklichen Lage!

Deinen Content planen

Das wohl wichtigste Tool für deinen Influencer-Alltag ist der Content-Plan. In ihm legst du fest, was du wann produzierst und wann du es veröffentlichst. Du glaubst, andere Influencer haben keinen Content-Plan? Wir haben mit einigen Influencern gesprochen, und tatsächlich macht sich nicht jeder die Mühe, einen Content-Plan zu erstellen, sondern organisiert die Produktion der Inhalte »rund um Ereignisse im Leben«. Dieser Weg ist allerdings nicht empfehlenswert, wenn du gerade erst startest und planst, gezielt eine große Reichweite aufzubauen.

Gut strukturierte Influencer, die nicht alles dem Zufall überlassen möchten, pflegen alle einen Content-Plan. Er wird auch allerspätestens dann notwendig, wenn du mit Kooperationspartnern zusammenarbeitest. Wenn ein Unternehmen dir Geld für eine Kooperation zahlt, gibt es hierfür immer Termine.

Und auch für die eigene Motivation ist ein Content-Plan eine absolute Empfehlung! Ohne einen Plan mit konkreten Terminen wirst du zu Hause sitzen und deine Arbeit immer wieder aufschieben – schließlich gibt es genügend Dinge, die dich davon ablenken. Du kennst das sicherlich noch aus der Schule oder dem Studium: Wenn du für eine Klausur lernen solltest, aber dir keinen Lernplan gemacht hast, hat plötzlich sogar Aufräumen verdammt viel Spaß gemacht, und das Lernen wurde bis zum Ende hinausgezögert.

Für einen Content-Plan gibt es keine einheitliche Struktur. Wir empfehlen dir, zu Beginn insgesamt zwei Pläne anzulegen: einen für die Produktion deiner Inhalte und einen für die Veröffentlichung. Du kannst auch beide Pläne ineinander integrieren (siehe Abbildung 3.16), aber gerade zu Beginn ist eine Aufteilung in zwei Pläne oft einfacher.

Grundsätzlich ist es egal, ob du den Plan per Hand auf Papier notierst oder zum Beispiel Microsoft Excel verwendest. Wir empfehlen dir allerdings, unabhängig von Papier oder digitaler Variante eine Tabelle anzulegen, die alle wichtigen Punkte beinhaltet (siehe Abbildung 3.16). Alternativ könntest du einen Kalender anlegen, den du gut sichtbar nach Produktion und Veröffentlichung trennst – auch hier gibt es natürlich die Papier- oder die digitale Variante. Falls dir die Excel-Variante zu langweilig aussieht, schau mal auf Pinterest: Dort findest du viele Vorlagen, die du digital nutzen oder ausdrucken kannst.

Halte auf jeden Fall fest, wann dein Beitrag veröffentlicht werden soll und was der Inhalt sein wird. Und auch ein Produktionsdatum musst du festzulegen. Dann kannst du deinen Alltag besser planen und vergisst nicht, dass es noch etwas zu produzieren gibt. Damit du besser erkennen kannst, dass du auch auf allen Platt-formen regelmäßig etwas veröffentlichst, trage jeweils ein, auf welcher Plattform der Beitrag erscheinen soll. Du machst zu einem YouTube-Beitrag auch ein Ins-tagram-Foto? Dann lege hierfür zwei Zeilen an!

Praktisch ist auch eine Spalte »Content-Typ«, in der du festhältst, ob es sich bei dem Beitrag um Text, Fotos oder ein Video hält. Auch eine Story ist ein Content-Typ! Es gibt sicherlich auch noch andere Typen, die du hier aufschreiben könntest. Und ganz wichtig: Notiere dir, ob ein Beitrag bereits veröffentlicht, produziert oder geplant wurde! So hast du schnell den Überblick, was es noch zu tun gibt, damit der Beitrag online gehen kann.

	A	B	C	D	E	F
1	Veröffentlichungsdatum	Titel/Beschreibung	Produktionsdatum	Plattform	Content-Typ	Status
2	Montag, 29. Juni 2020	Beispiel-Video	20.6.2020	YouTube	Video	Veröffentlicht
3	Mittwoch, 1. Juli 2020	Beispiel-Selfie	28.6.2020	Instagram	Foto	Veröffentlicht
4	Freitag, 3. Juli 2020	Beispiel-Video	25.6.2020	YouTube	Video	Geplant
5	Montag, 6. Juli 2020	Beispiel-Foto	2.7.2020	Instagram	Foto	Produziert
6	Mittwoch, 8. Juli 2020	Beispiel-Foto	2.7.2020	Instagram	Foto	Produziert
7	Freitag, 10. Juli 2020	Beispiel-Story	10.7.2020	Instagram	Story	Live
8	Montag, 13. Juli 2020	Beispiel-Foto	6.7.2020	Instagram	Foto	
9	Mittwoch, 15. Juli 2020	Beispiel-Video	12.7.2020	YouTube	Video	
10	Freitag, 17. Juli 2020	Beispiel-Foto	2.7.2020	Instagram	Foto	
11	Montag, 20. Juli 2020	Beispiel-Story	20.7.2020	Instagram	Story	Live
12						

Abbildung 3.16 Du kannst den Content-Plan zum Beispiel gut in Excel erstellen.

Folgende Punkte sollte dein Content-Plan also enthalten, egal wie du ihn aufbaust und ob du ihn auf Papier oder digital pflegst:

▸ Datum (Produktionsdatum und Veröffentlichungsdatum)

▸ Titel und Beschreibung

▸ Veröffentlichungsplattform (z. B. YouTube, Instagram etc.)

▸ Medientyp (z. B. Foto, Video, Story, Livestream etc.)

▸ Status

Wenn du zwei Pläne pflegst, musst du die obigen Daten doppelt anlegen. Du hältst so aber gut auseinander, wann du dich um die Produktion kümmern und wann du die Veröffentlichung planen musst. Bedenke, dass du für die Produktion vielleicht auch Vorarbeiten erledigen oder recherchieren musst – auch das musst du einpla-nen. Mit der Zeit wirst du ein Gefühl dafür bekommen, wie lange du für einzelne Aufgaben benötigst, und kannst immer besser planen.

Content-Planung für YouTube-Kanäle

Auf YouTube tummeln sich nicht nur YouTuber, sondern auch zahlreiche Unternehmen. Für Unternehmen hat YouTube vor einiger Zeit ein Modell entworfen, mit dem sie ihre YouTube-Kanäle strukturieren und den Content planen können. Dieses Modell ist sehr hilfreich – auch für YouTuber! Bedenke aber, dass sich der spezielle Content so nur für die YouTube-Plattform verwenden lässt. Er passt sozusagen perfekt zu der Videoplattform.

Wie du in Abbildung 3.17 siehst, stellt YouTube das Modell als Pyramide dar. Darin steht an oberster Spitze Hero-Content, in der Mitte Hub-Content und unten an der Pyramidenbasis Help-Content. Man könnte auch sagen: Help bildet die Basis eines You-Tube-Kanals, während Hero die Spitze mit den herausragenden Ereignissen beinhaltet. Oder anders formuliert: Help-Content bildet mit dem größten Anteil an Videos das Fundament, damit Nutzer deinen Kanal finden können. Hub-Content ist der Grund, warum Zuschauer deinen Kanal abonnieren. Und Hero-Content ist ein wahrer Aufmerksamkeitsmagnet – das sind also Videos, die wirklich herausstechen und (wahrscheinlich) besonders viele Views erhalten. Aber was hat es jetzt genau mit den drei Formen auf sich?

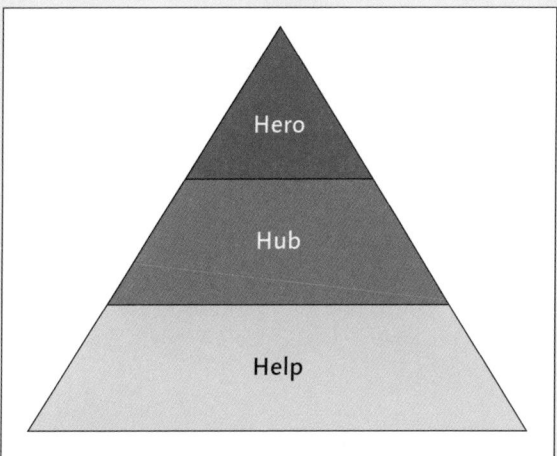

Abbildung 3.17 YouTube empfiehlt diese Pyramide aus Hero-, Hub- und Help-Content für erfolgreiche YouTube-Kanäle.

Typischerweise besteht Help-Content aus Tutorials und Videos für Dinge, die sich nicht so einfach bedienen lassen (siehe Abbildung 3.18). Bei diesen Videos ist es nicht besonders wichtig, wann sie veröffentlicht werden, da sie keine aktuellen Themen behandeln. Wenn du Help-Content planst, denke an Fragen, nach denen Nutzer über die YouTube-Suche recherchieren. Sie klicken dann erstmals auf ein Video von dir und lernen deinen Kanal kennen. Tatsächlich erhältst du auf Help-Content über eine lange Zeit immer wieder neue Zuschauer.

Hub-Content stellt die Formate deines Kanals dar. Ein Format könnte zum Beispiel sein, dass du jede Woche jemanden zu einem bestimmten Thema interviewst und die Videos immer ähnlich aufgebaut sind. Formate sind der wahre Grund, warum YouTube-Nutzer deinen Kanal abonnieren: Sie wissen, dass du regelmäßig ähnliche Videos veröffentlichst, und möchten darüber informiert werden. Die Videos müssen deshalb unbedingt regelmäßig erscheinen – im Idealfall an einem festen Tag zu einer festen Uhrzeit. Du musst ein Format nicht für immer und ewig fortführen, aber wenn du über mehrere Wochen oder Monate durchhältst, werden sich immer mehr Abonnenten für deinen Kanal finden. Vlogs, die jeden Tag oder jede Woche erscheinen, fallen ebenfalls unter Hub-Content (siehe Abbildung 3.18).

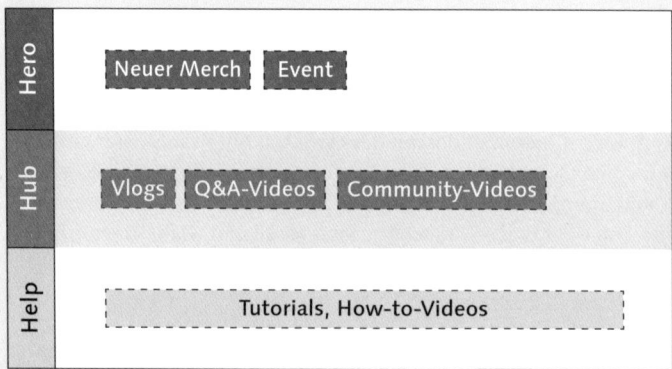

Abbildung 3.18 Beispiele für Hero-, Hub- und Help-Inhalte

Hero-Content ist für den ganz großen Auftritt deines Kanals reserviert: Er macht seinem Namen alle Ehre und sticht ganz besonders heldenhaft heraus. Üblicherweise planst du solche Videos um ein bestimmtes Ereignis oder eine große Markenkooperation und machst dadurch zahlreiche neue Nutzer auf deinen Kanal aufmerksam. Das kann zum Beispiel der Launch deiner eigenen Produkte sein oder eine besondere Reise, über die du ein tolles Video drehst. Mit Hero-Content kannst du noch Zuschauer auf deinen Kanal ziehen, die ihn dann abonnieren, weil ihnen deine anderen Videos gut gefallen und sie mehr sehen möchten.

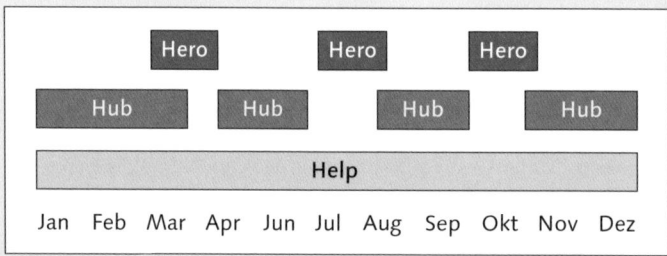

Abbildung 3.19 Hero-, Hub- und Help-Content lässt sich sehr gut über ein ganzes Jahr planen.

Auch YouTube empfiehlt, dass du deine Inhalte langfristig mit deinem Content-Plan organisierst und vorbereitest (siehe Abbildung 3.19). Die Empfehlung lautet: Help-Content kannst du das ganze Jahr über verteilt veröffentlichen, während Hero- und Hub-Content sich in etwa abwechseln sollten. Das ist auch gut nachvollziehbar: Zu viele Videos würden deine Zuschauer einfach überfordern.

Stick with the plan!

Ein perfekter Content-Plan bringt dir nichts, wenn du dich nicht an ihn hältst. Influencer, die einen Content-Plan pflegen, werfen ihn zwar oft auch über den Haufen und ziehen aktuelle Inhalte vor. Grundsätzlich ist ein langfristig angelegter Content-Plan aber der perfekte Leitfaden für dich. So strukturierst du nicht nur deinen Alltag, sondern gleichzeitig auch deinen Account: Deine Follower bekommen somit in sinnvollen und regelmäßigen Abständen neue Inhalte von dir angezeigt.

Influencer zu sein, bedeutet sehr viel Arbeit. Du wirst feststellen, dass die Produktion der Inhalte am Ende wesentlich mehr Arbeit macht, als du dir zu Beginn vielleicht vorgestellt hast. Der Hunger nach neuen Inhalten ist groß. Und die Arbeit wird umso intensiver, je zeitkritischer deine Inhalte sind: Ein neues Produkt ist erschienen, und du willst der Erste sein, der darüber berichtet? Dann zählt praktisch jede Minute. Du planst ein Vlog-Format auf YouTube, das du täglich veröffentlichen willst? Dann musst du den Spagat zwischen »Dinge erleben« und »Video schneiden« schaffen. So vermeidest du es, dass die Nacht zum Tage wird und dein Schlaf zu kurz ausfällt (lies hierzu auch den Abschnitt über Work-Life-Balance in Kapitel 9, »Wie kannst du langfristig als Influencer leben?«).

Wie schaffst du es also in deiner Planung, trotzdem Inhalte in kurzer Zeit zu produzieren und zu veröffentlichen? Ganz einfach: Nutze freie Minuten! Statt im Zug die Profile anderer Influencer zu checken, bearbeite lieber deine Inhalte! So kann es auch durchaus interessanter für dich sein, mit öffentlichen Verkehrsmitteln oder mit dem Flugzeug unterwegs zu sein, als selbst mit dem Auto zu fahren.[3] Komfort und Geschwindigkeit werden sich bei der Wahl deiner Verkehrsmittel auszahlen.

Beiträge perfekt (vor-)planen

Wenn du nun deine Inhalte fertig produziert hast, musst du sie nur noch veröffentlichen. Aber halt! Veröffentliche nicht einfach alles auf einen Schlag, sondern gehe gezielt vor. An dieser Stelle würden wir dir gerne eine Empfehlung geben, wie oft du auf den einzelnen Plattformen Inhalte veröffentlichen solltest. Allerdings müsste sich diese Empfehlung ständig ändern, da die Plattformen ihre Algorithmen sehr oft anpassen und damit neue Empfehlungen ausgesprochen werden müssten. Idealerweise hältst du dich auf dem Laufenden, was die Plattform deiner Wahl gerade bevorzugt, und beobachtest durch eigene Versuche, zu welchen Zeiten und wie oft deine Inhalte gut ankommen.

---

3   Denk immer an ein Netzteil und vollgeladene Akkus! Auch ein ausreichendes Datenvolumen ist definitiv von Vorteil.

Trotzdem möchten wir dir ungefähre Anhaltspunkte geben, wie oft du Inhalte veröffentlichen kannst. Auf YouTube galt lange Zeit die Empfehlung, täglich ein Video zu veröffentlichen. Die Plattform hat selbst verkündet, dass mittlerweile drei bis vier Videos pro Woche ein optimales Kanalwachstum versprechen. Für Instagram gibt es die unterschiedlichsten Empfehlungen: Von ein bis zwei bis hin zu sieben bis neun Beiträgen pro Tag ist dabei alles vertreten. Wir empfehlen dir, täglich auf Instagram aktiv zu sein. Ein bis zwei Posts pro Tag und eine mehrteilige Story über den Tag verteilt sind bei den meisten Influencern üblich und lassen sich auch gut realisieren.

Facebook sortiert mittlerweile Beiträge sehr stark, sodass man mit einzelnen Beiträgen kaum noch jemanden erreicht, sofern man nicht für mehr Reichweite bezahlt. Entsprechend musst du schon mindestens eine Handvoll Beiträge pro Tag veröffentlichen, um deine Follower erreichen zu können – wie viele, das musst du tatsächlich ausprobieren.

Twitter präsentiert sich wie eine Kommunikationsplattform – allerdings nicht von einer Person zur anderen, sondern von einer Person zu vielen anderen. Von daher ist die Menge der Tweets und Retweets nach oben offen. Sinnvoll erscheint es jedoch, die Timeline deiner Follower nicht zu überfrachten. Stell dir vor, du würdest 50 Nachrichten pro Tag und pro Person, der du auf Twitter folgst, lesen müssen: Das wäre ein riesiger Zeitaufwand!

Und auch wie oft du auf Snapchat oder TikTok idealerweise veröffentlichen solltest, lässt sich pauschal kaum beantworten. Auf Snapchat kannst du dich sicherlich an der Häufigkeit von Instagram-Stories orientieren, bei TikTok ist eine mehr als tägliche Veröffentlichung wahrscheinlich auch kaum realisierbar.

Bleibt die Frage: An welchen Tagen und zu welcher Uhrzeit sollte man veröffentlichen? Diese Frage lässt sich beantworten, nachdem du einige Wochentage und Uhrzeiten ausprobiert hast. Danach siehst du in den Analytics/Insights anhand der Kennzahlen wie Likes, Views und Ähnlichem, wie gut deine Beiträge jeweils ankamen. Teilweise kannst du die Metrik »bester Wochentag« oder »beste Uhrzeit« auch in den Statistiken anzeigen lassen.

Pauschal lässt sich sagen: Wenn du ungefähr in dem Zeitraum veröffentlichst, in dem deine Follower online sind, ist dies der perfekte Zeitpunkt. Aus eigener Erfahrung ist ein Samstag zum Beispiel ein äußerst schlechter Tag für Instagram-Postings – vielleicht, weil viele Menschen samstags shoppen und einkaufen gehen oder vom Freitagabend verkatert sind. Und natürlich solltest du beachten, dass es Großereignisse und Feiertage gibt, an denen deine Follower kaum online sind (z. B. Fußball-WM oder Weihnachten).

Je nach Plattform hast du die Möglichkeit, Beiträge vorzuplanen. Auf Facebook kannst du zum Beispiel angeben, wann ein Beitrag veröffentlicht werden soll. Da das allerdings nicht auf allen Plattformen funktioniert und außerdem bei vielen Accounts schnell unübersichtlich wird, gibt es Tools wie Buffer und Hootsuite, die dir dabei helfen können. Aber Achtung: Diese Tools kosten Geld und werden sich vermutlich erst so richtig lohnen, wenn du viel zu planen hast und damit auch Geld verdienst. Mit diesen Tools hast du dann auch umfangreiche Auswertungsmöglichkeiten für die perfekten Veröffentlichungszeitpunkte. Ein ebenfalls cooles Tool ist *later.com*. Hiermit kannst du unter anderem Instagram-Beiträge vorplanen (siehe Abbildung 3.20), die sich sonst nicht so einfach planen lassen.

Abbildung 3.20 Mit later.com kannst du unter anderem auch Instagram-Posts vorplanen. (Quelle: *later.com*)

Jeden Tag etwas Weltbewegendes?

Wir wissen, wie schwer es ist, neue Ideen für deine Inhalte zu finden. Deshalb möchten wir dir noch einen Tipp an die Hand geben. Denn in der Realität wirst du vor allem anfangs oft überlegen müssen, welche Inhalte du veröffentlichen könntest. Ein Schlüssel zum Erfolg lautet »Inszenierung«! Vielleicht hast du bei anderen Influencern schon einmal festgestellt, dass kleine Dinge oft als weltbewegend dargestellt werden. Oder anders formuliert: Du kannst das Klima retten, indem du einen mahnenden Vortrag bei der UN hältst und darüber einen Vlog drehst – oder du zeigst in einem Video, wie du zu Hause Müll vermeidest. Es ist wahrscheinlicher, dass du letzteres Video kurzfristiger und mit weniger Aufwand realisieren kannst, oder?

Ein anderes Beispiel: In einem Video von Bibi und Julian filmt Julian, wie er nachts unzählige Rosen in Glasgefäßen überall im Haus aufstellt und Bibi im Anschluss weckt, um ihr zum Geburtstag zu gratulieren. Er hätte auch einen »normaler« Geburtstagsbrunch im Video zeigen können, aber stattdessen inszeniert Julian Bibis Geburtstag für die Kamera und lässt das Ereignis für seine und Bibis Follower bedeutungsvoller erscheinen.

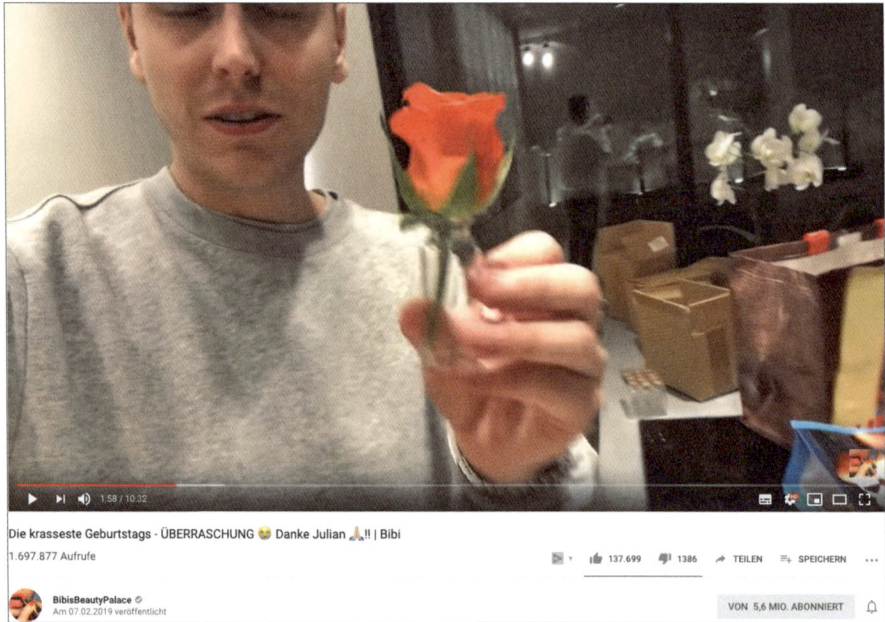

Abbildung 3.21 Es kommt immer auf die Inszenierung an: Julian verteilt für Bibis Geburtstag unzählige Rosen im Haus und filmt sich sowie Bibis Reaktion. (Quelle: *https://youtu.be/ Y93LCH6dIeU*)

3.9   Sechs Fragen an MrWissen2go

Auf seinem YouTube-Kanal veröffentlicht *MrWissen2go* Videos zu spannendem Allgemeinwissen rund um aktuelle und historische Themen. Manchmal lässt er auch seine eigene Meinung einfließen. Seine Zuschauer mögen ihn: Über eine Million Abonnenten verfolgen seinen Kanal und klicken regelmäßig seine Videos an. Im

Interview verrät er uns, wie er die Produktion seiner Videos organisiert und welche Tipps er für Einsteiger hat.

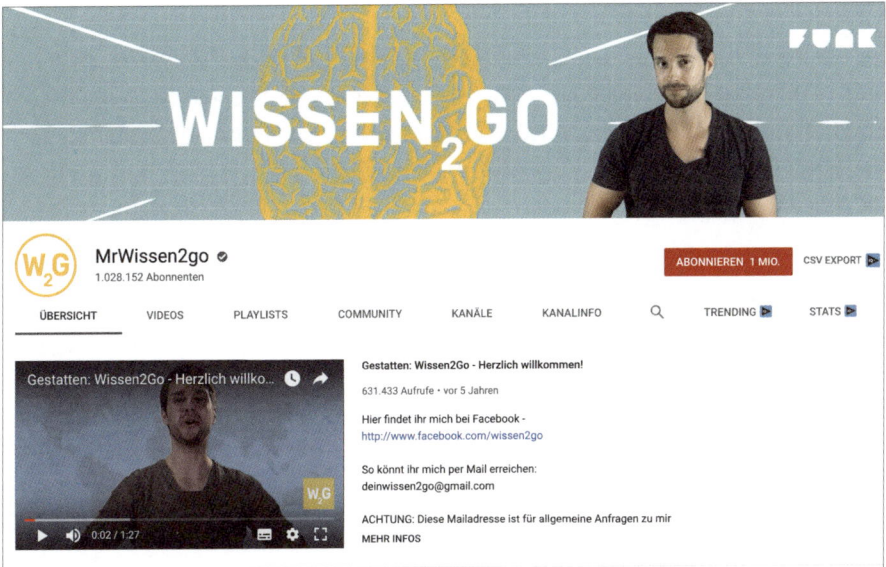

Abbildung 3.22 Auf seinem YouTube-Kanal veröffentlicht MrWissen2go regelmäßig Videos rund um aktuelle und historische Themen. (*https://www.youtube.com/user/MrWissen2go*)

Du bist ein Wissensvermittler auf YouTube: Wie bist du damals darauf gekommen, Videos zu Wissensthemen zu veröffentlichen?

Als ich mit YouTube gestartet habe, war für mich klar, dass ich etwas »Sinnvolles« machen wollte. Ich wollte auch etwas haben, das zu mir passt. Und da ich ein Geschichts-Nerd bin, lag es nah, einen Kanal mit politischen und historischen Themen zu machen. Dass die Leute darauf angesprungen sind, hat mir gezeigt, dass das die richtige Richtung war. Außerdem arbeite ich selbst als Journalist und fand es spannend, das Medium YouTube zu nutzen.

Du hast gerade gesagt, dass du noch einen Job als Journalist hast. Du bist also eigentlich schon ziemlich beschäftigt. Wie schaffst du es, nebenbei noch YouTube-Videos zu veröffentlichen?

Das Wichtigste ist eine gute Planung, dann haut das auch alles hin. Man muss schauen, dass man immer ein bis zwei fertig produzierte Videos in der Hinterhand hat, sodass man auch mal zwei Wochen weg sein kann, ohne dass keine Videos erscheinen. Wichtig ist generell auch, die Zeit gut einzuteilen. Ich verbinde oft Dinge miteinander: Zum Beispiel recherchiere ich auf Zugfahrten oder nutze die Mittagspause, um Kommentare zu beantworten. Oft ist es auch so, dass ich für ein

Thema recherchiere und es dann sowohl auf der Arbeit als auch auf YouTube gleichzeitig nutzen kann.

Hast du andere, die dir bei der Organisation und Produktion helfen?

Bei der Orga nicht, aber bei der Produktion schon. Ich habe Kollegen, die Schnitt und Grafiken für mich machen. Außerdem arbeitet eine Kollegin als Redakteurin und betreut einmal im Monat die Rubrik *MrWissen2go Exklusiv*. Außerdem bin ich bei *funk*. Dort schaut eine Redaktion meine Videos noch mal an und prüft, ob inhaltlich alles richtig ist.

Hast du einen Content-Plan?

Meinen Content-Plan hatte ich bisher immer im Kopf, aber mit mehreren Redaktionen und funk kam irgendwann der Wunsch auf, das alles aufzuschreiben. Es gibt jetzt eine Liste, aber es kann auch sein, dass ich alles mit aktuellen Videos umwerfe, wenn ein spontanes Thema besser passt. Es gibt also einen grundsätzlichen Plan, der aber nicht unbedingt immer feststeht. Ich hatte kürzlich ein Video, das schon im Februar fertig war und erst im Juli veröffentlicht wurde – auch das kommt vor.

Wie hast du angefangen, und wie hat sich deine Organisation verändert?

Im Wesentlichen hat sich gar nicht so viel verändert, weil ich damals auch schon relativ spontan geplant habe. Aber die langfristige Planung hat sich auf jeden Fall verändert, weil ich früher immer direkt veröffentlicht habe, wenn ich ein Video fertig hatte. Jetzt plane ich mehr vor. Damals konnte man aber auch keine Videos geplant hochladen, und YouTube hat die Videos immer direkt veröffentlicht. Im Urlaub hatte ich deshalb immer einen USB-Stick dabei und habe die Videos zum richtigen Zeitpunkt hochgeladen.

Wie würdest du heute anfangen, Videos zu produzieren? Was würdest du Neulingen raten?

Ich würde raten, es nicht zu blauäugig anzugehen, sondern sich zu überlegen, mit welcher Strategie man da rangeht. Auch ein Rhythmus ist wichtig: Wie oft und an welchem Tag veröffentlicht man Videos? Es ist am besten, immer den gleichen Tag und die gleiche Uhrzeit zu wählen. Das ist gut für den Algorithmus, und die Zuschauer wissen, wann sie neue Videos erwarten können. Und ich würde dazu raten, Themen genau zeitlich zu definieren: Wann passen Themen gut, und wann macht es Sinn, Videos zu veröffentlichen? Zwischen den Jahren schaut zum Beispiel keiner Videos. Aber auf der anderen Seite sollte man sich auch nicht verkrampfen, damit man auch noch leicht wirkt und nicht alles wie am Reißbrett geplant aussieht. Eine Mischung aus professioneller Planung und Leichtigkeit ist ein gutes Rezept.

4 Produziere und veröffentliche erste Inhalte!

Du hast jetzt eine gute Strategie und weißt, was du als Influencer erreichen willst. Jetzt fehlen nur noch die Inhalte, die du veröffentlichen kannst. Auf geht's!

Jetzt geht's so richtig los! In diesem Kapitel zeigen wir dir, wie du Fotos und Videos produzierst. Richtig gute Inhalte sind mehr als einfach nur Schnappschüsse, die du zwischendurch machst: Wer als Influencer erfolgreich sein will, sollte sich vorher Gedanken machen, wie seine Fotos und Videos aussehen sollen. Dazu zählt nicht nur, ein paar technische Dinge zu kennen, sondern auch, von ein paar grundlegenden Gestaltungswegen gehört zu haben.

Wir zeigen dir in diesem Kapitel, was du bei der Produktion von Fotos und Videos benötigst und was du beachten musst. Du wirst sehen: Wir sind davon überzeugt, dass du auch mit deinem Smartphone starten und sofort loslegen kannst! Mit dem passenden Zubehör kannst du aus deinem Smartphone und deiner Kamera sogar noch mehr herausholen!

In diesem Kapitel wirst du auch sehen, mit welchen Apps du die Fotos und Videos bearbeiten kannst, die mit deinem Smartphone entstanden sind. So kannst du deinen Feed perfekt optimieren, um einen einheitlichen Look zu erreichen.

4.1 Welches Equipment brauchst du?

Viele größere YouTuber und Instagrammer haben in eine professionelle Kamera-Ausstattung, in einen teuren Laptop und in spezielle Software investiert, um ihre Fotos und Videos zu produzieren. Lass dir gesagt sein: Um als Influencer erfolgreich zu werden, brauchst du vor allem am Anfang nicht mehr als dein Smartphone. Solange dein Smartphone nicht älter als drei bis fünf Jahre ist, hat es bereits alles an Bord, um direkt loszulegen: eine Kamera, ein Mikrofon und Tausende verfügbare Apps, um deine Fotos und Videos nachzubearbeiten! Moderne Smartphones sind vielen kompakten Kameras sogar fast schon überlegen.

Und ohnehin muss man bei vielen Plattformen zwischen verschiedenen Inhalten unterscheiden, an die deine Follower andere Erwartungen haben: Du kannst eine Instagram-Story wesentlich authentischer aufnehmen, wenn du dein Smartphone dazu verwendest und gar nicht allzu viel nachbearbeitest. Genau das ist auch der ursprüngliche Gedanke von Stories: auf dem Smartphone in der App aufnehmen und direkt teilen. Gleiches gilt natürlich auch für Facebook-Stories oder der ähnlichen Funktion auf YouTube. Etwas anders sieht es hingegen in deinem Instagram-Feed aus: Hier geben sich die meisten Nutzer sehr viel Mühe, um schöne Fotos zu posten. Aber auch für deinen Feed kannst du problemlos mit deinem Smartphone loslegen.

Deine Foto-Grundausrüstung

Dein Smartphone ist also oft die beste Variante, um damit zu beginnen, Fotos zu schießen. Die Vorteile liegen auf der Hand: Du hast es immer bei dir, die Foto- und Videoqualität ist bei neueren Modellen hervorragend, und du kannst auf deinem Smartphone direkt bearbeiten und veröffentlichen. Trotzdem möchtest du dir vielleicht eine Kamera zulegen und stehst vor der Frage, was dabei wichtig ist.

Es gibt unterschiedliche Kameras, die alle ihre Vor- und Nachteile haben. So sind zum Beispiel Action-Kameras wie die des Herstellers GoPro besonders klein und robust. Du kannst sie bei Sportaktivitäten fast überall befestigen und atemberaubende Aufnahmen machen – auch unter Wasser. Daneben gibt es aber auch Kompaktkameras, die sehr viele Funktionen und eine gute Qualität auf kleinem Raum bieten. Die Bildqualität von Kompaktkameras liegt irgendwo zwischen deinem Smartphone und den sogenannten Systemkameras – mit dem Vorteil, dass du in den allermeisten Fällen ein integriertes Zoomobjektiv zur Verfügung hast.

Systemkameras bilden die Spitze des Eisbergs[1]. Es gibt sie als Spiegelreflexkameras und als sogenannte Mirrorless-Kameras. Letztere sind etwas kompakter und seit einiger Zeit sehr beliebt. Bei beiden Varianten hast du die Möglichkeit, Objektive zu wechseln. So kannst du oft aus 50 oder mehr Objektiven auswählen, die es für deinen Kameratyp gibt. Jedes Objektiv hat dann wiederum andere Vorteile (z. B. besonders lichtstark oder eine besonders große Brennweite), was sie auch unterschiedlich teuer macht.

Was brauchst du jetzt also als Foto-Grundausrüstung, wenn du dir eine Kamera kaufen möchtest? Wir empfehlen dir: Investiere nicht gleich dein ganzes Geld in eine teure Systemkamera. Eine leichte und kleine Kompaktkamera kann sogar den Vorteil haben, dass du sie viel öfter mitnehmen wirst und dadurch viel mehr Bilder schießen kannst. Solltest du dir dennoch eine Systemkamera zulegen wollen, starte

---

1   Okay, es geht natürlich immer noch wesentlich teurer und besser, aber Mittelformatkameras und Ähnliches werden von Influencern nur äußerst selten verwendet.

nicht gleich mit dem teuersten Modell. Es gibt Einsteigermodelle, die mit Objektiv bereits weit unter 1.000 € zu haben sind.

Abbildung 4.1 Die Canon EOS 77D gibt es inklusive Objektiv schon für unter 1.000 €. (Quelle: Canon Presse Center)

Wenn du etwas mehr Erfahrung hast, kannst du dir jederzeit neue Objektive nach-kaufen. Teure Objektive lassen sich auch hervorragend an günstigen Kameras ver-wenden. Sobald du dir eine teurere Kamera des gleichen Herstellers kaufst, kannst du die Objektive in aller Regel weiterverwenden. Es gilt die Faustregel: Investiere lieber in teurere Objektive und eine günstige Kamera als in günstige Objektive und eine teure Kamera. Objektive kannst du in aller Regel Jahrzehnte weiterverwenden.

Objektive für dein Smartphone

So gut wie alle Smartphones haben nur eine feste Brennweite. Wenn du in das Bild hi-neinzoomst, hast du in aller Regel einen Qualitätsverlust (es sei denn, dein Smartphone hat mehrere Kameras und kann die Bilder verrechnen, wie beispielsweise das iPhone 11). Mittlerweile gibt es aber von unterschiedlichen Herstellern Objektivaufsätze für dein Smartphone, die du einfach per Clip vor deiner Smartphone-Kamera befestigen kannst. Zu den bekanntesten Smartphone-Linsen gehören die Clip-Objektive der Marke *Moment*. Wenn du mit deinem Smartphone also noch kreativer sein willst, schau dir entsprechende Linsen einfach mal an!

Generell lohnt sich der Kauf von Zubehör für deine Kamera, das du aber auch pro-blemlos nach und nach kaufen kannst. Eine Fototasche zum Schutz deiner Kamera und zum besseren Transport ist beispielsweise immer eine lohnenswerte Investi-tion. Auch ein leichtes Stativ ist immer gut, vor allem wenn du dich selbst mit dem Selbstauslöser fotografieren möchtest. Hier hilft auch ein Fernauslöser, falls deine Kamera sich nicht über dein Smartphone steuern lässt. Kleiner Tipp: Lass dir nicht von einem Verkäufer einreden, dass du einen Blitz brauchst. Moderne Kameras sind sehr lichtstark, und geblitzte Bilder sehen ohnehin selten besonders schön aus. Du wirst feststellen, dass du einen Blitz nur selten verwendest und sich diese Investition kaum lohnen wird.

Welche technischen Eigenschaften sollte eine Fotokamera haben?

Ob deine Kamera 20 oder 28 Megapixel hat, wirst du in der Praxis als Influencer kaum merken. Lass dich von diesen Zahlen nicht irritieren: Alle Kameras auf dem Markt haben eine Auflösung, die dir problemlos ausreichen wird. Aber was unterscheidet Kameras dann? Kameras unterscheiden sich zum Beispiel in der Sensorgröße: Ein größerer Sensor ist schwieriger herzustellen und deshalb teurer. Gleichzeitig bietet er mehr kreativen Freiraum, wenn du mit der Schärfentiefe spielen willst (dazu kommen wir gleich noch). Pass beim Kauf deiner Kamera vor allem darauf auf, dass sie auch bei hohen ISO-Werten nicht zu sehr rauscht. Und beim Kauf von Objektiven achte darauf, dass sie möglichst lichtstark sind (also eine große Blende wie 2,8 oder 1,8 haben).

Deine Video-Grundausrüstung

Wie du feststellen wirst, können die meisten Fotokameras heute auch filmen. Und das können sie mittlerweile sogar ziemlich gut! Wenn du also überlegst, dir eine Kamera zu kaufen, um Videos zu produzieren, wirst du am Ende meist eine Fotokamera kaufen, mit der du dann auch filmst.

Es gibt allerdings ein paar Dinge, auf die du achten solltest. Ein sehr wichtiges Kriterium ist der Autofokus. Die allermeisten Kameras können mithilfe eines Autofokus automatisch scharf stellen. Solltest du allerdings eine gebrauchte Kamera kaufen, mach dich unbedingt vorher schlau, ob die Kamera auch beim Filmen selbst scharf stellt. Andernfalls wird es sehr schwer, sich selbst zu filmen. Insbesondere als Einsteiger profitierst du von einem Autofokus.

Bei deiner Fotogrundausrüstung haben wir dir empfohlen, nicht zu viel Wert auf die Auflösung (Megapixel) zu legen, sondern lieber auf andere Kriterien zu achten. Beim Filmen sieht das etwas anders aus: Hier entscheidet sich, ob du in HD (1080p) oder in 4K aufnehmen kannst. Mehr Auflösung ist auch hier nicht unbedingt notwendig, aber mit 4K bist du besser für die Zukunft gerüstet – in der »schlechteren« HD-Auflösung kannst du mit diesen Kameras trotzdem filmen. Denke nämlich auch daran, dass du einen sehr leistungsstarken Computer benötigst, um 4K-Videos zu schneiden.

Sehr hilfreich ist ein externer Mikrofon-Eingang an der Kamera. Er ermöglicht dir, ein zusätzliches Mikrofon anzuschließen, um einen wesentlich besseren Ton zu erhalten. Interne Mikrofone sind oft nicht sehr gut und nehmen einfach alles auf, was sich in der Umgebung befindet. Externe Mikrofone wie das *Røde Videomic Pro* gibt es als Aufsteckmikrofon für den Blitzschuh der Kamera. Auch Ansteckmikrofone kannst du hierüber direkt mit der Kamera verbinden.

Wenn du vorhast, dich selbst zu filmen, kann eventuell ein Licht-Set aus Tageslicht-scheinwerfern oder (wenn du etwas mehr Geld hast) ein LED-Scheinwerferset hilf-reich sein, damit man dich im Bild später auch gut erkennen kann.

Abbildung 4.2 Das Røde Videomic Pro lässt sich auf den Blitzschuh von Kameras aufstecken.

Die ersten Videoversuche werden vielleicht sehr verwackelt sein. Hier gibt es soge-nannte *Gimbals*, die deine Kamera mit kleinen Motoren stabilisieren. Du bekommst sie bereits sehr günstig, und deine Aufnahmen werden dadurch dramatisch besser! Du kannst mithilfe eines Gimbals einfach durch die Gegend laufen und trotzdem eine absolut ruhige Aufnahme erzielen. Insbesondere bei Travel-Vloggern sind Gimbals äußerst beliebt.

Filmen mit dem Smartphone

Natürlich kannst du auch mit deinem Smartphone filmen. Hier gibt es ebenfalls sehr viel Videozubehör – angefangen bei externen Mikrofonen bis hin zu Gimbals für das Handy. So kannst du für relativ wenig Geld mit deinem Smartphone sensationelle Videos dre-hen. Und die Nachbearbeitung kannst du natürlich auch auf deinem Smartphone erle-digen. Wichtig hier: Denke an einen großen Speicher, denn Videos verbrauchen sehr viel Platz. Bei manchen Smartphones kannst du den Speicher leider nicht nachträglich erweitern und musst deshalb bereits bei dem Kauf auf die richtige Größe achten.

Die richtigen Mikrofone

Es gibt unterschiedliche Mikrofone, die sich für jeweils andere Zwecke eignen. Kleinmembran-Kondensatormikrofone sind Mikrofone mit starker Richtcharakteristik und werden als sogenannte Niere oder Hyperniere angeboten. Sie nehmen Geräusche vor allem aus der Richtung auf, in die du sie ausrichtest. Die Mikrofone sind dank ihrer Bauform sehr robust und bieten gleichzeitig die Möglichkeit, auch weiter entfernte Geräuschquellen aufzuzeichnen – du musst also nicht direkt vor dem Mikrofon stehen.

Zahlreiche Anbieter haben Mikrofone im Angebot, die sich direkt an die Kamera anschließen lassen, sofern diese die passenden Anschlüsse hat. Bei Spiegelreflexkameras ist das meist ein 3,5-mm-Klinke-Anschluss, bei professionelleren Kameras vereinzelt auch der XLR-Anschluss mit integrierter Phantomspeisung. Da Kondensatormikrofone immer eine Spannungsversorgung benötigen, haben zahlreiche Mikrofone ein Batteriefach.

Die Mikrofone können auf der Kamera befestigt, als Sprechermikrofon aus der Hand betrieben oder an einer sogenannten Angel befestigt werden. Die Angel funktioniert wie ein verlängerter Arm, um möglichst nah an die Geräuschquelle heranzukommen und Störgeräusche zu vermeiden.

Wer besonders viele Störgeräusche in der Umgebung hat oder einen sehr sauberen Ton erzielen möchte, greift bei sprechenden Personen zu Ansteckmikrofonen. Du hast sie sicherlich schon einmal am Jackett eines Moderators gesehen. Mit ihnen kann der Ton sehr nah an der Sprachquelle aufgenommen und über Funk zur Kamera oder zu einem Aufnahmegerät übertragen werden. Die günstige Variante nutzt keine Funkübertragung, sondern ein Kabel.

Nutze, was du bereits hast!

Wenn du anfängst, Videos zu drehen, oder mal in eine Situation kommst, in der du kein externes Mikrofon hast, nutze dein Handy! Mit einer App, die den Ton von deinem Handymikrofon aufnehmen kann, kannst du oft eine bessere Audioqualität erzielen als mit dem reinen Kameraton – einfach weil du mit dem Handy näher an die sprechende Person kommst als mit dem Kameramikrofon.

Leg das Handy während der Aufnahme sehr nah vor dir auf den Tisch, sodass die Unterseite zu dir zeigt (dort ist das Mikrofon angebracht). Denk aber daran, dass du nach dem Aufnahmestart wenigstens in die Hände klatschst, damit du die beiden Aufnahmen von Kamera und Handy später synchronisieren kannst.

In jedem Fall sinnvoll ist ein Windschutz oder in sehr windigen Situationen ein Mikrofonfell. Beide vermeiden störendes Rauschen durch Windeinströmungen, wobei das Fell noch mal ein Tick besser ist. Damit die Geräusche deiner Hand am Mikro-

fon nicht aufgenommen werden, gibt es zahlreiche Halterungen mit Mikrofonspin-
nen, in denen das Mikrofon elastisch aufgehängt wird.

Windschutz für Kompaktkameras

Tatsächlich gibt es mittlerweile auch sehr kleine Mikrofonfelle, die man auf die kleinen
Mikrofonlöcher von Kompaktkameras kleben kann. Sie sind für ein paar Euro zu haben
und verbessern deine Aufnahme in windigen Situationen erheblich.

Für (nachträgliche) Tonaufnahmen kommen empfindlichere und weniger robuste
Mikrofone zum Einsatz. Kennen solltest du Großmembranmikrofone. Ohne allzu
technisch werden zu wollen, wird bei Großmembranmikrofonen der Ton über eine
mehrere Zentimeter große Membran aufgezeichnet. Entsprechende Mikrofone
besitzen einen Klang, der aufgrund der hohen Mikrofon-Empfindlichkeit als besonders wohlklingend beschrieben wird. Sie sind bei Gamern und Let's Playern besonders beliebt und werden sehr häufig für die Aufnahme von Podcasts genutzt. Kleiner Tipp: Je näher du mit dem Mund an das Mikrofon herangehst, umso »mehr
Bass« bekommt deine Stimme.

Abbildung 4.3 Großmembran-Mikrofone wie dieses werden
vor allem im Studio, bei Podcasts oder von Gamern verwendet.

Welche Apps brauchst du?

Zu Beginn des Kapitels haben wir dir schon gesagt, dass du anfangs eigentlich nicht mehr als dein Smartphone benötigst. Ein großer Vorteil deines Smartphones ist nämlich vor allem, dass du alles mit einem Gerät erledigen kannst. Es gibt unzählige Apps, mit denen du Fotos bearbeiten, Stories noch schöner gestalten und Videos schneiden kannst. Solltest du dich also entscheiden, deine Fotos und Videos mit deinem Smartphone nachzubearbeiten, möchten wir dir hierfür einige der bei Influencern beliebtesten Apps vorstellen.

▶ **VSCO**

Wenn du nicht nur die von den Plattformen angebotenen Farbfilter verwenden möchtest, solltest du dir einmal die App *VSCO* anschauen. Sie ist in der Grundversion kostenlos und bietet zahlreiche Möglichkeiten, deine Fotos nachzubearbeiten. Du kannst nicht nur aus verschiedenen Farbfiltern auswählen, sondern auch Helligkeit, Schärfe und ähnliche Einstellungen anpassen (siehe Abbildung 4.4).

Abbildung 4.4 Die App VSCO ist zur Nachbearbeitung von Fotos auf dem Smartphone sehr beliebt.

▶ **Adobe Lightroom**

Die wohl umfangreichste App zur Fotobearbeitung ist *Adobe Lightroom*. Und das Beste daran: Sie ist als App für das Smartphone kostenlos! Mit ihr kannst du deine Fotos nicht nur schärfen und in der Helligkeit bearbeiten, sondern vor allem die Farben in jedem Detail bearbeiten. Die App ist sehr umfangreich, sodass es sich lohnt, sich länger damit zu beschäftigen.

▶ **Facetune**

Facetune ist unter Influencern eine sehr beliebte App. Mit ihr kannst du nicht nur Hautunreinheiten aus Selfies und Fotos entfernen, sondern auch dein Lächeln oder die Gesichtskonturen verändern.

Wir möchten dir an dieser Stelle empfehlen, es hierbei nicht zu übertreiben. Es ist zwar lustig, aus sich einen »perfekten« Menschen zu machen, aber andere werden dich irgendwann nicht mehr erkennen. Wir sind davon überzeugt: Du bist gut so, wie du bist, und genau so werden dich die Menschen lieben.

▶ **Unfold**

Wenn du deine Stories noch schöner gestalten willst, ist vielleicht die App *Unfold* etwas für dich. Mit ihr kannst du verschiedene Templates nutzen, Texte verändern und ansprechende Designs erstellen. Eine ähnliche App ist übrigens *Adobe Spark Post*, das in der Grundversion auch kostenlos ist.

▶ **Rush und iMovie**

Die App *Rush* von Adobe ist für die Videobearbeitung auf deinem Smartphone oder Tablet gedacht. Sie ist sehr gut geeignet, wenn du Aufnahmen direkt auf deinem Smartphone gefilmt hast und im Anschluss schnell ein Video daraus schneiden willst. Auf einem iOS-Gerät kannst du dafür auch *iMovie* von Apple nutzen. iMovie gibt es übrigens auch für den Mac.

Welche Desktop-Programme helfen dir?

Wenn du dir eine Kamera gekauft hast und deine Bilder lieber an deinem Computer statt am Smartphone nachbearbeiten möchtest, gibt es auch hierfür ein paar nützliche Programme – sowohl für Foto- als auch Videobearbeitung.

▶ **Adobe Photoshop und Lightroom**

Die beiden Programme *Photoshop* und *Lightroom* sind professionelle Anwendungen, mit denen man Fotos bearbeiten kann. Sie haben unzählige Funktionen, und es bleiben eigentlich keine Wünsche offen.

Der Nachteil ist vor allem der Preis: Du musst ein monatliches Abo abschließen, um die Software nutzen zu können. Photoshop gibt es allerdings auch in einer für Einsteiger optimierten Version als *Photoshop Elements* – eventuell ist das etwas für dich, wenn du nicht so viel Geld ausgeben möchtest.

Zahlreiche Influencer bieten sogenannte Preset-Packs kostenlos oder zum Kauf an, die du in Lightroom importieren kannst. Mit ihnen erhältst du schnell und einfach interessante Farblooks für deine Bilder. Zum Testen lohnt es sich, nach kostenlosen Lightroom-Presets zu googeln. Mit einem Adobe-Creative-Cloud-Abo ist es sogar möglich, die Presets in der Lightroom-Smartphone-App zu verwenden.

▶ **Affinity Photo**

Eine preiswerte Alternative zu Photoshop ist das Programm *Affinity Photo*. Hier bezahlst du nur ein einziges Mal rund 50 € und erhältst dauerhaft Updates mit neuen Funktionen. Und Affinitiy Photo muss sich mit seinen Funktionen nicht verstecken!

Wenn du mehr über das Programm erfahren möchtest, schau dir mal das Buch »Affinity Photo« von Markus Wäger an, das ebenfalls im Rheinwerk Verlag erschienen ist.

▶ **Adobe Premiere Pro**

Genau wie Photoshop und Lightroom kannst du *Premiere Pro* für den Videoschnitt nur mit einem monatlichen Abo nutzen, das relativ teuer ist.[2]

Und trotzdem kann es sich später lohnen, in diese Software zu investieren. In Kombination mit Photoshop und allen anderen Programmen der Creative Cloud von Adobe hast du praktisch unendliche Möglichkeiten in der Nachbearbeitung. Eine abgespeckte Variante ist das Programm *Adobe Premiere Elements*.

▶ **Final Cut Pro**

Sehr viele Filmemacher schneiden ihre Videos mit *Final Cut Pro*. Dieses Programm kostet rund 300 € und ist sehr umfangreich. Nachteil: Es läuft leider nur auf Apple-Computern.

▶ **DaVinci Resolve**

Es gibt es wohl keine andere kostenlose Videoschnittsoftware, die so viele Möglichkeiten bietet wie *DaVinci Resolve*. Auch zahlreiche Profis verwenden sie. Herunterladen und Ausprobieren ist unbedingt empfehlenswert. Und für die Farbkorrektur ist DaVinci Resolve auf jeden Fall eines der mächtigsten Tools, das du momentan verwenden kannst.

---

2 Übrigens: Falls du Schüler oder Student bist, bietet dir Adobe einen attraktiven Rabatt an. Die Software kannst du dann trotzdem kommerziell und damit auch als Influencer nutzen.

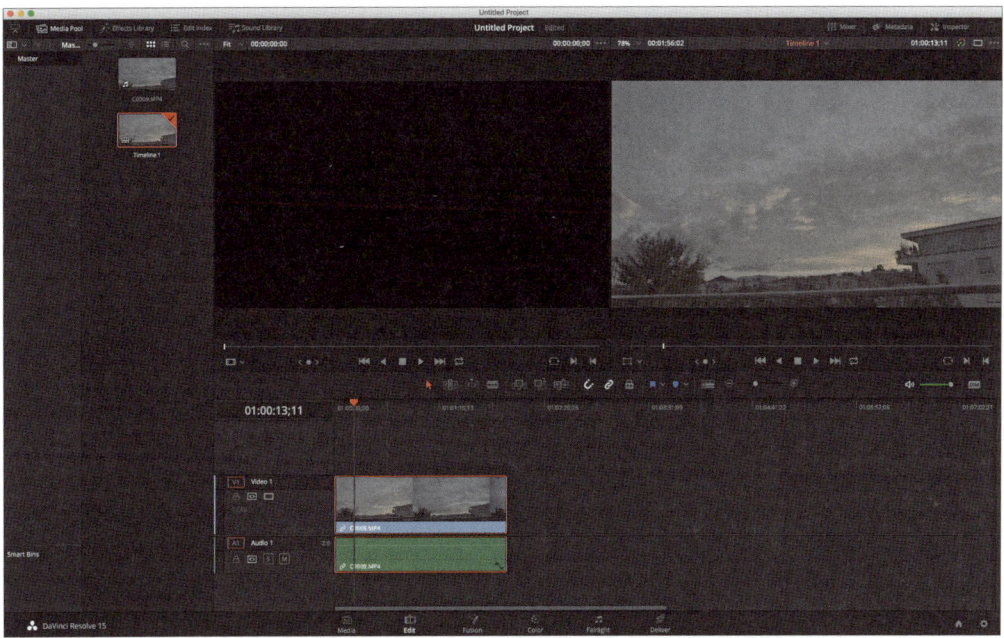

Abbildung 4.5 DaVinci Resolve ist ein sehr mächtiges Tool, um Videos zu bearbeiten. Das Beste daran: Es kostet dich nichts!

4.2 Das solltest du beim Fotografieren wissen

Nachdem du dich nun darum gekümmert hast, welches Equipment du brauchst, musst du nur noch wissen, wie du am besten damit umgehst. In diesem Kapitel möchten wir dir deshalb zunächst einen kleinen Foto-Crashkurs geben. Lies diesen Abschnitt unbedingt auch, wenn du filmen möchtest: Viele Basics sind auch notwendig, wenn wir uns im nächsten Kapitel um das Filmen kümmern.

Bevor es Smartphones und digitale Kameras gab, hatte nicht jeder die Möglichkeit, endlos zu fotografieren. Filmmaterial war teuer, und deshalb überlegten sich die Fotografen beim Fotografieren genau, wie das fertige Bild aussehen sollte. Wer gute Fotos machen will, macht sich auch heute noch beim Fotografieren Gedanken darüber, wie das Foto einmal aussehen soll. Wenn du nicht auf einen Zufallstreffer warten willst, ist das der Weg, um als Influencer Fotos zu schießen, die deinen Followern gefallen. Die technische Seite der Fotografie wie die Auswahl von Kamera, Blende und Belichtungszeit, ISO-Empfindlichkeit und Co. ist für ansprechende Fotos ebenso wichtig wie deren Inhalt.

Die Beschränkungen deines Smartphones

Viele der nachfolgend vorgestellten Werte kannst du bei einem Smartphone nicht verändern, sondern du benötigst dazu eine richtige Kamera. Solltest du mit einem Smartphone starten, ist es trotzdem spannend, diese Dinge zu kennen.

Die Brennweite des Objektivs

Vereinfacht ausgedrückt bestimmt die Brennweite, wie groß der Blickwinkel deiner Kamera ist. Je höher der Wert ist, umso länger ist die Brennweite: 200 mm bezeichnet also eine längere Brennweite als 24 mm.

Der Verlängerungsfaktor

Häufig wird die Brennweite als Kleinbildäquivalent in Millimetern angegeben. Das ist sehr praktisch, weil die Brennweite je nach Größe des Kamerasensors unterschiedlich ausfällt und sich die Werte so trotzdem vergleichen lassen. Wenn du eine Kamera mit Wechselobjektiven hast, musst du darauf achten, dass die Brennweite bei kleineren Sensorgrößen wie APS-C im Gegensatz zu Vollformatkameras mit einem Verlängerungsfaktor von beispielsweise 1,6 multipliziert werden muss. Der Verlängerungsfaktor steht in der Betriebsanleitung der Kamera. So kann es beispielsweise sein, dass bei einem Verlängerungsfaktor von 1,6 aus einer Brennweite von 16 mm in Wahrheit 26 mm werden. Das ist vor allem beim Objektivkauf wichtig!

Ein extremes Weitwinkelobjektiv von beispielsweise 16 mm bildet einen sehr großen Blickwinkel ab. Es eignet sich für Landschaftsaufnahmen oder für die Fotografie in engen Räumen. Häufig wirst du auf Kameras und Objektive mit Zoombrennweiten stoßen, die von 24 mm bis etwa 100 mm reichen. Mit ihnen kannst du den Blickwinkel stufenlos vom Weitwinkel über die Normalbrennweite (ca. 50 mm) bis zum leichten Tele verändern. Für die meisten Situationen ist ein solcher Zoombereich ausreichend. Mittlere Telebrennweiten von 135 mm bis 200 mm brauchst du vor allem, wenn du dich sehr weit von den Objekten entfernt befindest. Brennweiten bis 800 mm stellen extreme Teleobjektive dar und sind nur in sehr speziellen Situationen wie bei Sport- und Tieraufnahmen notwendig. Sie sind außerdem auch sehr teuer.

Bei sehr kurzen Brennweiten gibt es noch etwas zu beachten: Je kürzer die Brennweite, desto stärker sind die optischen Verzerrungen im Bild – insbesondere bei günstig gefertigten Kameras und Objektiven wie Actionkameras. Das macht sich nicht nur bei Objekten wie Hochhäusern und Wänden bemerkbar, sondern auch bei Personen. Platziere deshalb bei extremen Weitwinkelaufnahmen Personen möglichst im mittleren Bildbereich – dann werden sie noch einigermaßen realistisch abgebildet.

Abbildung 4.6 Verschiedene Brennweiten im Vergleich

Stürzende Linien

Um sogenannte *stürzende Linien* bei Architekturaufnahmen zu vermeiden, werden *Tilt-Shift-Objektive* eingesetzt. Sie haben ein spezielles Linsenelement, mit dem man die stürzenden Linien ausgleichen kann. Wenn du extrem stürzende Linien als Gestaltungsmerkmal einsetzen möchtest, kannst du dir Fischaugenobjektive und entsprechende Aufsätze anschauen (gibt es auch als Aufstecklinsen für dein Smartphone).

Das Zusammenspiel von Blende, Belichtungszeit und Empfindlichkeit

Blende, Belichtungszeit und Empfindlichkeit sind die wichtigsten Einstellungen, um das Bild in deiner Kamera richtig zu belichten. Die drei Werte sind direkt voneinander abhängig: Je größer die Blende, je länger die Belichtungszeit und je höher die eingestellte Empfindlichkeit des Sensors, desto heller wird dein Bild belichtet. Die Werte musst du entsprechend der Umgebungshelligkeit anpassen, damit dein Bild nicht zu hell (überbelichtet) oder zu dunkel wird (unterbelichtet). Verkleinerst du einen der Werte, musst du mindestens einen anderen Wert vergrößern, damit das Bild noch genauso hell wird. Wenn du im manuellen Modus deiner Kamera fotografierst, bedeutet das also:

▶ Wenn du die Blende verkleinerst, musst du die Empfindlichkeit (ISO) und/oder die Belichtungszeit vergrößern.

▶ Wenn du die Belichtungszeit verkürzt, musst du die Blende und/oder die Empfindlichkeit (ISO) vergrößern.

▶ Wenn du die Empfindlichkeit (ISO) vergrößerst, kannst du die Blende und/oder die Belichtungszeit verkleinern.

Vorsicht bei hohen ISO-Werten!

Wenn du sehr hohe ISO-Werte benutzt, fängt das Bild an zu rauschen. Dadurch verliert es an Details. Wähle also möglichst geringe ISO-Werte und erhöhe die Empfindlichkeit nur, wenn es wirklich notwendig ist.

Die Belichtungszeit ist wichtig, damit das Bild nicht verwackelt. Bilder verwackeln vor allem, wenn du kein Stativ verwendest, da selbst die minimalen Bewegungen deiner Hand beim Fotografieren schon sehr deutliche Auswirkungen haben können. Je kürzer die Belichtungszeit ist, umso weniger besteht die Gefahr, dass das Bild verwackelt. Eine Faustregel lautet: Die Belichtungszeit sollte immer mindestens dem Kehrwert deiner Brennweite entsprechen. Wenn deine Brennweite 100 mm beträgt, wähle also mindestens 1/100s als Belichtungszeit.

Außerdem kannst du mit einer kurzen Belichtungszeit Bewegungen einfrieren. Wenn du also ein Auto in voller Fahrt fotografieren möchtest, wähle eine kurze Belichtungszeit, damit das Auto scharf wird (siehe Abbildung 4.7). Kleiner Tipp am Rande: Wenn du bewegte Objekte fotografieren willst, solltest du die Kamera immer mitziehen. So wird das Objekt scharf, während der Hintergrund eine schöne Bewegungsunschärfe erhält.

| 1/1000 s | 1/500 s | 1/250 s | 1/125 s | 1/60 s | 1/30 s |

Abbildung 4.7 Kurze Belichtungszeiten sorgen dafür, dass auch Objekte scharf werden, die sich schnell bewegen.

Die Belichtungszeit beim Filmen

Auch beim Filmen kannst du die Belichtungszeit verändern. In einem Video werden viele Einzelbilder schnell nacheinander abgespielt, sodass für uns ein Bewegungseindruck entsteht. Damit wir die Einzelbilder als ein Video wahrnehmen, das nicht ruckelt, braucht man mindestens 24 Bilder pro Sekunde (auch *Frames* pro Sekunde). Die Kamera muss also pro Sekunde 24 Bilder aufnehmen, was dazu führt, dass jedes Bild nur maximal 1/24 Sekunde lang belichtet werden kann (mehr Zeit ist einfach nicht da).

Heute sind 25 oder 30 Bilder pro Sekunde üblich. Bei einer Aufnahme mit 30 Bildern pro Sekunde kann ein Bild also nicht länger als 1/30 Sekunde belichtet werden. Nutzt man beim Filmen besonders kurze Belichtungszeiten wie 1/1000 Sekunde, erhält man zwar äußerst scharfe Einzelbilder ohne Bewegungsunschärfe, aber leider auch ein Video, das sehr stark ruckelt. Beim Filmen gilt deshalb anders als in der Fotografie, dass die volle oder halbe »Standzeit« eines Einzelbildes das beste Ergebnis hervorbringt: Bei 30 Bildern pro Sekunde macht das also 1/30 Sekunde (volle Standzeit) oder 1/60 Sekunde (halbe Standzeit).

Um die Helligkeit beim Filmen trotzdem verändern zu können, kannst du sogenannte ND-Filter nutzen, die vorne auf das Objektiv geschraubt werden. Es gibt sie in Varianten, bei denen du durch Drehen die Lichtmenge verändern kannst, die durch den Filter in das Objektiv gelangt. So kannst du auch mit einer offenen Blende gut filmen.

Schärfentiefe

Die Schärfentiefe gibt an, wie groß der Schärfebereich im Bild ist. Je größer die Schärfentiefe, desto größer ist der Bereich, in dem Objekte scharf sind. Die Schärfentiefe ist ein hervorragendes Mittel, um Bilder zu gestalten. Bilder mit einer großen Schärfentiefe (wenn also »alles scharf ist«) wirken unruhig, da sich der Blick des Zuschauers in den vielen Details der Umgebung verliert. Durch gezieltes Scharfstellen bestimmter Personen oder Objekte kannst du sie vom Vorder- und Hintergrund lösen und so den Blick des Betrachters auf das Wesentliche lenken (siehe Abbildung 4.8).

Abbildung 4.8 Das linke Bild wurde mit Blende 5,6, das rechte Bild mit Blende 2,8 aufgenommen.

Schärfentiefe bei Smartphones

Es gibt eine einfache Regel: Je größer der Sensor deiner Kamera, umso leichter kannst du mit Schärfe und Unschärfe spielen. Bei Smartphones ist der Sensor sehr klein, weshalb sich Objekte im Vordergrund nur sehr gering vom Hintergrund abheben (es ist »alles scharf«). Manche Smartphones können allerdings mittlerweile den Hintergrund automatisch unscharf machen. Achte darauf, dass du den richtigen Modus eingestellt hast (z. B. Porträt-Modus), um diese Funktion zu nutzen.

Du kannst die Schärfentiefe beeinflussen, indem du die Blende vergrößerst/verkleinerst, die Brennweite veränderst oder eine Kamera mit einem großen oder kleinen Sensor verwendest.[3] Die Brennweite legst du meist durch deinen Standort und den gewünschten Ausschnitt fest, während die Sensorgröße vom Kameratyp abhängig ist. Wenn du die Schärfentiefe also kreativ verändern willst, musst du die Blende beim Fotografieren verändern.

Die Blende kann nicht überall eingestellt werden!

Bedenke, dass nicht alle Kameras das manuelle Einstellen der Blende ermöglichen – bei sehr kleinen Sensoren, wie sie in Smartphones oder Actionkameras verbaut werden, hätte das jedoch auch kaum Auswirkungen auf den ohnehin sehr großen Schärfebereich.

Eine offene und große Blende lässt viel Licht durch das Objektiv auf den Kamerasensor fallen und wird durch kleine Blendenwerte wie 2,8 beschrieben. Kleine Blenden mit Werten wie 8 oder höher lassen entsprechend weniger Licht auf dem Sensor ankommen. Wählst du eine kleine Blende, wird die Automatik der Kamera die Empfindlichkeit des Sensors erhöhen (oft in ISO angegeben) oder eine längere Verschlusszeit wählen, um ein gleich helles Bild zu erreichen. Gleichzeitig erhält das

---

3   Kleiner Sensor = große Schärfentiefe, großer Sensor = geringe Schärfentiefe

Bild durch die kleinere Blende jedoch eine größere Schärfentiefe – es sind also mehr Objekte im Bild scharf.

Wie du Bilder harmonisch gestaltest

Ist dir schon einmal aufgefallen, dass manche Bilder viel harmonischer wirken als andere? So als hätte sie jemand »aufgeräumt«? Damit Bilder harmonisch wirken, gibt es Regeln, wie Objekte im Bild positioniert werden sollten. Damit wir den Umfang des Buches nicht sprengen, möchten wir dir an dieser Stelle die wichtigsten und bekanntesten davon vorstellen.

Sehr wichtig ist der *Goldene Schnitt*: Objekte werden dabei im Verhältnis 1:0,618 vom Bildrand positioniert. Klingt kompliziert? Mit etwas Übung und einem guten Auge ist das kein Problem. Für Ungeübte ist es aber schwierig umzusetzen, weshalb sich die wesentlich einfachere Zwei-Drittel-Regel durchgesetzt hat. Dabei wird das Bild in neun gleich große Rechtecke aufgeteilt, bei denen das Verhältnis mit 1:0,667 sehr nah an den Goldenen Schnitt heranreicht.

> **Die Kamera kann dir helfen**
>
> Viele Kameras (und auch Smartphones) bieten als Hilfsmittel das Einblenden eines Rasters mit Dritteleinteilung.

Für einen harmonischen Bildeindruck positionierst du Personen und Objekte auf einer der beiden Drittellinien (siehe Abbildung 4.9). Die Zwei-Drittel-Regel ist aber nur ein Hilfsmittel: Fühl dich frei, Objekte beispielsweise mittig im Bild zu positionieren, wenn du statt Harmonie lieber eine Symmetrie im Bild haben möchtest (z. B. in der Food-Fotografie). Bei Videos auf YouTube ist es sogar sehr üblich, sich mittig vor die Kamera zu setzen und etwas zu erzählen.

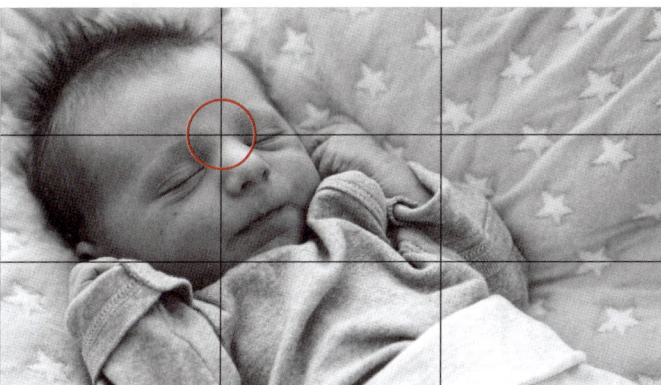

Abbildung 4.9 Positionierung im Zwei-Drittel-Raster mit Blick in das Bild

Wenn Anfänger fotografieren oder filmen, blicken Personen häufig »aus dem Bild heraus«. Um das zu vermeiden, wähle den Bildausschnitt so, dass in Blickrichtung der Person Raum im Bild vorhanden ist (so wie in Abbildung 4.9). Eine nach rechts blickende Person positionierst du dementsprechend im linken Teil des Bildes, eine nach links blickende Person im rechten Teil. Das Gleiche gilt für Objekte, die eine »Blickrichtung« besitzen. Aber auch hier gilt: Wenn es für deine Geschichte sinnvoll ist, brich die Regeln und lasse Personen ganz bewusst aus dem Bild blicken!

Und noch einen Tipp möchten wir dir mitgeben: Vermeide es, zu viel Platz zu den Bildrändern zu lassen. Anfänger machen oft Fotos und Videos mit sehr viel Himmel – insbesondere, wenn Influencer die Kamera vor sich tragen und sich selbst filmen. Das kommt daher, dass beim Filmen das Bedürfnis besteht, das eigene Gesicht in der Mitte des Bildes zu positionieren, weil man sich auf dem Monitor während des Filmens dann einfacher wiederfindet. Achte einfach einmal bewusst darauf, wie viel Platz noch über deinem Kopf ist.

Kamerablickwinkel

Beim Fotografieren (und Filmen) gibt es eine Grundregel: Die Position der Kamera ist immer auch die Position des Betrachters. Deshalb hat der Kamerablickwinkel starke Auswirkungen darauf, wie deine Follower Personen und Objekte wahrnehmen. Grundsätzlich gibt es drei Kamerablickwinkel: Augenhöhe, Aufsicht und Untersicht. Darüber hinaus kannst du die Kamera aber auch in Extrempositionen wie der Vogel- oder Froschperspektive positionieren.

Befindet sich die Kamera auf Augenhöhe mit einer Person oder auf gleicher Höhe des Objekts, spricht man entsprechend von *Augenhöhe*. Deine Follower kennen diesen Blickwinkel aus dem Alltag, weil wir uns auch meist auf Augenhöhe begegnen. Dieser Blickwinkel hat deshalb eine neutrale Wirkung.

Befindet sich die Kamera aber über der Augenhöhe von abgebildeten Personen, bezeichnet man diese Einstellung als *Aufsicht*. Da die Kamera nun über der Person steht, wirkt sie klein, unbedeutend, unterwürfig oder auch unterlegen. Die Vogelperspektive ist eine extreme Aufsicht aus großen Höhen und wird insbesondere genutzt, um einen Überblick zu geben – beispielsweise mit Drohnenaufnahmen bei Festivals oder von einem Haus.

Als *Untersicht* wird die Kameraposition unterhalb der Augenhöhe bezeichnet. Sie lässt Personen groß und mächtig oder auch Ehrfurcht gebietend wirken. Entsprechend wird dieser Blickwinkel häufig für das Erscheinen eines Helden genutzt. Mithilfe der Froschperspektive als extreme Untersicht lässt du Personen und Objekte absolut übermächtig erscheinen. In Verbindung mit Actionkameras und Weitwinkelaufsätzen ist diese Perspektive beispielsweise bei Skateboard-Aufnahmen sehr beliebt.

4.3 Das solltest du beim Filmen wissen

Alles, was du im vorherigen Abschnitt gelernt hast, wirst du auch beim Filmen brauchen. Allerdings gibt es noch ein paar andere Dinge, um die du dich insbesondere beim Filmen kümmern musst.

Der Achsensprung – und wie du ihn vermeidest

Wenn du ein Interview mit mehreren Personen filmst, wirst du vielleicht mit mehreren Kameras (oder mehreren Smartphones) filmen. Dabei werden mehrere Personen mit mehreren Kameras im Wechsel gefilmt, um die Kameraperspektiven später gegeneinander zu schneiden. So kannst du jeweils die Interviewpartner einzeln und mit einer dritten Kamera einen Überblick und/oder Close-ups filmen. Damit die Blick- und Bewegungsrichtungen im geschnittenen Video später zusammenpassen, müssen sich alle Kameras im 180-Grad-Bereich befinden (siehe Abbildung 4.10). Verlässt eine der Kameras diesen Bereich, spricht man von einem Achsensprung. Beim Achsensprung im Interview führt das Filmen über die falsche Schulter dazu, dass beide Interviewpartner in die gleiche Bildrichtung schauen – der Zuschauer kann dann nicht mehr erkennen, dass sich beide Personen gegenübersitzen.

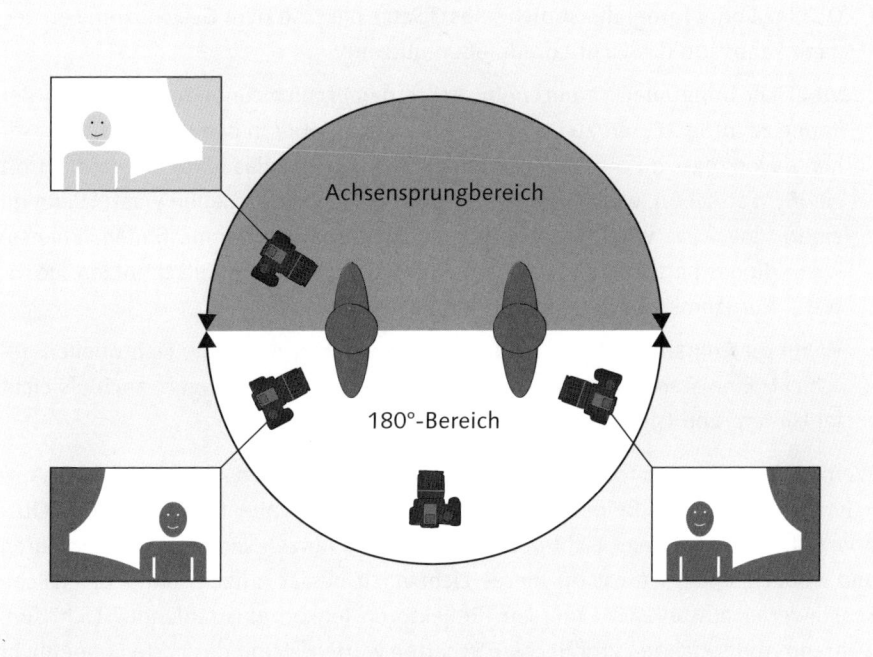

Abbildung 4.10 Achsensprünge passieren zu Beginn oft, sind aber für den Zuschauer unlogisch, weshalb sich die Kameras immer im 180-Grad-Bereich aufhalten müssen.

Wenn du doch einmal eine Kamera in den Achsensprungbereich verschieben willst, kannst du eine Kamerafahrt nutzen, die in diesen Bereich führt. Danach musst du jedoch auch alle anderen Kameras im Achsensprungbereich positionieren, bis du mit einer weiteren Kamerafahrt wieder in den vorherigen Bereich wechselst.

30-Grad-Winkel bei mehreren Kameras

Achte beim Aufstellen mehrerer Kameras darauf, dass sich die Kameras mindestens in einem 30-Grad-Winkel zueinander befinden, wenn sich die damit gefilmten Einstellungen nicht gravierend unterscheiden (zum Beispiel Totale und Close-up). Andernfalls wirkt der direkt aufeinanderfolgende Schnitt dieser Kameras irritierend. Mit anderen Worten: Sorge dafür, dass die Kameras nicht alle direkt nebeneinanderstehen.

Vorhandenes Licht nutzen

Damit deine Follower dich auch gut erkennen können, muss deine Szene gut ausgeleuchtet sein. Bei professionellen Fotoshootings und Filmproduktionen sorgt der Beleuchter dafür, dass die gewünschte Bildwirkung erreicht wird. Damit in deinen Fotos und Videos alles gut zu sehen ist, kannst du bereits ohne künstliche Lichtquellen viel erreichen:

▶ Du filmst oder fotografierst dich selbst? Setze dich mit dem Gesicht zum Fenster, dann kannst du das Licht von draußen nutzen.

▶ Viel Licht bringt viel? Ja und nein: Achte darauf, nicht unbedingt direkt in der Sonne zu fotografieren/zu filmen, sondern gehe lieber in den Schatten. Abgesehen davon, dass du die Augen zukneifen wirst, wirkt das harte Sonnenlicht oft gar nicht so schön, weil in deinem Gesicht viele Schatten haben wirst. Wenn du einen Vlog hast, wirst du sicherlich auch öfter in der Sonne filmen. Ebenso, wenn du das harte Licht für deine Instagram-Fotos als Stilmittel nutzen möchtest – Ausnahmen bestätigen also die Regel.

▶ Wenn du Aufnahmen in einem Innenraum machst, nutze die Lichtquellen geschickt. Eine Standlampe kann bereits ein tolles Licht erzeugen, auch als Licht im Hintergrund (siehe Abbildung 4.11)!

Wenn du etwas weiter fortgeschrittener bist, kannst du noch mehr aus deinen Aufnahmen herausholen: Beim Fotografieren und Filmen unter freiem Himmel (Outdoor) ist meist genügend Licht vorhanden, das du nutzen kannst. Mit Reflektoren und Abdeckfahnen kannst du dieses Licht noch besser nutzen, ohne zusätzliche Scheinwerfer aufstellen zu müssen: Reflektoren lenken einstrahlendes Licht um, während Abdeckfahnen großflächige Schatten werfen, damit das harte Sonnenlicht nicht unschöne Schatten in Gesichter wirft.

Godox SL60 vs Aputure 120D - Wie gut ist günstiges Licht?

1.166 Aufrufe · 05.09.2019   83   1   TEILEN   SPEICHERN   ...

Abbildung 4.11 Der aufstrebende YouTuber Andreas Abb nutzt gerne vorhandene Lichtquellen im Hintergrund seiner Videos. (*https://www.youtube.com/watch?v=rBxDkM6SyrY*)

Reflektoren gibt es bereits sehr günstig und kompakt zusammenfaltbar mit unterschiedlichen Beschichtungen: Gold für warmes, Weiß für neutrales Licht und Silber für kaltes Licht.

Lass uns einen Reflektor für eine einfache Situation nutzen: Du möchtest eine Person vor einem Sonnenuntergang am Meer aufnehmen. Das menschliche Auge kann die Person noch in allen Details erkennen, aber auf der Aufnahme ist entweder der Sonnenuntergang korrekt belichtet oder die Person. Ohne eine zusätzliche Lichtquelle bleibt auf dem Kamerabild lediglich eine menschliche Silhouette vor einem Sonnenuntergang. Mit einem Reflektor, den du leicht seitlich vor der Person positionierst, wird das Sonnenlicht auf die Person umgelenkt. So hellst du sie sie mit natürlichem Licht auf.

Wenn du einmal Schatten benötigst, wo eigentlich keiner ist, kannst du eine Abdeckfahne nutzen. Viele Reflektoren haben eine schwarze Seite, sodass du sie als Abdeckfahne benutzen kannst. Die Abdeckfahne ist zum Beispiel hilfreich, wenn du Interviews im Freien drehst und dabei einen bestimmten Hintergrund nutzen möchtest, ohne die Personen im harten Sonnenlicht sitzen zu lassen. Kleiner Haushaltstipp: Ein Sonnenschirm oder großer Regenschirm hat genau die gleiche Wirkung.

Abbildung 4.12 Reflektoren helfen, Schatten abzumildern und dunkle Bereiche aufzuhellen. (Quelle: Shutterstock, © Denys Kurbatov)

Vorsicht, bevor du weiterliest!

Für das meiste (Licht-)Equipment ist Wasser tödlich. In Verbindung mit Strom wird es sogar richtig gefährlich. Denke deshalb daran, wenn das Wetter plötzlich umschlägt: Nicht explizit für Regen zugelassene Scheinwerfer und deren Stromkabel müssen bei einsetzendem Regen sofort weggeräumt werden. Das betrifft auch nicht wasserdichte Kameras. Für die gibt es aber spezielle Plastikhauben und Unterwassergehäuse.

Außerdem: Halogen-Scheinwerfer können schwere Brandverletzungen verursachen, wenn sie umkippen. Nutze deshalb Sandsäcke, die du unten auf die Stative legst, um sie zu beschweren. Kontrolliere immer, ob das Gewicht ausreicht, damit die Scheinwerfer nicht plötzlich umkippen. Solltest du draußen starken Wind bekommen, brich deine Filmaufnahmen lieber ab, bevor du dich und andere in Gefahr bringst.

Die Dreipunkt-Beleuchtung beherrschen

In Innenräumen (Indoor) ist meist nicht genug Licht vorhanden. Deshalb kannst du hier mit künstlichen Lichtquellen wie vorhandenen Lampen oder extra Scheinwerfern arbeiten. Was auch immer du als Lichtquelle nutzt: Sehr praktisch ist die Dreipunktbeleuchtung, bestehend aus Führungslicht, Aufhelllicht und Spitzlicht. In Abbildung 4.13 siehst du den typischen Aufbau einer Dreipunktbeleuchtung.

Das *Führungslicht* wird seitlich von vorn angeordnet und ist die stärkste Lichtquelle im Aufbau. Es wird mithilfe eines Stativs leicht über der Höhe der gefilmten Person angebracht. Die Sonne als natürliche Lichtquelle scheint die meiste Zeit unseres Alltags von oben auf Objekte. Deshalb empfinden wir Licht von oben als natürlich.

Um die durch das Führungslicht entstehenden Schatten auszugleichen, kommt auf Gesichtshöhe das *Aufhelllicht* zur Aufhellung der Schatten zum Einsatz. Das Aufhelllicht sollte nicht ganz so hell sein, darf dafür jedoch breiter strahlen und weicheres Licht erzeugen.

Um die Person vom Hintergrund zu trennen, wird hinter der Person ein *Spitzlicht* platziert (auch Kantenlicht genannt). Das Spitzlicht befindet sich meist gegenüber dem Führungslicht und sorgt für einen leichten Schein an den Gesichtskanten der Person. Dafür sollte eine Lichtquelle mit stärker gebündeltem Licht zum Einsatz kommen, um nur die Kanten des Motivs zu betonen. Auch das Spitzlicht sollte nicht so hell sein wie das Führungslicht.

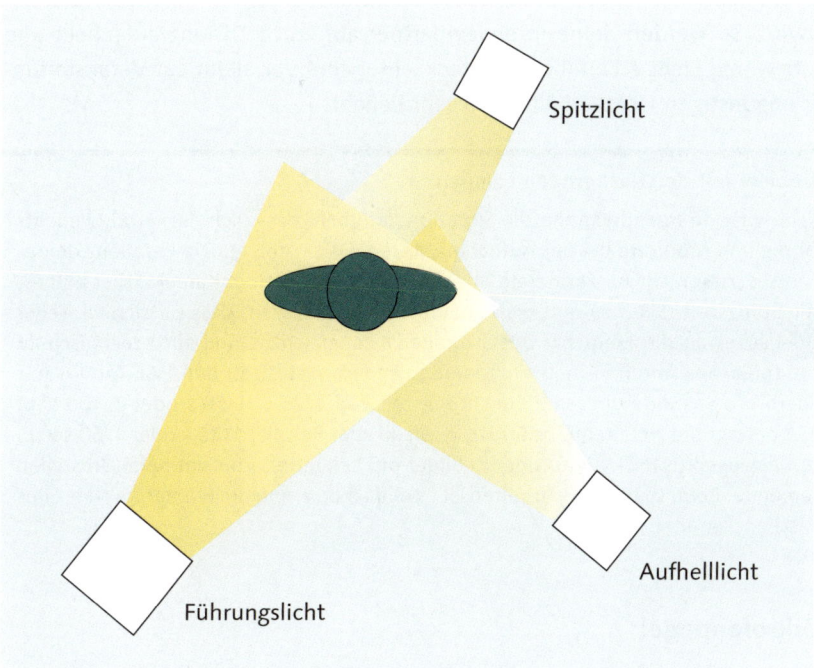

Abbildung 4.13 Für die Dreipunktbeleuchtung benötigst du drei Lichtquellen.

Sehr beliebt bei YouTubern sind Tageslichtscheinwerfer mit Softboxen, da sie günstig und leicht einzusetzen sind. Sie hellen mit sehr diffusem Licht die gesamte Szene auf. Dabei werden meist zwei gleich starke Softboxen verwendet, die jeweils frontal auf die Gesichtshälften der gefilmten Person scheinen. Der Hintergrund wird gleichzeitig mit ausgeleuchtet, und Schatten beispielsweise an Wänden hinter der Person werden weitestgehend vermieden. Es kann für den Anfang sinnvoll sein, mit dieser einfachen Ausleuchtung anzufangen und später auf eine aufwendigere Beleuchtung wie die Dreipunktbeleuchtung mit unterschiedlichen Lichtstärken zu wechseln.

LED-Scheinwerfer

Etwas teurer, aber ebenfalls sehr beliebt sind LED-Scheinwerfer. Sie kann man oft auch mit einem Akku betreiben, sodass du nicht auf eine Steckdose angewiesen bist. Außerdem lässt sich bei LED-Scheinwerfern die Lichttemperatur einstellen, was hilfreich ist, wenn du verschiedene Lichtquellen für Indoor und Outdoor miteinander kombinieren möchtest.

Für Interviews sowohl in Innenräumen als auch im Freien eignet sich für direkt vor der Kamera stehende Personen ein LED-Aufstecklicht, das auf der Kamera angebracht wird. So werden deine Interviewpartner auf kurze Distanz aufgehellt und sind trotz wenig Licht erkennbar. Aufstecklichter sind vor allem auf Veranstaltungen mit ungünstigen Lichtverhältnissen sehr beliebt.

Das Problem mit den flackernden Lampen

Vielleicht wirst du irgendwann in die Situation kommen, dass dich flackernde Leuchtstoffröhren und Monitore bei der Aufnahme stören. Das Problem: Die Frequenz deines Stromnetzes passt nicht zur Framerate oder Belichtungszeit deiner Kamera. Hier hilft es, die Belichtungszeit (*Shutter*) und die Framerate so anzupassen, dass sie sich als Teiler bzw. Vielfaches an die Frequenz des Stromnetzes angleicht. Ohne allzu technisch zu werden: In Europa und den meisten anderen Ländern wählst du den PAL-Modus mit 25 Bildern pro Sekunde und eine Belichtungszeit von 1/25 s, 1/50 s oder 1/100 s. In den USA beträgt die Netzfrequenz 60 Hz, weshalb zum Beispiel 1/30 s oder 1/60 s kein Flackern erzeugen (NTSC-Modus und 30 Bilder pro Sekunde). Vorsicht beim Umstellen der Framerate: Beim späteren Bearbeiten ist es einfacher, wenn die Framerate aller Clips gleich ist!

Der Mikrofonpegel

Bei jeder guten Tonaufnahme mit Mikrofonen muss der Tonpegel beobachtet werden. Die meisten Kameras und Aufnahmegeräte können den Ton automatisch pegeln. Das ist wichtig, damit er nicht übersteuert: Das äußert sich später auf der Aufnahme durch ein unangenehmes Kratschen oder Klicken.

In Situationen ohne zu starke Lautstärkeschwankungen ist der automatische Modus die stressfreie Variante. Schwankt jedoch die Lautstärke, wie zum Beispiel bei der Aufnahme eines Konzerts mit lauten und leisen Stellen, solltest du den Ton-pegel zuvor so einstellen, dass die lautesten Stellen nicht übersteuert werden. Wenn du eine solche Situation der Automatik überlässt, passt sie die leisen Passagen an die lauten an, und die Aufnahme gerät komplett durcheinander.

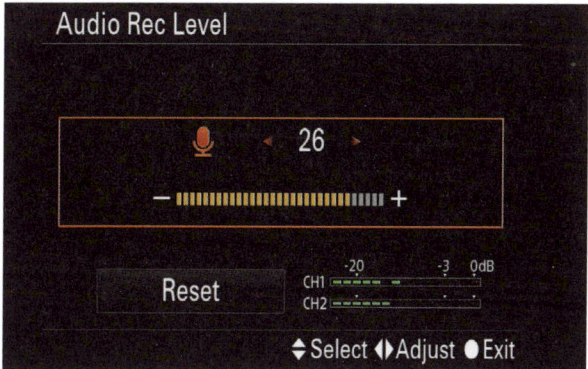

Abbildung 4.14 Wenn du ein externes Mikrofon an deiner Kamera verwendest, musst du auch im Kameramenü den Pegel kontrollieren, damit er nicht in den roten Bereich kommt.

Wie du den Pegel an deinem Gerät einstellst, findest du in der Betriebsanleitung deines Aufzeichnungsgeräts. Pegele den Ton so aus, dass der Pegel im lautesten Moment zwischen –6 dB und 0 dB bleibt. Er sollte auf keinen Fall über 0 dB hinausgehen.

Wenn du die Tonaufnahme und die Aussteuerung richtig beurteilen willst, solltest du Kopfhörer verwenden, die geschlossen sind – die also mit Ohrmuscheln dein Ohr abdecken. So kannst du dich auf die Aufnahme konzentrieren und wirst nicht von Störgeräuschen um dich herum beeinflusst.

Musik für deine Videos finden

Du möchtest einen Song von Lady Gaga oder einem anderen bekannten Künstler für deine Videos verwenden? Vorsicht, das ist nicht ohne Weiteres erlaubt, und du riskierst neben einer Sperre deines Accounts auch rechtliche Konsequenzen – erst recht, wenn du mit deinen Videos Geld verdienst. Stattdessen solltest du dich bei freier Musik umschauen. YouTube bietet zum Beispiel eine eigene Musikbibliothek an, deren Musik du bedenkenlos für deine Videos verwenden kannst. Du findest sie unter *youtube.com/audiolibrary/music*. Auch für andere Plattformen gibt es solche Angebote. Bei Facebook findest du die entsprechende Bibliothek unter der Bezeichnung »Facebook Sound Collection«.

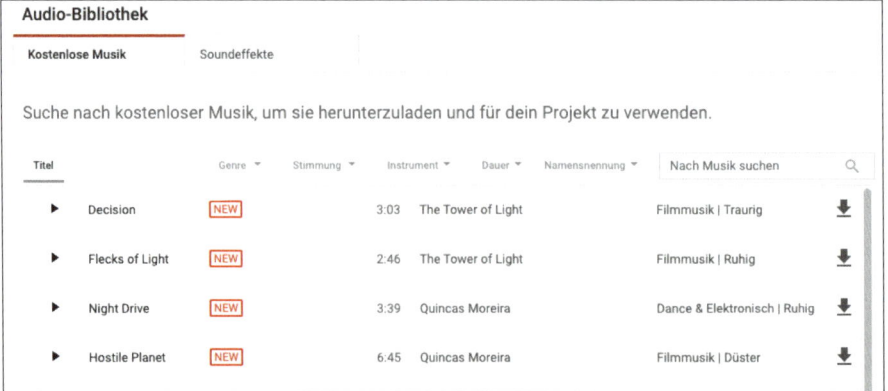

Abbildung 4.15 Musik aus der YouTube-Audiobibliothek kannst du bedenkenlos für Videos auf YouTube benutzen.

Wenn du bereits fortgeschritten bist, gibt es Musikdienste wie *Epidemic Sound* oder *Musicbed*. Bei ihnen kannst du aus umfangreichen Musikbibliotheken beliebig auswählen und für einen überschaubaren monatlichen Beitrag all deine Videos mit abwechslungsreicher Musik versehen.

Unsere Buchempfehlungen!

In diesem Kapitel können wir nur auf die wichtigsten Dinge eingehen, die du zum Filmen und Fotografieren benötigst, da wir sonst den Rahmen des Buches sprengen würden. Deshalb haben wir uns umgeschaut und möchten dir insbesondere fürs Filmen folgende Bücher empfehlen: In »Digital filmen« hat Jörg Jovy sehr umfassend zusammengefasst, was man alles beim Filmen wissen muss. In dem Buch »Videoeffekte« beschreibt Axel Rogge, Videocutter bei Pro7/Sat.1, raffinierte Schnitt- und Bearbeitungstechniken. Beide Bücher sind im Rheinwerk Verlag erschienen.

Wie müssen Fotos und Videos exportiert werden?

Wenn du deine Fotos und Videos fertig bearbeitet hast, musst du sie noch für die sozialen Netzwerke passend speichern. Dabei wirst du schnell vor der Frage stehen: In welchem Format sollte ich eigentlich speichern? Unsere Empfehlung: Speichere Fotos als JPG mit geringer Kompression, sodass die Bilder nicht an Details verlieren. Für Grafiken mit Schriften kann sich das Format PNG oft als ideal herausstellen, da viele sozialen Netzwerke hier die wenigsten Artefakte bei der Neuberechnung erzeugen.

Videos exportierst du in dem Format, in dem du sie bearbeitet hast (also z. B. HD oder 4K). Ein gutes Videoformat für soziale Netzwerke und YouTube ist H.264. In manchen Programmen wie Adobe Premiere kannst du Voreinstellungen auswählen, die für die Plattformen passen (siehe Abbildung 4.16).

Abbildung 4.16 In den Exporteinstellungen (hier Adobe Premiere Pro) kannst du optimierte Einstellungen für verschiedene Plattformen auswählen.

Wie kommen Bilder und Videos vom PC aufs Smartphone?

Du stehst vor der Aufgabe, Fotos und Videos von deinem Computer auf dein Smartphone zu übertragen, damit du sie von dort veröffentlichen kannst? Das kann schnell zur Herausforderung werden, wenn sich dein Smartphone je nach Betriebssystem nicht einfach so mit deinem Computer verbinden lässt. Da heißt es kreativ sein!

AirDrop

Apple-Geräte unterstützen per *AirDrop* den drahtlosen Austausch von Dateien zwischen zwei Apple-Geräten. Solange du also zum Beispiel von einem MacBook Bilder auf ein iPhone übertragen möchtest, kannst du das ganz einfach per AirDrop erledigen.

Dropbox und Cloud-Speicher

Dropbox und andere Cloud-Speicher sind ein einfacher Weg, Dateien mit verschiedenen Geräten zu synchronisieren. Dazu lädst du dir auf deinem Computer und deinem Smartphone die passende App herunter, legst dir einen Account an und speicherst deine Bilder und Videos auf dem Cloud-Speicher. Im Anschluss kannst du sie ganz einfach auf deinem Smartphone speichern.

5 Wie baust du dir eine treue Community auf?

Die Reichweite in einem sozialen Netzwerk ist die Voraussetzung, um als Influencer für Marken interessant zu sein. Wie kannst du dir also eine echte, treue und große Community aufbauen?

Die Tätigkeit des Influencers kommt einem Vollzeitjob gleich. Es nimmt sehr viel Zeit in Anspruch, regelmäßig Content zu produzieren und sich eine treue Community aufzubauen. Deshalb solltest du die nötige Motivation mitbringen und stets am Ball bleiben. Denn du wirst nicht von heute auf morgen zum Influencer, und es gibt auch kein Geheimrezept.

Viele Influencer sind auf mehreren Kanälen aktiv und veröffentlichen Inhalte zu Themen wie Fitness, Interieur oder Mode. Dabei teilen sie mit anderen Nutzern Momente ihres Alltags, kommunizieren ihre Meinung zu bestimmten Themen, stellen Produkte vor und sprechen Empfehlungen aus. Ihre Follower bauen auf diesem Wege eine Beziehung zu ihnen auf und vertrauen ihrer Meinung.

Aber wieso ist es so wichtig, eine Community zu haben, die hinter dir steht und mit deinem Content interagiert? Es ist kein Geheimnis, dass Marken und Unternehmen mit Influencern zusammenarbeiten, um ihre Produkte zu promoten und zu verkaufen. Deine Follower sind aber nur bereit, deinen Empfehlungen zu folgen, wenn sie dir vertrauen und deine Meinung schätzen.

Deshalb achten Unternehmen bei der Auswahl von Influencern genau darauf, wie aktiv deine Follower sind und wie hoch dementsprechend auch dein Einfluss innerhalb deiner Community ist.

Deshalb musst du sehr viel Zeit und Arbeit in deinen Content und die Beziehungspflege zu deinen Followern investieren, um eine treue Community aufzubauen und als Influencer erfolgreich werden zu können. Obwohl die Reichweite, Engagements und Reposts natürlich auch von verschiedenen Dynamiken und Algorithmen der Plattformen abhängen, die kaum beeinflusst werden können, gibt es Tipps und Tricks, die du beachten und befolgen kannst, um deinem Ziel näher zu kommen.

5.1   Bleib du selbst

Influencer zu sein, ist nicht nur ein Hobby oder ein Beruf, sondern erfordert echte Leidenschaft. Deshalb solltest du dir im Vorfeld genau überlegen, wofür du brennst und welche Inhalte du teilen möchtest. Denn nur dann kannst du wirklich authentisch auftreten und auch andere für dich und deine Inhalte begeistern! Bleibe dir also selbst treu, und verstelle dich nicht, um anderen zu gefallen. Denn früher oder später fällt das auf!

Wenn also Make-up-Tutorials aktuell superangesagt sind und große Aufmerksamkeit erhalten, du aber viel lieber DIY-Inspirationen teilst, dann bleib deiner Linie auch treu. Denn deine ehrliche Motivation und Leidenschaft werden immer das A und O für deinen Social-Media-Erfolg sein. Wenn du nur Content lieferst, der gut auf Social Media ankommt, dich selbst aber gar nicht begeistert, werden das deine Abonnenten merken und dich früher oder später entfolgen. Denn wie sollst du andere Menschen begeistern und inspirieren, wenn du selbst nicht dahinterstehst?

Deine Abonnenten möchten dich so kennenlernen, wie du wirklich bist. Dabei reicht es nicht aus, wenn sie dich auf Fotos erkennen. Nein – sie wollen deine Geschichte erfahren! Deshalb ist es auch wichtig, nicht nur die schönen Momente und tollen Erlebnisse zu teilen – so sieht das Leben schließlich nicht immer aus! Auch dir passieren sicher mal Missgeschicke, und du erlebst schlechte Tage. Es ist wichtig, diese auch mit deiner Community zu teilen. Sei nahbar und echt – nur so können sich andere mit dir identifizieren!

Dabei wirst du wie in der Offline-Welt bestimmt auch mal Personen begegnen, die dich nicht mögen. Aber das ist nicht so wichtig, denn die, die dir folgen, mögen dich dafür umso mehr und sind echte Fans. In guten wie in schlechten Zeiten! Selbst wenn die Konkurrenz nicht schläft, hast du eine wahre Chance! Glaube an dich, stich aus der Masse heraus und verfolge stets dein Ziel.

5.2   Finde deinen eigenen Stil

Während auf Instagram früher spontane Shots veröffentlicht wurden, stehen mittlerweile die Ästhetik und Inszenierung häufig im Vordergrund. Dabei ist es nützlich, nicht nur auf die Bildsprache einzelner Fotos zu achten, sondern eine Harmonie innerhalb des gesamten Feeds zu schaffen. Das ist beispielsweise durch die Nutzung desselben Filters bei der Bearbeitung aller Bilder möglich. Wie so ein harmonisch gestalteter Feed aussehen kann, erkennst du am Profil von @*anajohnson* (siehe Abbildung 5.1) sehr gut.

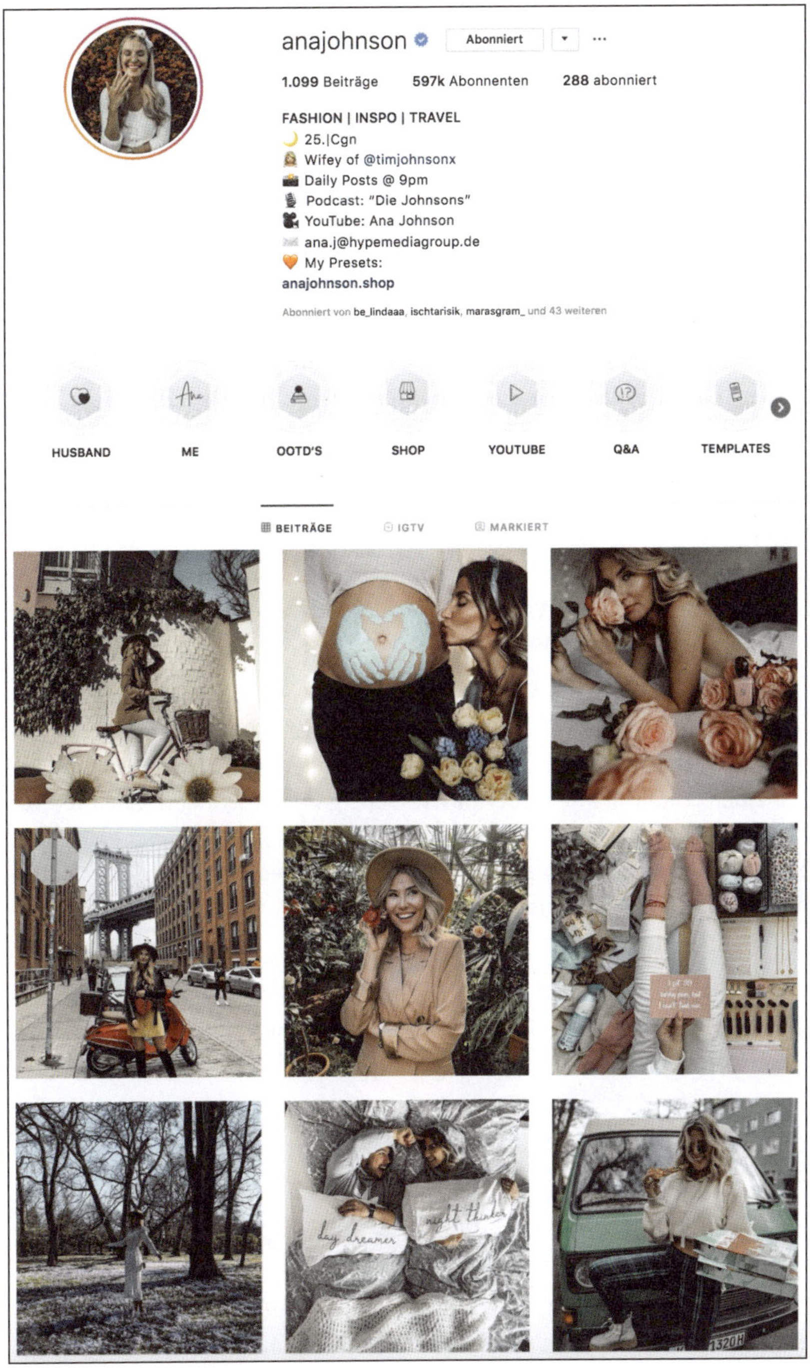

anajohnson ✓   Abonniert ▼ •••

1.099 Beiträge   **597k** Abonnenten   **288** abonniert

FASHION | INSPO | TRAVEL
🌙 25.|Cgn
💁 Wifey of @timjohnsonx
🎒 Daily Posts @ 9pm
🎙 Podcast: "Die Johnsons"
📹 YouTube: Ana Johnson
✉️ ana.j@hypemediagroup.de
🧡 My Presets:
anajohnson.shop

Abonniert von **be_lindaaa**, **ischtarisik**, **marasgram_** und 43 weiteren

| HUSBAND | ME | OOTD'S | SHOP | YOUTUBE | Q&A | TEMPLATES |

⊞ BEITRÄGE   IGTV   MARKIERT

Abbildung 5.1 Instagram-Feed am Beispiel von @anajohnson
(*https://www.instagram.com/anajohnson/*)

113

Filter für die Bearbeitung deiner Bilder findest du auf Instagram, aber auch in anderen Apps wie VSCO oder *Snapseed*. Alternativ kannst du dir aber mit der App *Lightroom CC* auch deinen ganz eigenen Filter erstellen. So werden deine Bilder wirklich individuell! Mit Apps wie *Planoly* und *UNUM* kannst du zudem deinen Feed planen und optimieren, um bereits im Vorfeld zu sehen, wie deine Postings miteinander harmonieren.

Ähnlich verhält es sich auch auf YouTube, Blogs und anderen Plattformen. Deshalb solltest du ein einheitliches Schema bei der Erstellung von Video-Thumbnails verfolgen, deine Blogbeiträge ähnlich gestalten sowie die Bilder bearbeiten.

Diese visuelle Einheitlichkeit und Harmonie solltest du auch bei der Themenauswahl berücksichtigen, sodass deine Abonnenten wissen, was sie auf deinem Profil erwarten können. Du musst deinen ganz eigenen Stil entwickeln und dabei einem roten Faden folgen, um eine treue und engagierte Community aufbauen zu können, die ähnliche Interessen verfolgt wie du. Sie identifizieren sich mit dir, bauen eine Bindung zu dir auf und schätzen dich für deine Art und Weise und auch deinen Content. Wenn du jeden Tag etwas Neues ausprobierst, könntest du deine Abonnenten schnell abschrecken. Sie wissen nicht mehr, was sie auf deinem Kanal erwartet, und verlieren somit das Interesse.

Gerade am Anfang deiner Social-Media-Karriere kannst du dich natürlich ausprobieren und schauen, womit du dich wohlfühlst und was bei deiner Community gut ankommt. Aber nach einiger Zeit solltest du dich für einen Stil entscheiden und diesem treu bleiben. Damit ist nicht nur das Visuelle gemeint, sondern auch die Art und Weise, wie du mit deiner Community sprichst, die Themen, mit denen du dich beschäftigst, wie du deinen Content aufbereitest (vor allem inhaltlich, aber natürlich auch visuell) und so vieles mehr.

Das heißt natürlich nicht, dass du nie wieder etwas Neues versuchen oder dich weiterentwickeln darfst. Das solltest du aber keinesfalls nur machen, um einem aktuellen Trend hinterherzujagen, oder wenn du eigentlich kein Interesse daran hast, sondern nur, wenn dir wirklich danach ist.

5.3   Sei auf verschiedenen Plattformen präsent

Gerade zu Beginn solltest du dich vielleicht erst mal nur auf ein Medium konzentrieren und fokussiert arbeiten, sodass du innerhalb dessen eine Community aufbauen kannst. Möchtest du einen YouTube-Channel starten, auf Instagram aktiv sein oder einen eigenen Blog ins Leben rufen? Wie du siehst, sind die Möglichkeiten und Plattformen vielfältig. Aber du willst nicht, dass deine Qualität unter einer Omnipräsenz auf allen Plattformen leidet und du dich selbst damit überforderst.

Dennoch solltest du bereits zu Beginn neben deiner priorisierten Plattform auch auf den anderen Plattformen ein Profil anlegen, um hier den Platz deines Social-Media-Pseudonyms belegen zu können. Schließlich solltest du, sobald du deine ersten Erfahrungen sammeln und dir eine Community aufbauen konntest, auch die anderen sozialen Medien nutzen und diese sinnvoll bespielen. Das erfordert natürlich sehr viel mehr Arbeit, da jedes Netzwerk anders funktioniert und anderen Content benötigt. Dadurch kannst du aber deine persönliche Marke festigen und eine plattformübergreifende Community aufbauen. Zudem kann es im Laufe der Zeit auch passieren, dass ein soziales Netzwerk irgendwann an Relevanz verliert. Solltest du dir deine gesamte Präsenz nur auf einer einzigen Plattform aufbauen, würdest du in so einem Fall alles verlieren.

Im Internet verändert sich alles sehr schnell. Funktionen, die du heute auf Instagram kennst, gibt es vielleicht morgen in dieser Form nicht mehr. Und auch Instagram selbst könnte morgen oder übermorgen vielleicht nicht mehr die Plattform sein, auf der all deine Follower jeden Tag aktiv sind. Stattdessen gibt es vielleicht eine andere App wie TikTok oder etwas ganz Neues, von dem wir heute noch gar nichts wissen. Damit du deine Follower am besten erreichen kannst, sei also auf mehreren Plattformen aktiv.

Wie kannst du deine Community am besten auf mehreren Plattformen mitnehmen? Veröffentliche auf Instagram beispielsweise Ausschnitte aus deinen TikTok-Videos, und kündige dein neues YouTube-Video, deinen neuen Blog-Post oder die neue Podcast-Folge an – so weckst du das Interesse deiner Community. Abrunden kannst du das Ganze mit entsprechenden Verlinkungen zu deinen jeweils anderen Social-Media-Channels. Genauso kannst du auch in deinen Videos auf YouTube, in deiner Podcast-Folge oder im Blog-Beitrag auf dein Instagram-Profil oder auf deine anderen Kanäle verweisen. Dabei sollten deine Abonnenten auf jeder Plattform natürlich einen neuen Inhalt erhalten. Sie möchten etwas sehen oder hören, was sie nicht bereits von deinem anderen Profil kennen. Liefere ihnen also einen Grund, dir auf allen vorhandenen Kanälen zu folgen. So kannst du deine Geschichten über mehrere Plattformen hinweg erzählen und deine Follower noch besser an dich binden: Sie erhalten von dir und deiner Persönlichkeit ein großes Gesamtbild, das sie an mehreren Orten im Netz aufnehmen.

Um als Influencer langfristig Erfolg haben zu können, musst du dich zudem immer über die aktuellsten Änderungen der Plattformen informieren, auf denen du aktiv vertreten bist. Dabei solltest du immer im Blick haben, was aus strategischen Gründen wichtig ist, um dich weiterentwickeln und vorankommen zu können. Dabei solltest du vor allem bei der Nutzung neuer Formate ein Vorreiter sein, um aus der Masse herausstechen und deine Sichtbarkeit steigern zu können. Lasse deiner Kreativität also freien Lauf, sei aktiv, und verschaffe dir einen Vorteil!

> **Zwing dich nicht!**
>
> Du musst nicht auf jeder Plattform im Netz aktiv sein. Mal ganz abgesehen davon, dass es eine Menge Arbeit macht, YouTube, Instagram, Facebook, Twitter, TikTok, Snapchat und Co. gleichzeitig zu bespielen, passt vielleicht auch gar nicht jede Plattform so gut zu dir und deiner Zielgruppe. Auf Facebook sind zum Beispiel nur sehr wenige junge Menschen aktiv, während die Nutzer auf TikTok nur sehr selten über 18 Jahre alt sind. Es reicht, wenn du dir zwei oder maximal drei Plattformen aussuchst und diese mit wirklich guten Inhalten bespielst. Dir fällt es schwer, Inhalte für eine Plattform zu erstellen, oder deine Zielgruppe ist dort kaum aktiv? Dann konzentriere dich besser auf eine andere!

5.4   Interagiere mit deiner Community

Um eine Community aufbauen und andere Nutzer für dich gewinnen zu können, ist es am wichtigsten und effektivsten, mit ihnen zu interagieren – so oft es geht. Das ist ein echter Fulltime-Job! Begegne ihnen dabei offen und nahbar, um eine Beziehung aufzubauen.

Um diese Beziehung regelmäßig zu pflegen, solltest du auf Nachrichten und Kommentare antworten sowie Herzchen verteilen. Zeige deinen Abonnenten, dass du sie wahrnimmst und für ihren Zuspruch dankbar bist.

Besonders groß ist die Freude, wenn du auch die Profile deiner Abonnenten besuchst und ihnen Likes und Kommentare hinterlässt. So zeigst du ihnen deine Wertschätzung und kannst ihnen auch etwas davon zurückgeben, was sie dir täglich geben. Manchmal kommt es sogar vor, dass Personen die Kommentare und Likes ihrer liebsten Influencer in ihrer eigenen Instagram-Story reposten.

Natürlich ist diese Art der Interaktion auf Instagram leichter als beispielsweise auf YouTube oder wenn du einen eigenen Podcast betreibst. Aber auch hier kannst du innerhalb deiner Videos oder Aufnahmen die Reaktionen deiner Zuschauer und Zuhörer aufgreifen, darauf reagieren sowie etwaige Fragen beantworten. Hierzu bieten sich zum Beispiel Q&A-Formate an (siehe Abbildung 5.2), die du auf fast allen Plattformen umsetzen kannst. Diese kannst du dann auch nutzen, um sehr häufig gestellte Fragen zu beantworten. Dann musst du auch nicht immer auf jede Frage einzeln eingehen, da das häufig sehr viel Zeit in Anspruch nehmen würde.

Vermittle deinen Abonnenten, dass es sich lohnt, dir zu folgen, indem du ihnen deinen Rat vermittelst und weil sie sich auf dich verlassen können – sei nahbar und ehrlich! Schließlich folgen dir viele Abonnenten schon über einen sehr langen Zeitraum und supporten dich. Das solltest du nicht vergessen! Sobald du dir also eine Community aufbauen konntest, solltest du diese auch aufrechterhalten und weiter darauf aufbauen. Denn Achtung – Abonnenten bleiben nicht ewig! Vielmehr musst du ihnen dauerhaft etwas bieten und ihnen einen Grund geben, dir zu folgen. Deshalb musst du eine echte Beziehung zu ihnen aufbauen, und das auch außerhalb der sozialen Netzwerke.

Abbildung 5.2 Q&A-Video von Barbara und Hendrik (*https://www.youtube.com/watch ?v=xTFL4TCCVTo*)

5.5   Frage deine Community, was sie interessiert

Um für deine Community spannenden Content produzieren zu können, solltest du sie direkt fragen, was sie interessiert und welche Inhalte sie sich wünschen. Wenn du deine Abonnenten verstehst, kannst du dein Profil viel besser darauf abstimmen. Es ist wichtig, sie an deinem Content zu beteiligen, sodass sie sich einbezogen fühlen und merken, dass du auf sie eingehst.

Auf Instagram kannst du dies über den Abstimmungs-Sticker in einer Story machen. Lasse deine Follower zum Beispiel auf die Frage »Was siehst du lieber auf meinem Profil?« zwischen »Flatlay« und »Selfie«, »Fitness« oder »Fashion« und anderen Varianten auswählen. Die Antwortmöglichkeiten solltest du natürlich abhängig von deinem bisherigen Content auswählen, sodass du aus den Antworten auch wirklich Rückschlüsse für dein Profil ziehen kannst.

Deine Fragen müssen jedoch nicht nur inhaltlicher Natur sein, sondern können sich auch auf die Organisation deiner Kanäle beziehen. @*snukieful* hat sich über den Abstimmungs-Sticker (siehe Abbildung 5.3) erkundigt, ob ihre Abonnenten eher feste Upload-Tage auf ihrem YouTube-Channel bevorzugen oder lieber überrascht werden wollen. So eine Umfrage kannst du aber auch zum Beispiel innerhalb eines YouTube-Videos in der Infokarte oder durch den Community-Tab erstellen. Im Podcast kannst du deine Zuhörer dagegen dazu motivieren, dir eine Mail zu senden. Das Ergebnis so einer Abstimmung kann dir dann wiederum bei der Erstellung eines Redaktionsplans behilflich sein und gibt dir Feedback über die Wünsche deiner Community. Wie du so einen Redaktionsplan aufsetzen kannst, zeigen wir dir in Kapitel 3, »Aller Anfang fällt schwer: Womit beginnst du?«.

Abbildung 5.3 Abstimmung am Beispiel einer Story von @snukieful
(*https://www.instagram.com/snukieful/*)

Wenn sich ein »Entweder-oder« über den Abstimmungs-Tab nicht anbietet, kannst du aber auch den Umfrage-Sticker nutzen. Hier bietet sich eine etwas offenere Frage wie zum Beispiel »Welche Inhalte interessieren euch?« oder »Über welche Themen soll ich sprechen?« wie in Abbildung 5.4 eher an. Dabei können deine Abonnenten ihre individuellen Wünsche an dich kommunizieren und müssen sich nicht an die vorgegebenen Antwortmöglichkeiten halten.

Abbildung 5.4 Umfrage am Beispiel einer Story von @carmushka
(*https://www.instagram.com/carmushka/*)

Aber auch innerhalb eines Instagram-Posts oder YouTube-Videos kannst du deine Follower dazu aufrufen, dir in den Kommentaren Feedback zu geben, welche Inhalte sie sich wünschen. Somit kannst du nicht nur deine Engagements steigern, sondern erhältst gleichzeitig auch die Möglichkeit, deine Community besser kennenzulernen. Alternativ können sie dir natürlich aber auch private Nachrichten schreiben.

5.6 Veröffentliche regelmäßig Content

Um deine Reichweite steigern zu können, ist es sehr wichtig, regelmäßig neue Inhalte zu veröffentlichen. Denn nur durch eine ständige Präsenz in den sozialen Medien und die Einhaltung eines Content-Flows kannst du deine Community erreichen und diese weiter aufbauen. Wenn du hingegen nur selten neuen Content produzierst, werden sich deine Abonnenten allmählich zurückziehen, da sie keine neuen Inhalte von dir erhalten.

Wie aktiv du sein musst und in welchen Abständen du neue Inhalte veröffentlichen solltest, hängt natürlich von der jeweiligen Plattform ab, auf der du deine Community pflegst, aber auch von der Zielgruppe, die du erreichen möchtest. Tendenziell sind jüngere Social-Media-Nutzer deutlich häufiger online, sodass du mehr Content liefern solltest, um nicht in Vergessenheit zu geraten. Eine erwachsenere Community ist dagegen tendenziell etwas seltener online.

Inwieweit du diesen Content-Flow wirklich umsetzen kannst, hängt sicherlich auch vom Thema deines Profils und deinen persönlichen Lebensumständen ab. Schließlich ist es neben einem Vollzeitjob nicht so einfach, so eine hohe Frequenz beizubehalten. In so einem Fall macht es auf jeden Fall Sinn, deine Wochenenden für die Content-Produktion zu nutzen. Wenn du dich aber komplett auf deine Influencer-Karriere konzentrieren kannst, bist du deutlich flexibler und kannst hierfür vermutlich sehr viel mehr Zeit investieren. Wie du die Planung für deine Profile mithilfe eines Content-Plans am besten umsetzen kannst, verraten wir dir in Kapitel 3, »Aller Anfang fällt schwer: Womit beginnst du?«. So bist du optimal organisiert und kannst stetig am Aufbau deiner Community arbeiten.

Neben den Inhalten, die du vorproduzierst, da sie beispielsweise aufwendiger sind und mehr Zeit für die Postproduktion in Anspruch nehmen, kannst du auf YouTube, Facebook und Instagram die Stories optimal nutzen, um regelmäßig mit deinen Abonnenten zu kommunizieren und somit ständig mit ihnen in Kontakt zu bleiben. Da die Stories nicht hochwertig produziert werden müssen, nehmen sie nicht so viel Zeit in Anspruch – dementsprechend kannst du mit ihnen auch etwas spontaner umgehen.

5.7   Qualität statt Quantität

Trotz der nötigen Regelmäßigkeit deines Contents solltest du deine Community natürlich nicht zuspammen. Wenn du nichts zu sagen hast, dann veröffentliche keine inhaltslosen Beiträge, nur um etwas zu posten. Schließlich ist die Qualität deines Contents wichtiger als die Quantität. Schließlich möchtest du deine Abonnenten nicht abschrecken, sondern ihnen hochwertigen Content liefern.

Du hast nicht genügend Zeit, um deine Videos so zu schneiden, wie du es gerne würdest? Dir fallen keine Themen mehr ein, über die du reden möchtest? Du kommst nicht mehr hinterher, Bilder für Instagram zu produzieren, und entscheidest dich deshalb für Fotos, die du eigentlich nicht veröffentlichen wolltest? Deine TikTok-Videos entsprechen nicht den Ansprüchen, die du an dich selbst hast? Dann ist jetzt vielleicht der Punkt gekommen, an dem du deine Upload-Frequenz reduzieren und dir im Gegenzug etwas mehr Zeit für die Produktion und deine Kreativität nehmen solltest. Sonst wächst der Druck für dich nur immer weiter, und das führt wiederum zu Unzufriedenheit.

Aufgrund dessen hat sich beispielsweise auch das YouTube-Pärchen Marie und Alex vom Kanal *Manda* dazu entschlossen, die Uploads auf ihrem Kanal zu verringern. In einem Video (siehe Abbildung 5.5) erzählen sie, dass sie zukünftig lieber seltener Videos veröffentlichen und sich dafür mehr Zeit für die Produktion und den Schnitt nehmen möchten, um ihren Zuschauern ansprechendere und interessantere Videos zu bieten. Auf der anderen Seite möchten sich die beiden aber auch selbst etwas mehr Zeit nehmen, um sich weiterzuentwickeln, andere Projekte zu verfolgen und etwas mehr Freizeit zu haben.

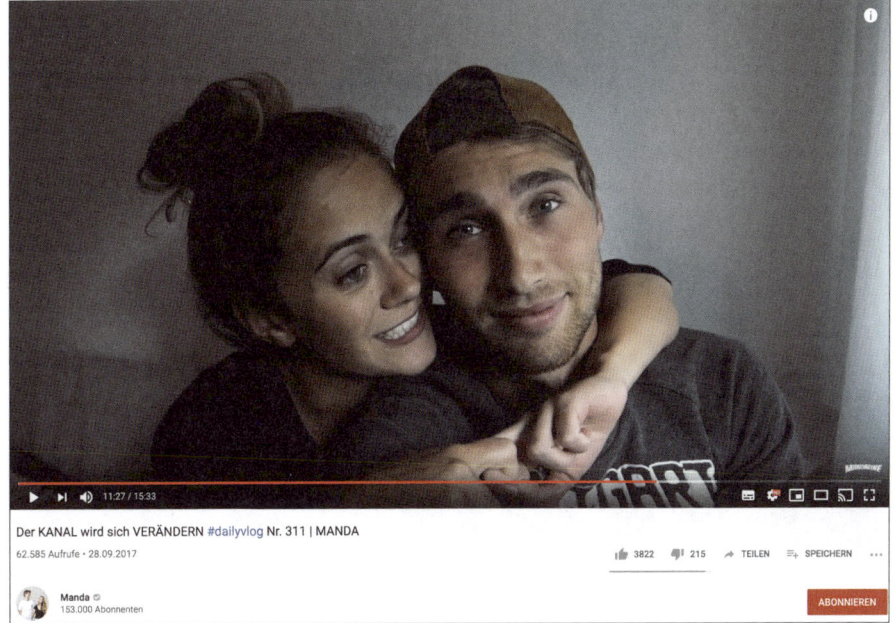

Abbildung 5.5 Manda kündigt an, den Video-Upload zu reduzieren.
(*https://www.youtube.com/watch?v=NihhNc4Vl84*)

Um deine Abonnenten an dich zu binden, solltest du ihnen einen Mehrwert bieten. Versorge sie regelmäßig mit nützlichen und wertvollen Informationen, und gib ihnen einen Grund, dir zu folgen. Um welche Inhalte es sich hier handelt, spielt keine Rolle – das bleibt dir überlassen! Damit kannst du dich aber als digitale Stimme deiner Community etablieren, auf die die Follower gerne zurückgreifen, weil sie vertrauenswürdig, verlässlich und hilfreich ist. Dadurch kannst du auch die Wahrscheinlichkeit erhöhen, dass deine Follower dein Profil ihren Freunden und Familienmitgliedern empfehlen und du somit deine Community vergrößern kannst.

Warum sollten andere dein Profil abonnieren? Was macht dein Profil aus? Welchen Mehrwert kannst du bieten? Ein Grund hierfür könnte beispielsweise sein, dass du dich in einem bestimmten Bereich sehr gut auskennst und dein Wissen und deine Erfahrung auf Social Media teilst. Deswegen sollte dein Content die höchste Priorität haben, wenn es um den Aufbau einer treuen und aktiven Community geht.

Tipp: Etabliere ein eigenes Format

Um deine Community an dich zu binden, bietet es sich an, ein eigenes Format auf deinem Profil zu etablieren. *Ana Johnson* hat beispielsweise auf ihrem Instagram-Kanal das Format *#FunFactFriday* ins Leben gerufen (siehe Abbildung 5.6). Dabei stellt sie ihren Followern (fast) jeden Freitag eine Frage zu einem Fakt über sie, deren Antwort ihre Abonnenten innerhalb der Post-Kommentare erraten können. Die Person, die die richtige Antwort am schnellsten errät, erhält dann in den kommenden Tagen ein Shoutout in ihrer Story. Der Vorteil an diesem Format ist, dass ihre Abonnenten, die dieses Format mittlerweile kennen, jeden Freitag ihr Profil besuchen, um die Antwort zu erraten – somit kann sie nicht nur die Profilaufrufe sowie die Reichweite ihres Postings enorm steigern, sondern auch die Interaktionen zu dem Post. Das beeinflusst wiederum den Algorithmus positiv.

Abbildung 5.6 #FunFactFriday-Posting von @anajohnson (*https://www.instagram.com/p/B3fTFqGlpk2/*)

5.8   Setze Hashtags richtig ein

Hashtags können genutzt werden, um die Reichweite zu steigern und Aufmerksamkeit zu generieren, da anhand der Hashtags nach inhaltlich passenden Beiträgen gesucht werden kann. Mithilfe von Hashtags können Bilder kategorisiert werden, sodass andere Nutzer sie über die Suche finden. Somit helfen sie dir dabei, von neuen Nutzern entdeckt zu werden. Hashtags sind vor allem von Instagram und Co. bekannt, aber mittlerweile kannst du auch auf YouTube Hashtags nutzen. Dabei werden die Hashtags in den Titel oder die Beschreibung eingebunden. Sobald man dann auf das Hashtag klickt, werden weitere Videos, welche mit demselben Hashtag versehen wurden, angezeigt.

Auf Instagram können die Hashtags im Beschreibungstext eines Postings oder auch innerhalb einer Story eingefügt werden und sind stets sichtbar. Bei sehr generischen Hashtags wie *#foodporn*, die dementsprechend häufig verwendet werden, besteht die Gefahr, dass der eigene Beitrag in der Masse untergeht. Deshalb solltest du deine Hashtags sehr genau auswählen und darauf achten, dass sie möglichst spezifisch und individuell sind. In den Stories solltest du im Vergleich zu Postings sehr viel sparsamer mit Hashtags umgehen, da hier die Geschichte im Vordergrund stehen sollte.

Wenn du deutschsprachigen Content veröffentlichst, solltest du dir auch überlegen, inwiefern es sinnvoll ist, englische Hashtags zu nutzen. Natürlich ist die Zielgruppe, die du damit erreichen kannst, sehr viel größer – aber können diese Nutzer deinen Content überhaupt verstehen? Vielleicht solltest du deshalb bevorzugt auf deutsche Hashtags setzen, um deine deutsche Community zu erweitern.

Insbesondere wenn du noch am Anfang stehst, sind Hashtags nützlich, um Reichweite zu generieren. Sobald du dir schon eine Community aufbauen konntest, solltest du etwas sparsamer mit ihnen umgehen, da sie sonst schnell wie Spam wirken könnten. Bei der Auswahl der Hashtags solltest du immer darauf achten, dass sie auch thematisch zu deinem Beitrag passen.

Aber wie findest du die richtigen Hashtags zu deinem Content? Eine Möglichkeit der Recherche ist die Plattform Instagram selbst. Wenn du ein Hashtag eingibst, kannst du dir weitere Vorschläge zu verwandten Hashtags ansehen, die du gegebenenfalls übernehmen kannst (siehe Abbildung 5.7).

Daneben gibt es aber auch externe Webseiten und Apps, die dich bei der Suche nach geeigneten Hashtags unterstützen. Hier solltest du aber auch darauf achten, dass du nicht gleich alle vorgeschlagenen Hashtags kopierst und zu deinem Posting hinzufügst. Überlege dir stattdessen genau, was wirklich passt und am besten nicht zu generisch ist – schließlich möchtest du mithilfe passender Hashtags gefunden werden und nicht in der Masse von Postings untergehen.

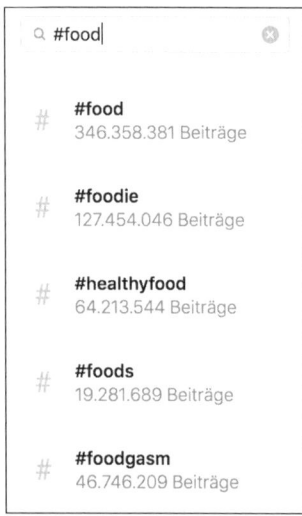

Abbildung 5.7 Hashtag-Suche auf Instagram

Gibt es Influencer, die dich inspirieren und ähnlichen Content wie du veröffentlichen? Dann nutze doch ihr Community-Hashtag, um dich mit gleichdenkenden Personen zu vernetzen und darüber auch deine eigene Community aufzubauen.

Um dein Community-Building zu stärken, solltest du dir nach einiger Zeit auch überlegen, dein eigenes Hashtag zu etablieren. Das kann beispielsweise dein Profilname sein oder ein anderer Begriff, der dich auszeichnet. Achte bei der Wahl deines eigenen Community-Hashtags darauf, dass dieser sehr individuell und somit auf dich zurückzuführen ist. Wenn es zu allgemein ist, wird es schwierig, unter diesem Hashtag einen Austausch zu erzeugen.

Die Hashtags von @carmushka sind ein gutes Beispiel, das dir zeigt, wie das Community-Building mithilfe von Hashtags funktionieren kann (siehe Abbildung 5.8). Das am meisten verwendete Hashtag ist #carmushka, unter dem nicht nur sie selbst ihre Postings veröffentlicht, sondern auch ihre Abonnenten. Das Hashtag #carmushkapresets verwenden ihre Abonnenten dagegen, um Bilder zu veröffentlichen, die sie mit den Presets von Carmushka bearbeitet haben. Einen Anreiz dafür bietet die Influencerin, indem sie ausgewählte Postings in ihrer Story repostet. Hashtags wie zum Beispiel #carmushkaköln und #carmushkahamburg nutzen ihre Follower zudem, um sich miteinander zu vernetzen, Gleichgesinnte zu finden und in vielen Fällen sogar Freundschaften zu schließen. Wenn du so etwas schaffst, ist das super! Denn das stärkt den Zusammenhalt deiner Community und deren Bindung zu dir.

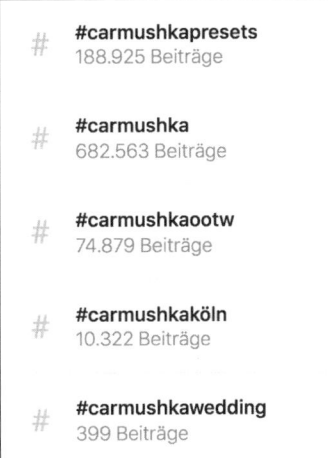

Abbildung 5.8 Hashtags von Carmushka

5.9   Geotagging: Lokalisiere deine Posts

Um deine Reichweite auf Instagram zu steigern, ist es empfehlenswert, Geotagging für deinen Content vorzunehmen, da die Nutzer nach Orten suchen können und dabei deine Stories und Postings entsprechend ausgespielt werden. Durch das Geotagging können Personen, die sich ebenfalls in der Nähe befinden oder nach dem von dir angegebenen Ort suchen, auf dein Posting und somit auch auf dein Profil aufmerksam werden.

Bei der Vorbereitung eines Instagram-Postings kannst du einen Ort angeben, an dem das Bild entstanden ist. Diese Ortsmarkierung wird dann innerhalb des Postings (siehe Abbildung 5.9) angezeigt. Unter der jeweiligen Ortsangabe werden alle veröffentlichten Beiträge gesammelt, die mit diesem Standort getaggt wurden.

Sobald andere Nutzer sich Beiträge zu diesem jeweiligen Standort ansehen, finden sie auch dein Posting. Dadurch kannst du die Reichweite deines Postings erhöhen, indem du neue Personen erreichst, die dich auf einem anderen Weg nicht gefunden hätten. Zudem kannst du durch die größere Reichweite auch weitere Reaktionen zu deinem Content generieren sowie deine Profilaufrufe und Abonnenten steigern.

Eine Studie von *Simply Measured* konnte beispielsweise zeigen, dass Beiträge mit Standortmarkierung durchschnittlich 80 Prozent mehr Engagements erzielen als Beiträge ohne Ortsangabe. Deshalb macht es durchaus Sinn, deinen aktuellen Standort oder den Standort, an dem dein jeweiliger Beitrag aufgenommen wurde, zu taggen.

Abbildung 5.9 Geotagging in einem Posting von @madametamtaaam
(*https://www.instagram.com/p/BuMba-sHkBM/*)

5.10   Gewinnspiele, Verlosungen, Giveaways und Ähnliches

Mit Gewinnspielen, Verlosungen, Giveaways und ähnlichen Maßnahmen kannst du sehr effektiv Interaktionen in Form von Likes und Kommentaren erzielen und neue Abonnenten gewinnen. Ob du das Angebot selbst planst oder zusammen mit einem Kooperationspartner, bleibt dir überlassen. Dabei solltest du aber stets die Richtlinien der jeweiligen Plattform und die gesetzlichen Anforderungen beachten und entsprechend umsetzen (mehr dazu in Kapitel 10, »Was musst du rechtlich beachten?«).

Zu den Teilnahmebedingungen und Mechanismen des Gewinnspiels kann beispielsweise gehören, dass die Teilnehmer deinen Beitrag liken, darunter einen oder mehrere Freunde verlinken und/oder deinen Beitrag reposten sowie Abonnent deines Profils sein müssen. Die Bedingungen kannst du flexibel oder in Absprache mit dem Kooperationspartner festlegen und solltest du deinen Abonnenten entsprechend klar kommunizieren. Achte hierbei darauf, Missverständnisse zu vermeiden, da dies sonst schnell zu Unzufriedenheit und Enttäuschung führen kann.

Die Teilnahmebedingungen kannst du je nach Plattform entweder direkt in deiner Caption, Infobox oder den Show-Notes vermerken oder hierfür eine eigene Landingpage anlegen und diese verlinken. In dem Beispiel von @*tobiaswolf* (siehe Abbildung 5.10) wurden die Teilnahmebedingungen von dem Kooperationspartner auf einer separaten Landingpage veröffentlicht. Den Link dazu fügte Tobias in der Caption ein, sodass seine Follower diese nachlesen und entsprechend an dem Gewinnspiel teilnehmen konnten.

Abbildung 5.10 Gewinnspiel am Beispiel von @tobiaswolf und Dr. Best
(*https://www.instagram.com/p/BglXrBZBkFN/*)

Auch wenn sich deine Abonnenten natürlich über Gewinne freuen, solltest du darauf achten, dass die Giveaways zu deinem Content passen und hier ein sinnvoller Zusammenhang besteht. Schließlich möchtest du durch das Gewinnspiel Personen auf dich aufmerksam machen, die dich nicht nur wegen des Gewinnspiels abonnieren, sondern dir im besten Fall auch noch danach als Abonnent erhalten bleiben.

Um deine Authentizität beibehalten zu können, solltest du auch vermeiden, jede Woche eine neue Verlosung anzubieten. Einmal im Monat sollte bei Gewinnspielen, Giveaways und Verlosungen das höchste der Gefühle sein – sonst kann es für deine Abonnenten schnell wie Spam wirken.

In der Vorweihnachtszeit kannst du die Häufigkeit etwas anheben, da in dieser Zeit die Akzeptanz deiner Abonnenten sehr wahrscheinlich etwas größer ist. Viele Influencer planen für den Dezember beispielsweise einen eigenen Adventskalender, im Rahmen dessen sie jeden Tag oder an jedem Advent eine Verlosung auf ihren Kanälen anbieten. Wie so ein Adventskalender auf Instagram aussehen kann, siehst du in Abbildung 5.11. Die Influencerin Ana Johnson verlost in diesem Posting in Zusammenarbeit mit Urlaubsguru einen Reisegutschein in Höhe von 1.300 € als Dankeschön für die tägliche Unterstützung ihrer Abonnenten.

Abbildung 5.11 Adventskalender von @anajohnson (*https://www.instagram.com/p/Bq5Zhvmh3Jv/*)

5.11   Organisiere Meetups mit deiner Community

Deine Community findet nicht nur auf Social Media statt, sondern auch im realen Leben. Um den Kontakt zu pflegen und deine Community kennenlernen zu können, solltest du mit der Zeit auch mal über ein Meetup nachdenken. Dabei hast du endlich die Möglichkeit, deine Abonnenten persönlich zu treffen, mit ihnen zu sprechen und Bilder zu machen. Deine Fans freuen sich über so eine Möglichkeit und werden dich dafür lieben!

Um so eine Tour oder ein Fan-Treffen anzukündigen, bietet sich natürlich dein eigener Kanal perfekt an. *ViktoriaSarina* kündigen ihre Tour beispielsweise in ihrem

Video (siehe Abbildung 5.12) an, teilen ihren Fans das Datum sowie die Standorte mit und erklären ihnen, wie sie auch bei einem Treffen dabei sein können.

Abbildung 5.12 Ankündigung einer Tour von ViktoriaSarina in einem YouTube-Video (*https://www.youtube.com/watch?v=c0Dj5xktrBw&t=5s*)

Bei einem Meetup gibt es einiges zu bedenken und vieles zu planen. Deshalb solltest du dir vielleicht einen Partner hinzuholen, der bereits Erfahrungen damit machen konnte. Das entsprechende Know-how sowie die nötigen Kapazitäten sind wichtig, damit das Treffen ein voller Erfolg wird. Frag doch mal einen deiner Kooperationspartner, ob er dich bei der Umsetzung eines solchen Events unterstützen möchte.

Organisation ist das A und O

In der Vergangenheit haben zahlreiche Fantreffen mit Influencern für großen Aufruhr gesorgt, da sie nicht richtig organisiert wurden und in Folge dessen eskalierten. Im Jahr 2014 führte zum Beispiel eine Autogrammstunde der beiden YouTuberinnen *Bibis-BeautyPalace* und *Dagi Bee* zu einem Ausnahmezustand auf dem Roncalliplatz in Köln, nachdem Hunderte Fans zu dem Treffen gekommen waren. Es kam zu einem großen Gedränge, in dem mehrere Personen eingequetscht wurden und andere vor Stress und

Aufregung hyperventilierten. Trotz anwesender Security konnte die Lage nicht unter Kontrolle gebracht werden, sodass die Autogrammstunde durch die Polizei abgebrochen werden musste.

Um dir und deinen Fans so ein Erlebnis zu ersparen, solltest du dich im Vorfeld um eine gründliche Organisation bemühen. Wenn du selbst keine Erfahrung in der Organisation eines solchen Events hast, solltest du entsprechende Dienstleister damit beauftragen.

Zuallererst sollte die richtige Location für dein Event gebucht werden. Deine Dienstleister werden geeignete Orte scouten, an denen dein Fantreffen stattfinden kann – je nach Größe deiner Community sollten die Räumlichkeiten nämlich kleiner oder größer sein. Wenn du noch nicht so bekannt bist, bietet es sich zum Beispiel an, sich in kleiner Runde zu treffen und die Plätze innerhalb deiner Community zu verlosen.

Was genau möchtest du mit deinen Fans machen? Gibt es vielleicht ein Programm für euer Treffen, oder willst du ihnen nur die Möglichkeit einer kurzen Unterhaltung und zum Fotografieren geben? Je nachdem müssen andere Räumlichkeiten gemietet oder aber zusätzliche Programmpunkte organisiert werden.

In jedem Fall solltest du dich frühzeitig um Autogrammkarten kümmern, die du für deine Fans unterschreiben kannst. Gegebenenfalls musst du hierfür erst noch das richtige Bild aufnehmen, die Karten müssen gestaltet und im Anschluss gedruckt werden. Plane hierfür lieber ein paar Wochen Vorlauf ein, falls dir nach dem Druck doch noch etwas auffällt, was dir nicht gefällt, und du die Karten noch mal neu drucken lassen musst.

5.12   Vernetze dich mit anderen Content Creators

Du bist natürlich nicht der einzige Influencer, und vermutlich gibt es auch zahlreiche Influencer, die Content zu gleichen und ähnlichen Themen veröffentlichen wie du. Deshalb sprecht ihr sicherlich auch die gleiche Zielgruppe an – aber das ist kein Problem! Schließlich müssen sich die Nutzer nicht für den einen Influencer entscheiden, sondern können sich auch für mehrere Content Creators interessieren und sie abonnieren.

Indem auch du ähnlichen Content Creators folgst, kannst du beobachten, wie deine Zielgruppe auf Beiträge reagiert, und dadurch deinen Content besser planen. Aber nicht nur das – du kannst auch Inspirationen und Anregungen für deine eigenen Inhalte sammeln. Dabei solltest du jedoch nie deine Authentizität und Individualität aus dem Blick verlieren! Es ist wichtig, nicht nur zu kopieren, sondern auch noch selbst eine Inspirationsquelle für andere zu sein.

Wie so eine Cross-Promo aussehen kann, siehst du in dem Beispiel von *Silvi Carlsson* und *einfach inka* (siehe Abbildung 5.13). Gemeinsam produzierten sie zwei Videos, wobei jede eines auf ihrem Kanal veröffentlichte. In den Videos verweisen sie dabei immer auf das zweite Video, das auf dem Kanal der jeweils anderen hoch-geladen wurde. Um die Zuschauer zum jeweils anderen Kanal zu leiten, könnt ihr in der Infobox zusätzlich auch den Link eintragen, sodass interessierte Zuschauer darüber direkt zu dem anderen Videoteil gelangen können.

Abbildung 5.13 Teil 1 der Cross-Promo auf YouTube am Beispiel von Silvi Carlsson und einfach inka[1] (*https://www.youtube.com/watch?v=GM-PbqCOPkY*)

Betrachte andere Influencer also weniger als Konkurrenten, sondern baue stattdes-sen eine freundschaftliche und/oder geschäftliche Beziehung zu ihnen auf. Indem ihr euch austauscht und unterstützt, könnt ihr voneinander lernen und euch wei-terentwickeln. Das ist wichtig, um nicht langweilig zu werden!

Ihr könnt euch gegenseitig Tipps geben – sowohl auf technischer als auch auf inhaltlicher Ebene. Aber auch auf kommerzieller Ebene könnt ihr euch pushen, indem ihr euch gegenseitig an Firmen weiterempfehlt und dem jeweils anderen zu Kooperationen verhelft. Zudem eignen sich Cross-Promos super, um neue Leute zu erreichen, die sich bereits für einen ähnlichen Content interessieren, und

---

1   Hier geht es zu dem zweiten Video auf dem Kanal von Inka: *https://www.youtube.com/watch ?v=X-mtlr7tNkM*.

ihr könnt auf diesem Weg zwei Communitys miteinander vernetzen und zum sozialen Austausch anregen.

5.13 Schalte selbst Werbung

Da du auf den Plattformen immer vom jeweiligen Algorithmus abhängig bist und dieser entscheidet, wie viel Reichweite dir zuteilwird, sind die Möglichkeiten der organischen Reichweite recht begrenzt. Deshalb kann es durchaus Sinn machen, Ads zu schalten, um Profile zu erreichen, die dir nicht folgen. Auf diesem Weg kannst du sie im besten Fall zu neuen Abonnenten machen! Der Einsatz von Ads ist beispielsweise auf Facebook, Instagram und YouTube möglich.

Die Inhalte deiner Werbeanzeige solltest du entsprechend aufbereiten, sodass sie sich harmonisch einfügen und nicht direkt wie Werbung wahrgenommen werden. Dabei solltest du auf jeden Fall du selbst bleiben – schließlich möchtest du damit deine Community weiter aufbauen und das Interesse potenzieller Abonnenten wecken. Wie sollst du Personen für dich gewinnen, wenn du dich schon innerhalb deiner Werbeanzeige verstellst? Genau, das funktioniert nämlich nicht.

Für das Aufsetzen der Ads-Kampagnen kannst du dir selbstverständlich professionelle Hilfe über eine Agentur holen – aber das kostet natürlich Geld. Deshalb ist es gerade am Anfang ratsam, dich erst mal selbst zu versuchen. Wie das im Groben funktioniert, erklären wir dir im Folgenden.

Werbeanzeigenmanager für Facebook und Instagram

Mithilfe des Werbeanzeigenmanagers kannst du Ads auf Facebook und auf Instagram schalten. Je nachdem, auf welcher Plattform du deine Community aufbauen möchtest, solltest du auch die Ads schalten. Es ist nur wenig sinnvoll, deine Werbung auf Facebook auszuspielen, wenn du neue Abonnenten für dein Instagram-Profil gewinnen möchtest.

Im ersten Schritt wählst du das Ziel deiner Kampagne aus. Was möchtest du mit den Ads erreichen? Wenn du die Engagements auf deinem Profil steigern oder neue Abonnenten generieren möchtest, solltest du das Ziel INTERAKTIONEN wählen. Danach gibst du deiner Kampagne einen passenden Titel. Optional kannst du auch noch einen Split-Test erstellen, um verschiedene Versionen deiner Werbeanzeigen auszuprobieren, und die Optimierung des Kampagnenbudgets auswählen. Um festzulegen, wie viel Geld du für deine Kampagne ausgeben möchtest, trägst du das Tages- beziehungsweise das Laufzeitbudget ein und entscheidest dich für eine Gebotsstrategie.

▶ **Tagesbudget:** Wie viel Geld möchtest du pro Tag ausgeben?

▶ **Laufzeitbudget:** Wie viel Geld möchtest du während der Laufzeit deiner Kampagne insgesamt ausgeben?

Nach der Erstellung der Kampagne legst du eine Anzeigengruppe an, der du ebenfalls einen passenden Titel gibst. Danach legst du fest, wofür deine Anzeigen optimiert ausgeliefert werden sollen (in deinem Fall würde z. B. BEITRAGSINTERAKTIONEN passen). Gegebenenfalls kannst du noch die Kostenkontrolle einstellen oder auswählen, wofür du bezahlst (z. B. Impressionen). Da du die Anzeigen vermutlich nicht für immer laufen lassen möchtest, kannst du auch das Ende deiner Kampagne einstellen. Das ist wichtig, um die Kosten kontrollieren zu können, falls du vergessen solltest, die Ausspielung der Kampagne zu beenden. Das kann nämlich schnell ins Geld gehen!

Aber wen möchtest du eigentlich mit deinen Anzeigen erreichen? Bei der Festlegung deiner Zielgruppe kannst du beispielsweise das Alter, das Geschlecht, den Standort und/oder die Interessen einschränken (siehe Abbildung 5.14). Schließlich möchtest du nur Personen erreichen, die sich wirklich für deinen Content interessieren. Wenn du regelmäßig Fashion-Postings auf Instagram veröffentlichst, sollten sich die Personen, denen du deine Anzeige ausspielst, auch für Fashion begeistern. Ansonsten läufst du Gefahr, zu viel Geld auszugeben und kaum einen Nutzen davon zu haben.

Je nachdem, auf welcher Plattform du aktiv bist, solltest du auch deine Werbung platzieren. Wie bereits erwähnt, solltest du die Ads auch auf Instagram ausspielen, wenn du Interaktionen für deine Instagram-Postings erzielen möchtest.

Im nächsten Schritt wählst du das Profil aus, für das du die Anzeigen anlegen möchtest, und wählst aus, ob du einen bereits bestehenden Beitrag bewerben oder eine extra für die Kampagne angelegte Werbeanzeige erstellen möchtest. Beim Erstellen der Werbeanzeige wählst du ein Bild oder ein Video aus oder kreierst eine Slideshow, gibst einen prägnanten Text ein und richtest einen *Call to Action* ein. Mit diesem Call to Action forderst du interessierte Nutzer zu einer Handlung auf. Das kann beispielsweise der Besuch deines Profils oder das Versenden einer Nachricht an dich sein. Je nach Anforderung deiner Anzeige kannst du auch ein Conversion-Tracking einrichten. Gerade am Anfang ist dies für dich aber wahrscheinlich weniger relevant.

Sobald du diese Schritte alle absolviert hast, kannst du deine Anzeige noch mal final checken und für die Veröffentlichung freigeben. Danach geht es auch schon los, und du kannst dich von den Ergebnissen überraschen lassen.

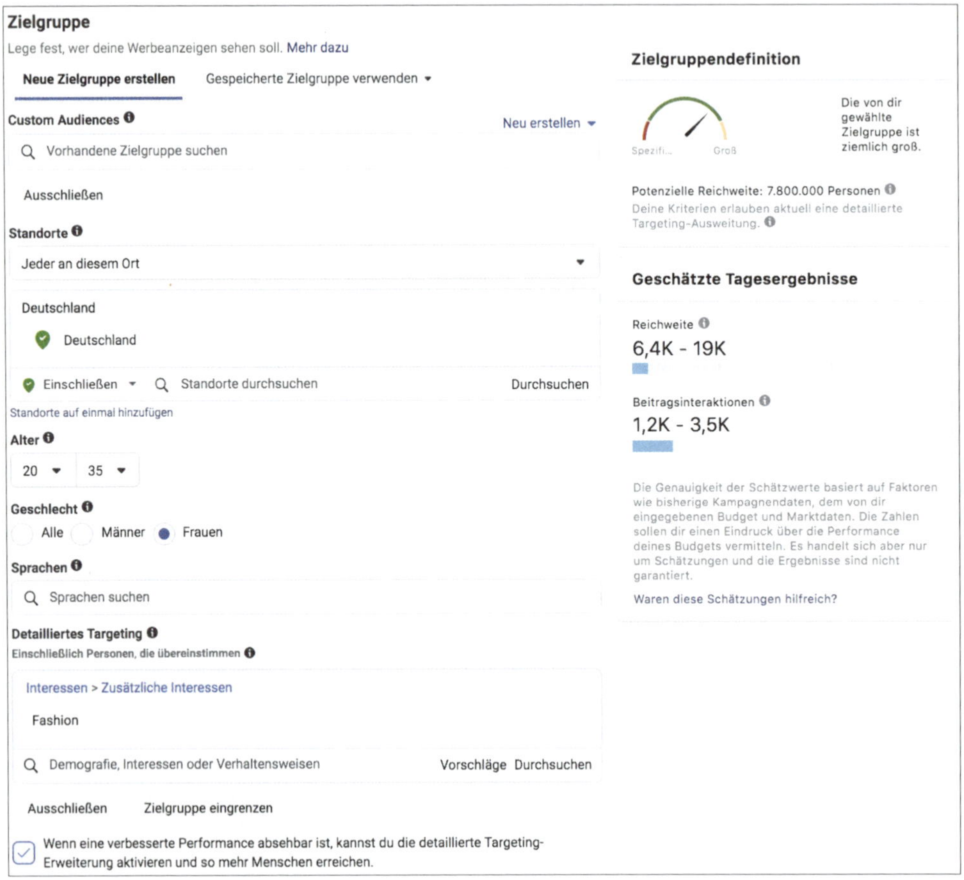

Abbildung 5.14 Festlegung einer Zielgruppe für die Ausspielung der Ads

Google Ads für YouTube

Auch auf YouTube kannst du deine Videos als Werbung ausspielen, um auf der einen Seite mehr Views zu erzielen und auf der anderen Seite neue Abonnenten für deinen Kanal zu gewinnen. Dabei startest du ebenfalls mit dem Anlegen einer Kampagne und kannst hierfür ein bestimmtes Ziel festlegen, das du verfolgen möchtest (siehe Abbildung 5.15).

Danach entscheidest du dich für eine Gebotsstrategie deiner Kampagne (z. B. MAXIMALER CPV oder ZIEL-CPM), den Budgettyp (GESAMTBUDGET DER KAMPAGNE oder TÄGLICH) und das Budget, das du ausgeben möchtest:

▸ **Gesamtbudget der Kampagne:** dein Budget, das du innerhalb der gesamten Laufzeit ausgeben möchtest

▸ **Täglich:** dein Budget, das du pro Tag ausgeben möchtest

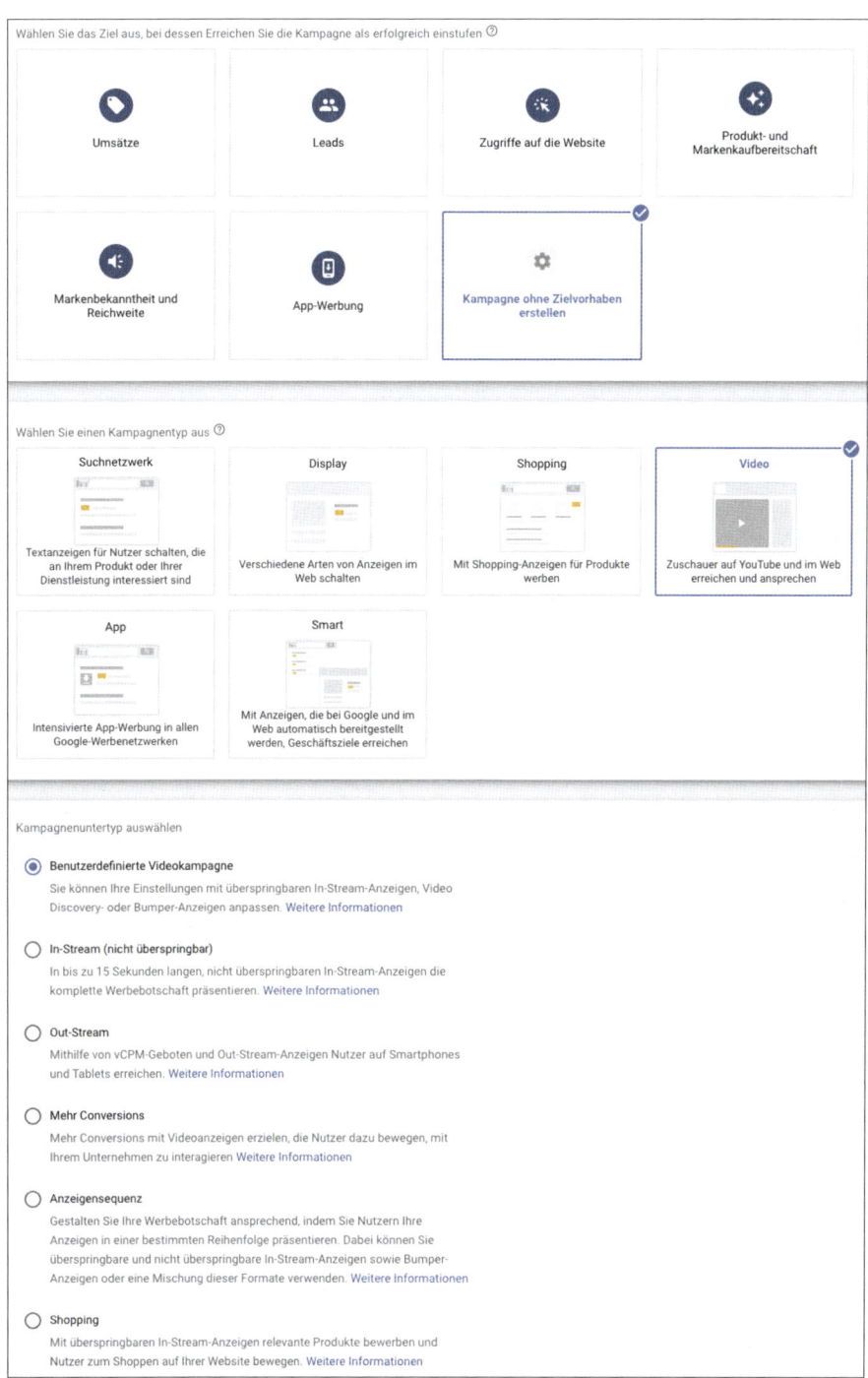

Abbildung 5.15 Anlegen einer Kampagne für Videoanzeigen auf YouTube über Google Ads

Gebotsstrategie und Videoanzeigenformat

Bei der Gebotsstrategie *Maximaler CPV* kannst du dein Video als überspringbare In-Stream-Anzeige oder als Video-Discovery-Anzeige ausspielen. Die Gebotsstrategie ZIEL-CPM ermöglicht lediglich die Ausspielung als überspringbare In-Stream-Anzeige oder Bumper-Anzeige.

Im nächsten Schritt legst du fest, innerhalb welcher Werbenetzwerke du deine Anzeigen ausspielen möchtest. Da du Views und Abonnenten auf YouTube generieren möchtest, empfehlen wir dir, nur YOUTUBE-SUCHERGEBNISSEITE sowie YOUTUBE-VIDEOS auszuwählen und VIDEOPARTNER IM DISPLAYNETZWERK abzuwählen – so kannst du etwaige Streuverluste minimieren.

Sofern du in deinen Videos ausschließlich deutsch sprichst, bietet es sich an, die Sprache auf DEUTSCH einzustellen. Gegebenenfalls solltest du auch den Standort auf Deutschland, Österreich und die Schweiz beschränken.

Sobald du die Kampagne angelegt hast, richtest du eine Anzeigengruppe ein. Dabei legst du die Zielgruppe fest, die du mit deinen Videoanzeigen erreichen möchtest. Dabei sind vor allem die demografischen Merkmale relevant. Du kannst aber auch bestimmte Personengruppen mit von Google geschätzten Interessen, Absichten und demografischen Merkmalen auswählen oder deine Anzeigen bei anderen Videos zu bestimmten Themen schalten. Des Weiteren sind Placements auf anderen YouTube-Kanälen oder YouTube-Videos möglich sowie die Festlegung von Keywords, zu denen deine Anzeigen ausgespielt werden sollen. Wenn du zum Beispiel ein Review-Video zu einer Smartwatch bewerben möchtest, kannst du dieses innerhalb der Suchergebnisse zu dem Keyword »Smartwatch« ausspielen oder auf Technik-Kanälen, die ebenfalls Review-Videos veröffentlichen.

Wenn du dich für die Gebotsstrategie MAXIMALER CPV (CPV = Cost per View) entschieden hast, trägst du den Höchstbetrag ein, den du für jeden View zahlen möchtest. Je nach Einschränkung der Zielgruppe zahlst du pro View ca. 0,03–0,10 €. Bei der Gebotsstrategie ZIEL-CPM (CPM = Cost per 1000 Impressions) legst du den durchschnittlichen Betrag fest, den du pro tausend Auslieferungen deiner Anzeige zahlen würdest.

Im letzten Schritt wählst du das Video aus, das du bewerben möchtest, und gibst einen Anzeigentitel und -text ein. Achte dabei auf einen ansprechenden, prägnanten Text, der das Interesse deiner potenziellen Zuschauer weckt. Sobald du dies abgeschlossen hast, kann es auch schon losgehen. Wundere dich dabei aber nicht, dass deine Kampagne nicht direkt ausgespielt wird. Google prüft jedes Video vor der Auslieferung deiner Anzeige. Die Anzeigen werden dabei in der Regel innerhalb eines Werktags überprüft und im besten Fall freigegeben.

6 Bleib authentisch!

Oh ja, sie werden dir vielleicht schon begegnet sein: Influencer, die Werbung für Dinge machen, die sie niemals benutzen würden. Und dann ist die Werbung auch noch total plump. So etwas braucht wirklich niemand. Du kannst das besser machen!

Auf der Facebook-Seite *Perlen des Influencer-Marketings* solltest du unbedingt einmal vorbeischauen: Die Autoren der Seite posten hier regelmäßig Screenshots von Influencer-Posts, die sehenswert sind. Sehenswert sind sie deshalb, weil die Influencer Markenkooperationen eingegangen sind und dabei Produkte so plump in ihre Posts integriert haben, dass man ganz klar erkennt: Hier wird Werbung für ein Produkt gemacht, aber niemand wusste so richtig, wie das Produkt überhaupt in übliche Posts des Influencers passen könnte.

Werbung zu machen, ist in den sozialen Netzwerken ein heikles Thema. Deine Follower folgen dir ja nicht, weil sie sehen wollen, wofür du alles Werbung machst. Sie folgen dir, weil du sie inspirierst, ihnen ein gutes Gefühl gibst oder sie sich dafür interessieren, was du zu bestimmten Themen zu sagen hast. Klar: Da passt auch an der einen oder anderen Stelle eine Kooperation mit einer Marke hinein. Wenn wir ehrlich sind, machst du sicherlich auch fleißig Werbung für Produkte und Orte, ohne dass du mit jemandem kooperierst. Welche Marken und Produkte du nutzt, bekommen deine Follower also zwangsläufig mit.

Damit deine Follower nicht verschwinden, weil du Werbung für ein Produkt machst, das du nie nutzen würdest, oder weil du dich für eine Kooperation total verstellst und sie dir nicht mehr glauben können, solltest du dich damit auseinandersetzen, was wirklich zu dir passt. Denn eine Kooperation mit einer Marke spült nicht nur Geld auf dein Konto, sie beeinflusst auch, wie du von deinen Followern wahrgenommen wirst! Eine Kooperation kann man positiv oder negativ nutzen.

Übrigens: Was du rechtlich beachten musst, wenn du Werbung für Marken und Produkte machst, erklärt dir Rechtsanwalt Christian Solmecke in Kapitel 10 dieses Buches!

6.1   Wie setzt du Produkte geschickt in Szene?

Je mehr Abonnenten und Follower du hast, umso mehr E-Mails und private Nachrichten wirst du von Unternehmen bekommen, die dir gerne ihre Produkte zuschicken würden, damit du sie deinen Followern empfiehlst. Grundsätzlich ist das etwas Gutes, und du solltest genau prüfen, ob eventuell etwas dabei ist, das für dich und deine Follower interessant ist.

Money, money, money?

Solltest du ein Angebot bekommen, überlege dir auch, ob und wie viel Geld du dafür verlangst. Eine kleine Firma stellt vielleicht ein Produkt her, das du sehr interessant findest und das du gerne unterstützen möchtest. Für eine solche Kooperation muss nicht unbedingt Geld fließen, wenn es für dich eine Herzensangelegenheit ist, einem kleinen Unternehmen zu mehr Erfolg zu verhelfen. Vielleicht zahlt sich so etwas später einmal aus! Mehr dazu findest du auch in Kapitel 7, »Wie gehst du Kooperationen mit Unternehmen ein?«.

Wähle Kooperationen aus, die wirklich zu dir passen!

Es ist nicht leicht, Kooperationen auszuwählen und sich zu entscheiden, welche man annimmt und welche lieber nicht. Hauptkriterium sollte für dich immer folgende Frage sein:

Passt die Marke zu mir? Und würde ich die Produkte sogar nutzen, wenn ich nicht dafür Werbung machen sollte?

Wenn du diese Fragen mit »Ja« beantworten kannst, ist das schon einmal die allerbeste Voraussetzung dafür, dass eine Kooperation überhaupt zu dir passt. Denn wenn eine Marke gar nicht zu dir passt und du die Produkte wahrscheinlich auch nicht nutzen würdest, werden deine Postings dazu auch kaum glaubwürdig erscheinen. Deine Follower kennen dich schließlich schon eine ganze Weile und können einschätzen, welche Werte und Ansichten du vertrittst. Ihnen wird auffallen, wenn eine Marke nicht in dieses Bild hineinpasst.

Brand-Fit und Zielgruppen-Fit

Man spricht in diesem Zusammenhang auch von deinem *Brand-Fit*: Passen die Wertevorstellungen von Marke und Influencer zusammen? Dann ist der Brand-Fit besonders gut. Ebenso spricht man von einem *Zielgruppen-Fit*: Passt deine Community in Messgrößen wie Alter, Geschlecht und Wohnort zu der Zielgruppe, die von einer Marke anvisiert wird?

Denke im nächsten Schritt darüber nach, inwiefern eine Kooperation in dein momentanes Konzept passt. Dabei sind zum Beispiel folgende Fragen hilfreich:

► Hast du bereits Kooperationen mit ähnlichen Marken auf deinem Account?

► Passt eine Kooperation thematisch in deinen Content-Plan?

► Wie viele Kooperationen bist du momentan eingegangen? Überforderst du mit einer weiteren Kooperation eventuell deine Follower?

► Kann die Kooperation vielleicht sogar dazu beitragen, dass du noch bessere Inhalte erstellen kannst und deine Follower die Kooperation sogar feiern?

Wie du sinnvoll mit Unternehmen Kooperationen eingehst und welche Formen der Kooperation es gibt, erfährst du ausführlich in Kapitel 7.

Wie können Produkte platziert werden?

Um Produkte zu platzieren, gibt es die unterschiedlichsten Methoden. In diesem Abschnitt wollen wir dir ein paar Tipps geben, was du machen könntest und was du lieber vermeiden solltest.

1. **Zeige echte Anwendungsszenarien.**
   Nichts ist schlimmer als ein Foto, auf dem ein Produkt vollkommen aus dem Kontext herausgerissen zu sehen ist. Auf Instagram gab es vor einiger Zeit unter dem Hashtag *#coralliebtdeinekleidung* eine Werbekampagne, die dem Hersteller zwar einiges an Aufmerksamkeit beschert hat, aber bei der die Fotos vollkommen unglaubwürdig waren: Wer liegt zum Beispiel mit einer Waschmittelflasche im Arm im Bett?

2. **Kopiere keine Werbetexte.**
   Niemand mag Werbung. Und deine Follower werden bei offensichtlicher Werbung wenig begeistert sein, da sie dir ja eigentlich aus ganz anderen Gründen folgen. Vermeide also eine zu starke Werbesprache, und erzähle lieber ganz natürlich, warum du etwas empfiehlst. Das schließt auch ein, ehrlich zu sagen, dass du mit einer Marke kooperierst (was übrigens rechtlich gesehen unbedingt notwendig ist!).

3. **Lass dir keine Texte vorgeben.**
   Immer wieder gibt es Influencer, die sich Texte vorgeben lassen und diese dann als Werbung veröffentlichen. Mach das nicht! Deine Follower werden sofort merken, dass du den Text nicht selbst geschrieben hast, weil er sehr wahrscheinlich nicht deiner Wortwahl entspricht und viel zu perfekt ist.

4. **Lass dir auch keine Bilder vorgeben.**

Aus Punkt 3 folgt direkt auch Punkt 4: Lass dir keine Bilder vorgeben, die du nur noch veröffentlichen sollst. Auch vorgeschriebene Drehbücher sind ein No-Go! Die Wahrscheinlichkeit ist äußerst hoch, dass deine Follower durchschauen werden, dass die Inhalte nicht aus deiner Feder stammen. Am Ende hat das zur Folge, dass du Follower verlierst und dir deine eigene Marke kaputtmachst. Lass auf keinen Fall zu, dass deine Kreativität untergraben wird und dir Inhalte zu Werbezwecken vorgegeben werden!

5. **Behalte deine übliche Qualität bei.**

Du drehst all deine YouTube-Videos mit deinem Smartphone, und nun bietet dir eine Marke an, dir ein Filmteam zur Seite zu stellen? Klingt verlockend, aber Moment mal: Fällt deinen Followern dann nicht direkt auf, dass da etwas anders ist? Genau! Und das kann den Inhalt unglaubwürdig machen. Denk also gut darüber nach, ob du die Qualität deiner Beiträge stark veränderst, nur weil du mit einem Unternehmen zusammenarbeitest.

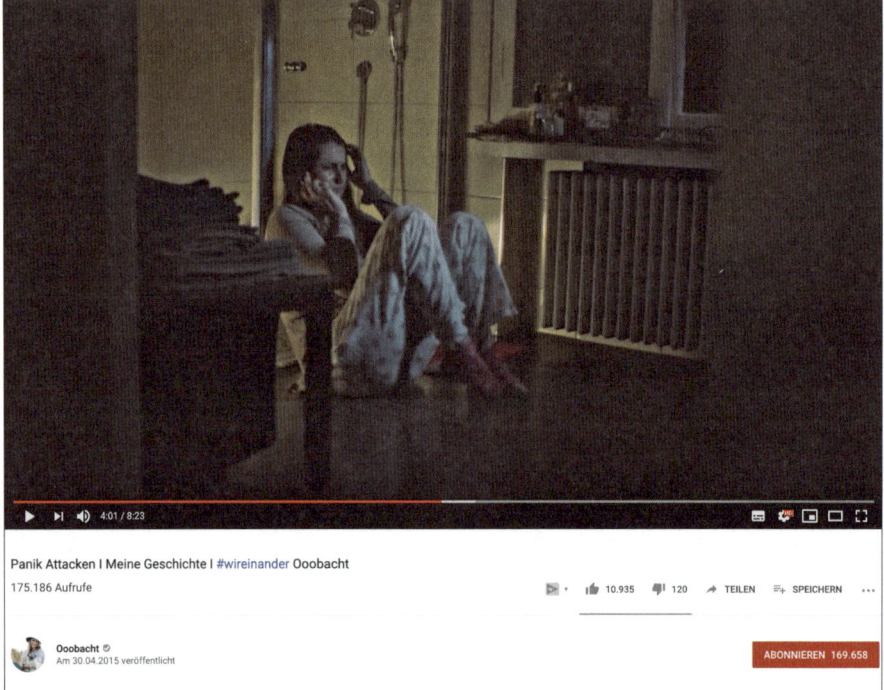

Abbildung 6.1 Die Kampagne #wireinander der Techniker Krankenkasse ist ein seltenes Beispiel, bei dem eine höhere Qualität mit einem Drehbuch für die Influencer positiv war. (*https://youtu.be/V5wv4Eev_Ug*)

6.2   Wie wirst du zur eigenen Marke?

Sicherlich kennst du das Sprichwort »Du bist, was du isst.« Das Sprichwort mag zwar aus einem anderen Kontext stammen, passt aber ganz gut dazu, wie du als Influencer zu einer eigenen Marke wirst: Alles, was du in den sozialen Medien öffentlich von dir preisgibst, wirft ein Licht auf dich.

Dabei musst du nicht in Stereotypen denken: Du kannst sehr wohl in einem Bio-Supermarkt einkaufen, auf Nachhaltigkeit achten und einen Sportwagen fahren. Du musst nur daran denken: Mit all dem, was du machst und zeigst, erhalten deine Follower ein Bild von dir – man spricht auch von deinem Image. Bio, Nachhaltigkeit und Sportwagen mögen auf den ersten Blick nicht zusammenpassen. Und mit dieser Kombination wirst du auch nicht jeden ansprechen, der auf Nachhaltigkeit achtet. Aber trotzdem gibt es sicherlich auch genügend Menschen, die genau diese Einstellung okay finden und dir folgen werden. Vielleicht folgen sie dir in diesem Fall sogar gerade deshalb, weil du ihnen als Bestätigung giltst, wie man offensichtlich nicht zusammenpassende Dinge unter einen Hut bekommt.

Verstell dich nicht, und erzwinge nichts!

Man kann es kaum oft genug sagen: Bleib dir selbst treu. Es lohnt sich nicht, wenn du dich für eine Kooperation verstellst und plötzlich Dinge ganz anders machst. Keiner deiner Follower wird begeistert sein, wenn du mit einem Unternehmen zusammenarbeitest und dafür deine Einstellungen über den Haufen wirfst. Selbst wenn du es noch so ausführlich beleuchtest, warum du Dinge plötzlich anders siehst: Es wird schwer für deine Follower, deinen Sinneswandel von einer gleichzeitigen Kooperation zu trennen.

Dir selbst treu zu bleiben, bedeutet aber auch noch etwas anderes. Viele Influencer haben ein übergeordnetes Thema, mit dem sie sich beschäftigen. Von Lifestyle, Fashion und Autos bis hin zu Strickanleitungen oder Wissensvermittlung: Wer sich für ein Thema entschieden und rund um dieses Thema eine Community aufgebaut hat, sollte sich schwerpunktmäßig auch mit diesem Thema beschäftigen. Heute Autoexperte, morgen Kochprofi und übermorgen Jetsetter: Diesen Spagat schaffen höchstens äußerst gut etablierte Mega-Influencer mit Follower-Zahlen im zweistelligen Millionenbereich.

Für alle anderen gilt: Immer schön beim Thema bleiben. Der Grund ist einfach: Deine Follower haben ein Bild von dir (dein Image) und folgen dir, weil sie bestimmte Inhalte erwarten. Wenn du dich ständig mit neuen Themen positionierst, die in keinerlei Verbindung zueinander stehen, bist du als Marke sehr schwer zu durchschauen.

Abbildung 6.2 Überfrachte deine Marke nicht: Dieser Influencer-Hund könnte Werbung für eine Leine machen, aber warum für die Uhrenmarke Daniel Wellington? So verwässert der Fokus deiner Marke!

Heb dich von der Masse ab!

Es gibt unzählige Influencer im Netz. In diesem Buch hast du an anderer Stelle bereits erfahren: Lass dich inspirieren, aber kopiere nicht! Das gilt auch ganz besonders für die Bildung einer eigenen Marke. Klar, du kannst und solltest dich mit deinen Followern und anderen Influencern vernetzen, an Challenges teilnehmen und Dinge aufgreifen, die auch andere beschäftigen. Denke aber immer daran, dass du nur selbst zur Marke werden kannst, wenn du die Dinge auf deine Art machst und nicht nur so wie alle anderen. Heb dich also unbedingt von der Masse ab!

Aber wie schafft man es, sich von der Masse abzuheben? Wenn du dich als Influencer in den sozialen Netzwerken etabliert hast, stehst du als Person an erster Stelle. Damit hast du eine wunderbare Ausgangsbasis: Du kannst über dich und deine persönliche Geschichte erzählen! Selbst wenn du dir vielleicht nicht besonders vorkommst, sind Geschichten aus deinem Leben unschlagbar individuell. Du musst dich einfach einmal umsehen: Alle Menschen sind unterschiedlich aufgewachsen, sie leben an unterschiedlichen Orten, haben eine andere Einstellung zum Leben und andere Erfahrungen gemacht. All das, was dich so besonders macht, ist für dich zwar »normal«, aber für andere Menschen bist du Inspirationsquelle, Vorbild oder Motivator.

Damit du dich also von der Masse abheben und zu einer eigenen Marke werden kannst, erzähle deine eigenen Geschichten. Du kannst dir dabei folgende Fragen stellen:

▸ Was mache ich anders als die meisten anderen Menschen?

▸ Worin habe ich Erfahrung sammeln können, die ich weitergeben könnte?

▸ Warum mache ich eigentlich das, was ich mache?

Über die letzte Frage hat sich der Autor und Unternehmensberater Simon Sinek lange Gedanken gemacht und ein Modell der Markenbildung kreiert. Sein Modell hat er auf den Namen *The Golden Circle* getauft, und das Vortragsvideo dazu genießt im Netz längst Kultstatus.[1] In seinem kreisrunden Modell (siehe Abbildung 6.3) fasst er Folgendes zusammen: Deine Motivation ist das Entscheidende und muss ganz am Anfang stehen.

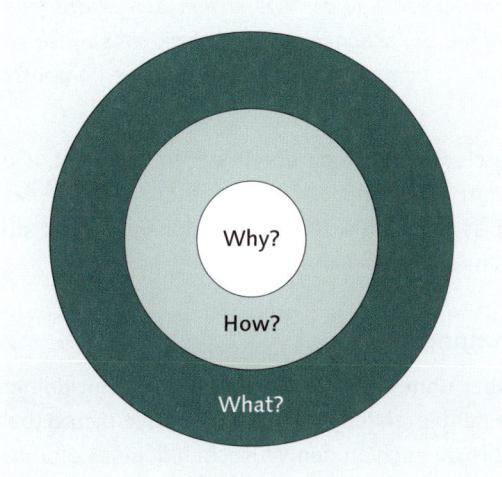

Abbildung 6.3 Der Golden Circle von Simon Sinek: so einfach wie genial, um zu sehen, wie eine Marke kommunizieren sollte.

Wenn wir das Kreismodell ansehen, müssen wir es korrekterweise von innen nach außen betrachten. Dort stehen drei Wörter:

1. **Why?**
   Nicht jeder kann die Frage sofort beantworten, ohne sich darüber Gedanken zu machen: Was treibt dich an? Warum stehst du jeden Morgen auf? Oder anders formuliert: Warum machst du genau das, was du machst?

---

1 Du findest das Video hier: *https://www.ted.com/talks/simon_sinek_how_great_leaders_inspire_action*

2. **How?**

Erst im Anschluss sollte klar sein: Wie machst du das? Wie unterscheidest du dich als Influencer von anderen Influencern? Was ist also das, was dich besonders macht?

3. **What?**

Daraus resultiert die einfachste Frage: Was machst du ganz konkret? Um welchen Themen kümmerst du dich, und was postest du? Diese Frage ist kaum emotional. Sie beantwortet ganz einfach, was du als Influencer konkret machst.

Lass uns ein Beispiel betrachten: Apple baut Computer. Das ist nichts Besonderes, es beantwortet die »Was?«-Frage. Besonders ist aber, warum und wie Apple es macht. Das Unternehmen hat sich früher den Slogan »Think different!« (engl. für »Denke anders!«) gegeben. Das Modell für Apple sieht laut Simon Sinek so aus:

[Übersetzung] Bei allem, was wir machen, glauben wir daran, dass der Status quo[2] infrage gestellt werden kann. Wir denken anders. Wir stellen den Status quo infrage, indem wir unseren Produkten ein schönes Design geben, sie einfach zu benutzen und nutzerfreundlich sind. So kommt es, dass wir großartige Computer bauen. Möchten Sie einen kaufen?

Wenn du dir also mit dem Golden Circle Gedanken darüber machen möchtest, wie du als Influencer mit deinen Followern kommunizierst, konzentriere dich auf das »Warum?«, nicht auf das »Was?«. Das »Warum?« ist das Emotionale, womit du glaubwürdig und zu einer starken Marke werden kannst.

Kommuniziere mit deiner Community

Auch wenn es trivial klingen mag, aber ohne sehr viel Kommunikation mit deiner Community wirst du wohl kaum als nahbar angenommen. Beschränke dich dabei nicht nur auf regelmäßige Beiträge, die du auch an den Wünschen deiner Community orientierst. Es ist umso wichtiger, auch mit einzelnen Followern zu kommunizieren: Reagiere auf Kommentare, verfasse Antworten, und schreib auch mal mit Followern, die sich bei dir melden. Dass du persönliche Gespräche nicht veröffentlichst und somit auch als persönliche Gespräche behandelst, sollte selbstverständlich sein.

Gleichzeitig solltest du aber auch bei anderen Influencern und bei deinen Followern regelmäßig vorbeischauen. Kommentiere fleißig, like deren Beiträge, und bleib auf dem aktuellen Stand. So erfährst du nicht nur Dinge, die du sonst verpasst hättest, sondern zeigst auch: »Hinter diesem Account steckt ein Mensch – hallo, der bin ich.« Mehr dazu, wie du eine Community aufbaust, beschreiben wir übrigens in Kapitel 5, »Wie baust du dir eine treue Community auf?«.

---

2   Status quo heißt: so, wie die Dinge gerade gemacht werden.

Kritische Kommentare? Ja, bitte!

Es gibt vor allem im Lifestyle-Bereich viele Influencer, die nie ihre eigene Meinung äußern und versuchen, nirgends anzuecken. Das mag funktionieren, und das Bild einer heilen Welt ist auch grundsätzlich etwas Erstrebenswertes. Das Problem ist nur die fehlende Profilierung: Für was stehen diese Influencer? Und noch viel wichtiger: Wofür stehen sie nicht? Wer seine Meinung äußert, Stellung bezieht und klare Kante zeigt, der hat als Marke eine viel prägnantere Position. Scheue also nicht davor zurück, deine Meinung zu äußern.

Die YouTuberin *Mirella* hat in einem ihrer Videos (siehe Abbildung 6.4) klare Stellung gegenüber einer Instagram-Story von *@inscopenico* bezogen, indem sie die dortige Kooperation von @inscopenico mit dem Unternehmen *Followfish* neu bewertet. Wie nicht zuletzt auch in den Kommentaren des Videos zu sehen ist, wird ihre Meinung nicht von jedem geteilt. Trotzdem festigt sie ihr eigenes Markenbild und zeigt, wofür sie steht.

Abbildung 6.4 Mirella bezieht sich in diesem Video vor allem auf eine Instagram-Story von @inscopenico und bezieht eine klare Stellung. (*https://www.youtube.com/watch?v=_NOdsPIR5EY*)

6.3   So haben es andere vor dir gemacht!

Es gibt unzählige Beispiele für Influencer, die sich im Netz authentisch oder un-authentisch verhalten haben. Unserer Beobachtung nach besteht für Influencer vor allem bei Markenkooperationen das Risiko, nicht mehr authentisch gegenüber ihrer Community zu sein. In diesem Abschnitt möchten wir dir deshalb ein paar Influencer vorstellen, die ganz offensichtlich mit den für sie perfekt passenden Marken zusammengearbeitet haben. Denn wie du bereits gemerkt hast: Nicht nur Marken sollten darauf achten, mit wem sie zusammenarbeiten, auch DU solltest sehr gut darauf achten, was wirklich zu dir passt.

Casey Neistat und Nike

Casey Neistat ist ein YouTuber aus den USA, der mittlerweile weit über 10 Millionen Abonnenten auf YouTube hat. Er hat die YouTube-Szene stark mit seinen außergewöhnlichen Vlogs geprägt, die er über eine sehr lange Zeit jeden Tag veröffentlicht hat. Vielleicht bist du ihm schon einmal begegnet, wenn du auf YouTube unterwegs warst.

Casey hat ein besonders gutes Gespür dafür, welche Marken zu ihm passen. So hat er bereits sehr erfolgreich mit Mercedes, Samsung, Boosted Board und auch Nike zusammengearbeitet. Als vor ein paar Jahren das *Nike+ FuelBand* auf den Markt kam, wurde auch Casey angesprochen, ob er ein Video für das Band unter dem Motto #*makeitcount* drehen möchte. Wie er im Intro schreibt, hat er sich dazu entschieden, das gesamte Budget für eine Weltreise mit seinem Freund Max zu verwenden, bei der sie so lange reisten, bis ihnen das Geld ausging. Darüber drehte er ein Video, das perfekt zu dem Slogan »Make it count« passt: Das Video hat heute fast 30 Millionen Views generiert.

Warum ist die Kooperation zwischen Casey und Nike so erfolgreich? Casey ist leidenschaftlicher Läufer, womit er einen Bezug zu dem Produkt und der Marke hat. Außerdem lebt er ein sehr schnell getaktetes Leben und ist bekannt dafür, Dinge einfach zu machen: Hier passt der Slogan. Die perfekt zum Hashtag passende Geschichte ist dann letztendlich die Krönung.

Übrigens sind auch die anderen Kooperationen von Casey sehr gelungen und sehenswert. Mit Samsung und Boosted Boards arbeitet Casey sogar langfristig zusammen und macht nicht nur einzelne Videos. Das hat einen großen Vorteil für die Kunden: Seine Abonnenten lassen sich von Casey über einen längeren Zeitraum inspirieren und sind dann eher bereit, auch ein entsprechendes Produkt zu kaufen. Das hilft am Ende dem Unternehmen, aber auch dem Influencer.

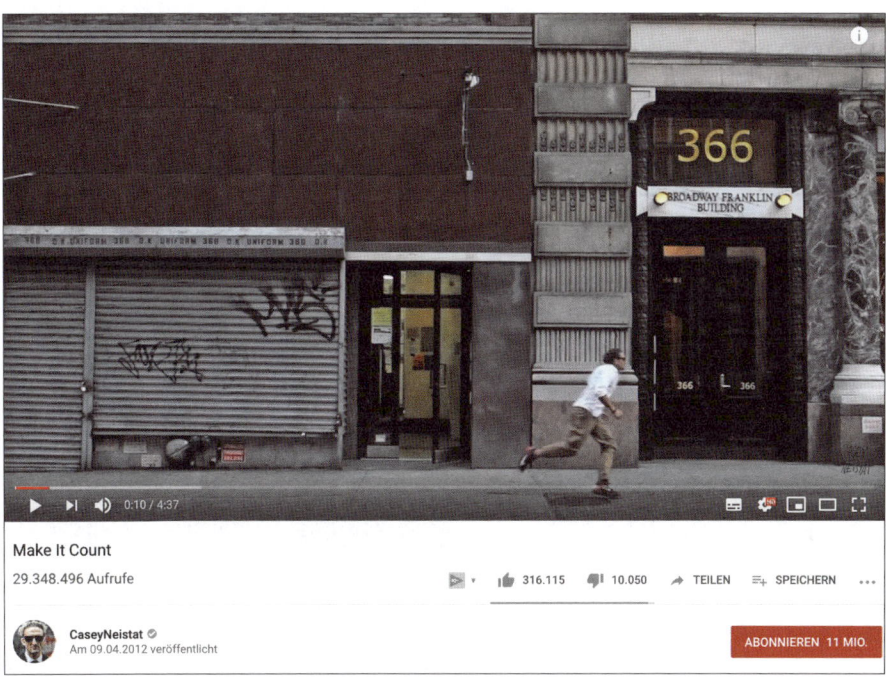

Abbildung 6.5 Mit dem Video »Make it count« hat Casey Neistat den Slogan von Nike perfekt erzählt. (*https://youtu.be/WxfZkMm3wcg*)

Julien Bam und MyHammer

Als im Frühjahr 2019 auf dem YouTube-Kanal des Internetportals *MyHammer* der Poolbauer Leif mehrere Reaction-Videos zu Poolbau-Videos von *Julien Bam* veröffentlicht (siehe Abbildung 6.6), greift Julien wenig später in eigenen Reaction-Videos das Thema auf. Die Kritik an dem in Eigenregie gebauten Pool kommt scheinbar zum richtigen Zeitpunkt, denn der Pool hat so einige Probleme.[3] Es dauert nicht lange, da wird zwischen Profi-Poolbauer Leif und YouTuber Julien ein Treffen vereinbart, das durch zahlreiche Videos auf Juliens Kanal begleitet wird. Denn Leif findet noch mehr Probleme und baut mit seinem Team und mithilfe von MyHammer über die nächsten Monate hinweg den Pool komplett neu auf – Julien und seine Freunde helfen selbstverständlich mit.

Was ist daran so bemerkenswert? Julien und Leif sind beide höchst authentisch, weil sie ihrer Rolle gerecht werden und sich nicht verstellen. Sie finden eine gemeinsame Basis, nähern sich an und ergänzen sich menschlich. Der Zuschauer

---

3 Wir können und möchten an dieser Stelle nicht bewerten, ob die Kooperation zwischen MyHammer und Julien Bam von Anfang an geplant war.

schaut die Videos gerne an, weil er vom Fachmann etwas dazulernt und von Julien den gewohnten Humor erhält. Die Videos zählen auch auf Juliens Kanal zu den sehr häufig geklickten Videos.

Abbildung 6.6 Poolbauer Leif und Julien Bam kommunizieren zunächst über Reaction-Videos. (*https://www.youtube.com/watch?v=9O9n7Fvs01o*)

Mirella und ING

Mirella Precek ist sowohl auf YouTube als auch auf Instagram unter *@mirellativegal* aktiv. Mirellas Follower wissen um ihre Ehrlichkeit und Direktheit, und so ist es nicht verwunderlich, wenn sie plötzlich mal in einem Video vor lauter Verzweiflung weint. Die Bank ING hat Mirella mit der Challenge herausgefordert, mal etwas Neues auszuprobieren. Ihre Wahl fiel dabei auf das Bauen eines Hundebetts. Dass in den sieben Tagen ihres Bauprojektes nicht alles rundläuft, damit dürften die Follower gerechnet haben. Am Ende steht ein sehenswertes Hundebett, das zeigt: Wenn man etwas Neues wagt, lernt man völlig neue Qualitäten an sich schätzen.

Warum ist die Kooperation gelungen? Mirella gibt an, tatsächlich selbst bei der ING zu sein, die ihr YouTube-Geld verwalte. Sie ist darüber hinaus bekannt dafür, dass es ihr als Influencerin nicht um Geld geht. Die ING wiederum bietet Mirella die Möglichkeit, ein Video ohne konkrete Produktwerbung zu veröffentlichen – aber mit einem Wert, den die ING selbst vertritt: Neues auszuprobieren.

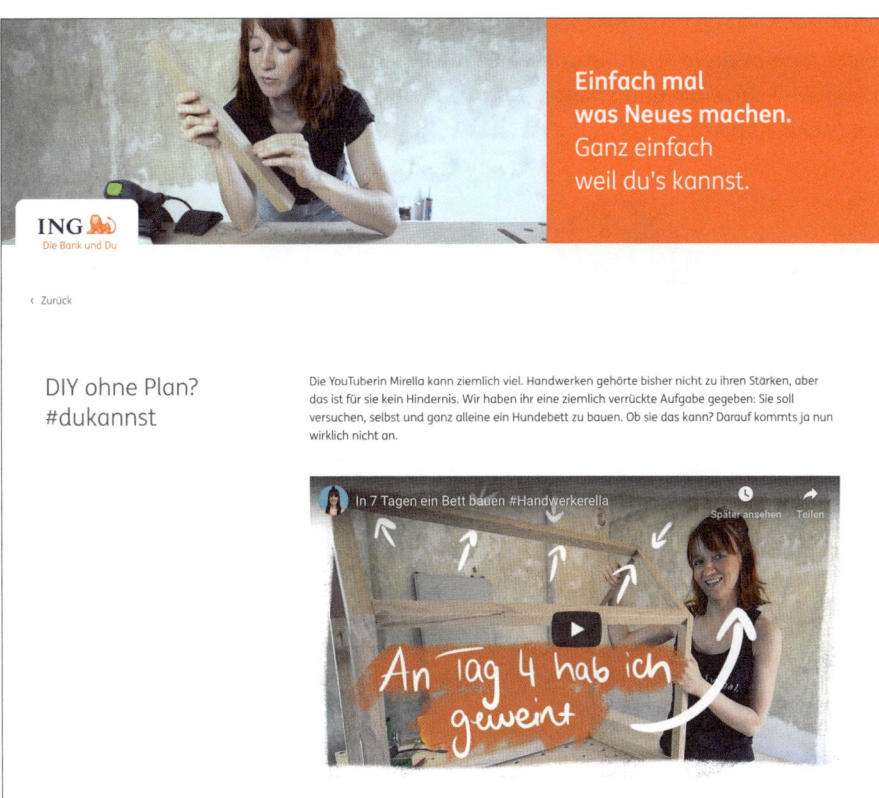

Abbildung 6.7 Mirella hat für die ING einfach mal etwas Neues ausprobiert. Zu ihrem Video geht es hier entlang: *https://youtu.be/cvjz7FkPkWs*.

Was kannst du von Mirella lernen? Wenn dir eine Kooperation angeboten wird, bei der es nicht vordergründig um die Werbung für ein Produkt geht, sondern um die Vermittlung eines Wertes, ist es wesentlich leichter, eine authentische Wirkung zu erzielen. Zumindest, wenn du den Wert auch selbst vertrittst!

JP Performance und Porsche

Wenn *Jean Pierre Kraemer* für eines im Netz bekannt ist, dann für seine Autotuning-Liebe. Egal, welche Marke und welches Modell er in die Finger bekommt: Auf seinem YouTube-Kanal veröffentlicht er mit seinem Filmteam Videos zu seinen Auto-projekten. Im Hintergrund steht seine Tuningfirma, die unterschiedlichste Kunden-aufträge annimmt.

Jean Pierre hat seine Laufbahn ursprünglich einmal bei Porsche begonnen und lässt sein Faible für diese Automarke immer wieder durchblicken. In einer Kooperation mit Porsche erhält er über mehrere Wochen hinweg immer wieder ein neues, besonderes Fahrzeugmodell des Herstellers zur Verfügung gestellt, mit dem er zahlreiche Videos dreht. Der besondere Clou: Mitarbeiter Benjamin von Porsche überbringt die Fahrzeuge und erlangt schnell Kultstatus bei den JP-Performance-Followern (siehe Abbildung 6.8).

Abbildung 6.8 JP ist bekannt für seine Liebe zu Porsche. Da kommt es ihm sehr gelegen, dass Porsche-Mitarbeiter Benjamin ihm über mehrere Wochen verschiedene Modelle zum Testen vorbeibringt. (*https://youtu.be/0CMUgevJcEE*)

Warum ist diese Kooperation so gelungen? Jean Pierre schwärmt auch ohne eine Markenkooperation von Porsche. Er ist begeistert von der Marke und hat selbst eine große Fan-Base im Netz. Dass Porsche-Mitarbeiter Benjamin die Autos persönlich vorbeibringt, kommt bei den Zuschauern sehr gut an: Er gibt der Marke ein Gesicht und steht Jean Pierre als »Ansprechpartner« zur Seite.

Was kannst du von dieser Kooperation lernen? Wenn du mit einer Marke zusammenarbeiten kannst, die du ohnehin nutzt oder für die du online bereits schwärmst, ist eine Zusammenarbeit besonders glaubwürdig. Bei der Zusammenarbeit scheint für deine Follower dann das Geld weniger im Vordergrund zu stehen, das du für die Kooperation erhältst. Stattdessen werden sie dir abnehmen, dass es für dich eine Art »Traum« ist, mit deiner Lieblingsmarke zusammenarbeiten zu können.

Auf Marken zugehen, die du magst

Mit wenigen Followern ist es schwer, eine Marke für eine Kooperation zu begeistern. Wenn du aber bereits etwas weiter bist, ist es keine Schande, auf eine Marke zuzugehen und eine Kooperation vorzuschlagen. Tipp: Nicht mit dem Geldbeutel in die Tür fallen, sondern lieber deine Motivation erläutern und warum du unbedingt einmal mit genau dieser Marke zusammenarbeiten möchtest.

Hannes Becker und Huawei

Hannes Becker ist Fotograf und hat auf Instagram eine Millionen-Reichweite. Für seine Fotos reist er um die ganze Welt, immer auf der Suche nach faszinierenden Einstellungen für seine Landschaftsfotos. Für eine Kooperation hat er mit dem Smartphone-Hersteller Huawei zusammengearbeitet und das Modell *P30 Pro* getestet. Das gepostete Foto hat er mit dem Smartphone aufgenommen (siehe Abbildung 6.9).

Abbildung 6.9 Hannes Becker arbeitet für diesen Post mit Huawei zusammen und zeigt damit, was dessen Smartphones können.

Was kann man von der Kooperation zwischen Hannes und Huawei lernen? Eine Kooperation kann für beide Seiten spannend sein: Einerseits zeigt Hannes, was er alles aus einem Smartphone herausholen kann. Auf der anderen Seite beweist Huawei, dass selbst professionelle Fotografen von der Fotoqualität des Smartphones begeistert sind.

23qmstil und Grohe

Ricarda Nieswandt betreibt unter dem Namen *@23qmstil* einen Instagram-Account und einen Blog. Bei ihr dreht sich alles um Wohnen, Design, Reisen und gutes Essen. In einer Kooperation mit der Firma Grohe stellt sie das Produkt *Grohe Sense Guard* vor. Dabei handelt es sich um ein Gerät, das Wasserschäden im Haus erkennt und im Notfall automatisch das Wasser ausstellt. Ricarda testet das Produkt und stellt fest: Das ist genau das, was ihr liebevoll renoviertes Haus und den Holzboden vor Wasserschäden schützt.

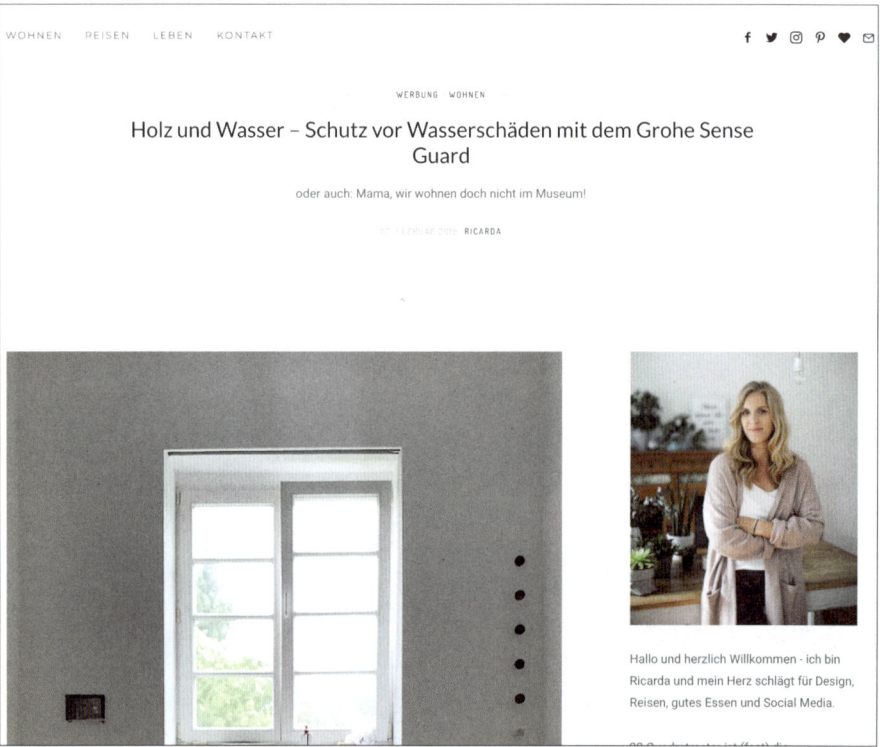

Abbildung 6.10 Ricarda von @23qmstil kooperiert mit dem Hersteller Grohe. (*https://www.23qmstil.de/2019/02/holz-und-wasser-schutz-vor-wasserschaeden-mit-dem-grohe-sense-guard/*)

Was kannst du von der Kooperation lernen? Eine persönliche Geschichte (siehe in ihrem Blogbeitrag) ist immer gut, um eine Kooperation zu begründen. Hier wirbt

Ricarda für ein innovatives Produkt, das auch für ihre Follower interessant sein kann. Denn die legen viel Wert darauf, dass ihre liebevoll eingerichteten Wohnungen auch gut erhalten bleiben.

Fynn Kliemann

Authentisch zu bleiben, kann auch bedeuten, Produktplatzierungen pauschal abzulehnen. *Fynn Kliemann* ist ein Tausendsassa auf YouTube: Er ist YouTuber, DIY-Handwerker, Musiker, Autor, arbeitet in einer eigenen Agentur und hat somit schon einiges ausprobiert. Seine Videos kennen Hunderttausende YouTube-Nutzer, die ihn für seine Glaubwürdigkeit schätzen: Was Fynn anpackt, kann nur spannend werden. So auch das *Kliemannsland*, für das er mit zahlreichen Freunden den gleichnamigen YouTube-Kanal betreibt. Seine Einstellung, um authentisch zu bleiben: Fynn Kliemann lehnt Produktplatzierungen auf seinen Kanälen pauschal ab.

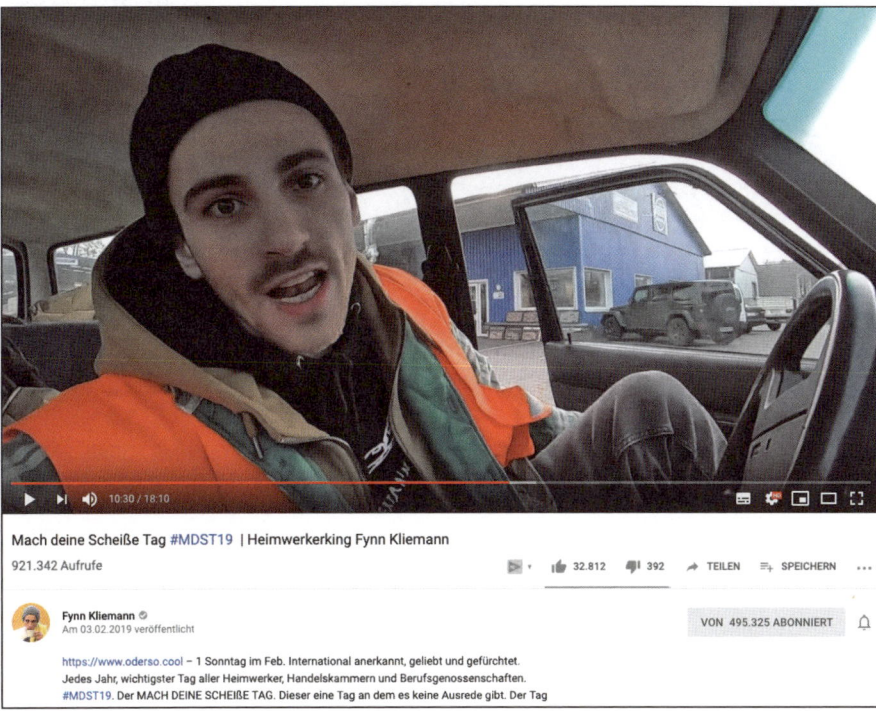

Abbildung 6.11 Fynn Kliemann hat viele Talente, die er auf seinem eigenen Kanal und dem des Kliemannslands auslebt. (*https://youtu.be/9K2erQsbPeg*)

Natürlich sind Werbung und Produktplatzierungen ein wichtiger Baustein, damit du dir deinen Lebensunterhalt als Influencer finanzieren kannst. Es gibt aber auch alternative Wege, um sein Leben zu finanzieren. So ist das Kliemannsland ein Angebot von funk und wird aus Mitteln der nordmedia – Film- und Mediengesellschaft Niedersachsen/Bremen mbH gefördert.

Fynn Kliemann schreckt für diese Einstellung auch nicht davor zurück, anfragenden Werbepartnern die kalte Stirn zu zeigen und abgekupferte Formate auf die Schippe zu nehmen (siehe Abbildung 6.12).

Abbildung 6.12 Fynn Kliemann ist kein Fan von Produktplatzierungen. Deshalb parodierte er auch ein Format einer Baumarktkette. (*https://youtu.be/lPpX26r5P4M*)

Interview mit Christoph Tratberger

Um besser verstehen zu können, was Werbetreibende an Influencern so schätzen und worauf Kreative in Agenturen bei der Auswahl achten, haben wir mit jemandem gesprochen, der die Werbung kennt wie seine Westentasche: Christoph Tratberger arbeitet als Freelance Creative Consultant in Frankfurt am Main und ist Mitglied des Art Directors Club Deutschland e. V. Er hat viele Jahre in Führungspositionen namhafter Werbeagenturen gearbeitet und betreute unter anderem zahlreiche Top-Marken im Automobilbereich.

Abbildung 6.13 Christoph Tratberger hat für namhafte Werbeagenturen gearbeitet und kennt die Werbeindustrie wie seine Westentasche.

Was macht Influencer so interessant für Werbetreibende?

Den Hauptgrund sehe ich darin, dass sie ohne Berührungsängste einen Zugang zu neuen Zielgruppen haben. Influencer geben Werbetreibenden durch ihr gutes Bauchgefühl für ihre Zielgruppe ein Stück weit Sicherheit, dass die Botschaften auch bei den Menschen ankommen. Als Werbetreibender kauft man somit Credibility und einen Zugang zu diesen Menschen und vergrößert die Chance, dass besagter Zugang auch funktioniert.

Worauf würdest du achten, wenn du Influencer für eine Kampagne suchst?

Als allererstes auf den Brand Fit und den Zielgruppen-Fit. Influencer, Zielgruppe und Marke müssen also zueinander passen. Und natürlich achte ich auf die Qualität des bisher produzierten Contents. Wenn ich sehe, dass jemand für eine Molkerei und für einen Baumarkt gearbeitet hat, dann hat derjenige vielleicht weniger Relevanz. Umgekehrt sind auch zu viele Kooperationen mit Konkurrenten meiner Marke nicht gut: Wer in kurzer Zeit für fünf verschiedene Automobil-Hersteller gearbeitet hat, wird uninteressant. Es ist ein wenig wie bei der Fußball-WM: Kann ich mich noch erinnern, welche Marken in deren Umfeld etwas mit Fußball gemacht haben? Eine gewisse Unverbrauchtheit ist daher schon wichtig. Außerdem muss eine klare Zielsetzung erkennbar sein: Influencer sollten konsistent und hochwertig ihr Thema bearbeiten und gleichzeitig gut mit Auftraggebern zusammenarbeiten können.

In welchem Bereich würdest du dir mehr Influencer wünschen, die sich auskennen und gute Inhalte erstellen?

Ich habe aktuell vor allem mit Influencern aus dem Automobilbereich zu tun. Momentan habe ich dort das Gefühl, dass Werbetreibende oft auf die großen und etablierten Influencer-Namen setzen. Ich selbst würde mir generell wünschen, dass viel mehr Marken mit Micro-Influencern kooperieren, weil deren Brand Fit optimal ist und es sehr viele spannende, noch recht ungesehene Inhalte gibt.

Ich glaube, die Themen Auto und Mobilität sind auch weiterhin hochaktuell: gerade jetzt, wo Mobilitätskonzepte zusammenwachsen und Menschen sich mit einem Mix aus E-Rollern, Car-Sharing und Auto-Abos fortbewegen. Daneben sind aber auch alle lebensnahen Bereiche wie Banking und Versicherungen momentan ein großes Thema. Sehr viele Unternehmen beschäftigen sich momentan stark mit der Verjüngung ihrer Marken und fragen sich, wie sie junge Menschen noch erreichen können. Hier können Influencer auf jeden Fall gut ansetzen.

7 Wie gehst du Kooperationen mit Unternehmen ein?

Es ist längst kein Geheimnis mehr, dass man als Influencer Geld verdienen kann. Aber wie kommst du als Influencer an Kooperationen, und wie viel kannst du eigentlich für deine Leistung verlangen?

Dein Durchhaltevermögen und Fleiß haben sich gelohnt, und du konntest dir eine Community von treuen Abonnenten aufbauen. Sie stehen nicht nur hinter dir, sondern vertrauen auch deinem Rat und deinen Empfehlungen. Das macht dich auch für Unternehmen und Agenturen als Kooperationspartner spannend. Aber wie funktioniert so eine Kooperation eigentlich, und wie kannst du Marken auf dich aufmerksam machen? Wenn du das geschafft hast und die ersten Kunden auf dich zugekommen sind oder du sie von dir überzeugen konntest, ist es natürlich auch wichtig zu wissen, was du eigentlich für deinen Content verlangen kannst.

7.1 Wie erstellst du ein Media-Kit?

Im Laufe deiner Karriere kommt sicherlich der Moment, in dem du von einem Unternehmen oder einer Agentur nach einem Media-Kit gefragt wirst. Aber was ist das eigentlich, und wozu benötigst du es? Um nicht komplett überrascht und bestens vorbereitet zu sein, findest du im Folgenden alles, was du über das Media-Kit eines Influencers wissen musst.

Mit einem hochwertig aufbereiteten Media-Kit verleihst du dir einen professionellen Auftritt und ersparst dir und potenziellen Auftraggebern viel Zeit und Aufwand. Dein Media-Kit ist sozusagen eine Zusammenfassung und bietet einen guten Überblick über deine Social-Media-Kanäle, sodass sich Auftraggeber einen Eindruck von der Zusammenarbeit mit dir verschaffen und sich die Kooperation leichter vorstellen können.

Wie bist du dazu gekommen? Welche Ziele verfolgst du? Wie häufig und zu welchen Themen veröffentlichst du Beiträge? Was macht dich aus, und was unterscheidet dich von anderen Influencern? Was ist dein Alleinstellungsmerkmal, und wieso sollten sie gerade mit dir zusammenarbeiten? Natürlich möchten Auftraggeber gerne möglichst viel über ihre Kooperationspartner erfahren, um zu sehen, ob sie zu ihnen passen. Deshalb solltest du deinem Media-Kit einen persönlichen Touch verleihen.

Wenn du schon mit anderen Marken zusammengearbeitet hast oder Medien etwas über dich berichtet haben, dann kannst du dies ebenfalls in deinem Media-Kit aufführen. Mit solchen Referenzen kannst du nicht nur deine Professionalität unterstreichen, sondern auch zeigen, wie du Werbung auf deinen Kanälen umsetzt.

> **Tipp**
>
> Zu Beginn deiner Karriere solltest du auch unbezahlte Kooperationen eingehen, um dir ein Portfolio an Kunden aufzubauen. Denn gerade am Anfang, wenn du noch nicht so bekannt bist, ist es schwieriger, Aufträge zu erhalten. Da hilft es natürlich ungemein, wenn du schon Referenzen vorweisen kannst.

Für deine Auftraggeber ist natürlich auch deine Community von großem Interesse, um einschätzen zu können, ob sie durch eine Zusammenarbeit mit dir auch die erwünschte Zielgruppe erreichen. Wie hoch ist der Anteil von Frauen und Männern innerhalb deiner Community? Aus welchem Land oder welchen Ländern kommen deine Fans? Wie alt sind sie? Je mehr du über deine Community sagen kannst, desto eher können sich deine potenziellen Kooperationspartner ein Bild von ihr machen und einschätzen, inwieweit eine Kooperation sinnvoll ist. Dabei kannst du auch die Reaktionen und Kommentare zu Kooperationen als Screenshots in dein Media-Kit integrieren, wenn diese besonders aussagekräftig sind und für dich sprechen.

Wie ausführlich du dein Media-Kit gestaltest, bleibt natürlich dir überlassen. Es sollte aber in jedem Fall die wichtigsten Kennzahlen beinhalten. Welche Kennzahlen relevant sind, ist abhängig von der Plattform, auf der du präsent bist.

Blog

Über Google Analytics kannst du deine Blog-Statistiken einsehen, die für deine Kooperationspartner relevant sind (siehe Abbildung 7.1).

Seitenaufrufe	Einzelne Seitenaufrufe	Durchschn. Zeit auf der Seite	Absprungrate	% Ausstiege
41.891	27.521	00:01:55	40,70 %	24,18 %

Abbildung 7.1 Google-Analytics-Übersicht

Dazu gehören die durchschnittliche Anzahl an Seitenaufrufen und einzelnen Seitenaufrufen, die durchschnittliche Verweildauer, die Absprungrate und durchschnittlichen Ausstiege. Dabei ist neben den Seitenaufrufen vermutlich die durchschnittliche Zeit auf der Seite der wichtigste Wert für Auftraggeber, um einzuschätzen, wie
interessant deine Beiträge für die Leser sind.

YouTube

Die Analytics zu deinem YouTube-Kanal findest du im Creator Studio (siehe Abbildung 7.2).

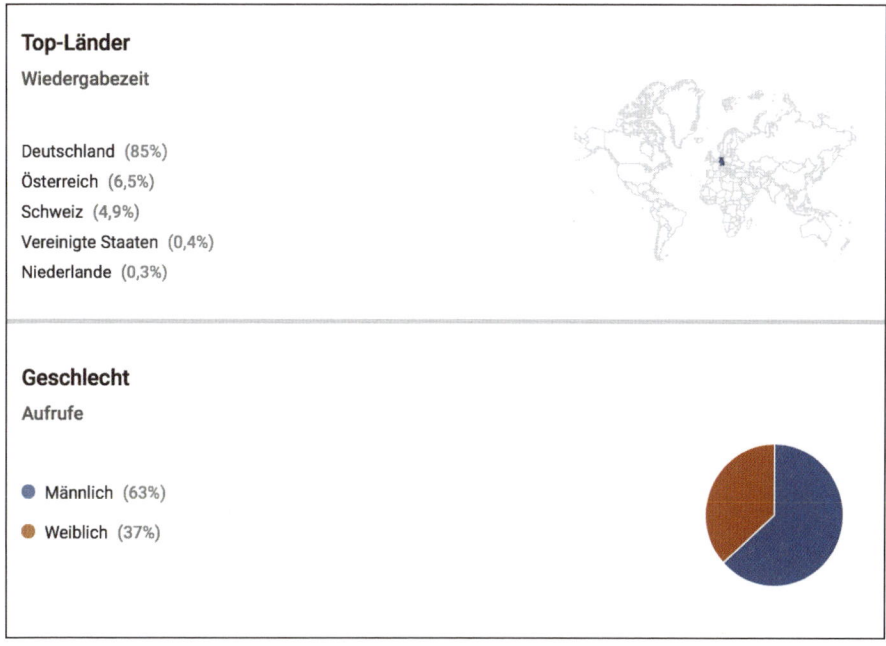

Abbildung 7.2 Analytics eines YouTube-Channels

Hier kannst du die verschiedensten Informationen einsehen. Am relevantesten für
Auftraggeber sind neben der Anzahl deiner Abonnenten die durchschnittlichen
Views, Likes, Dislikes und Kommentare sowie die Interaktionsrate deines Kanals.
Die durchschnittliche Wiedergabedauer kann weiterhin Aufschluss darüber geben,
wie interessant dein Content für deine Zuschauer ist.

Aber auch auf YouTube sind natürlich die geografische und demografische Verteilung deiner Community (siehe Abbildung 7.3) von Interesse. Hierzu gibt es mehrere
Ansichten, die du für die Darstellung nutzen kannst.

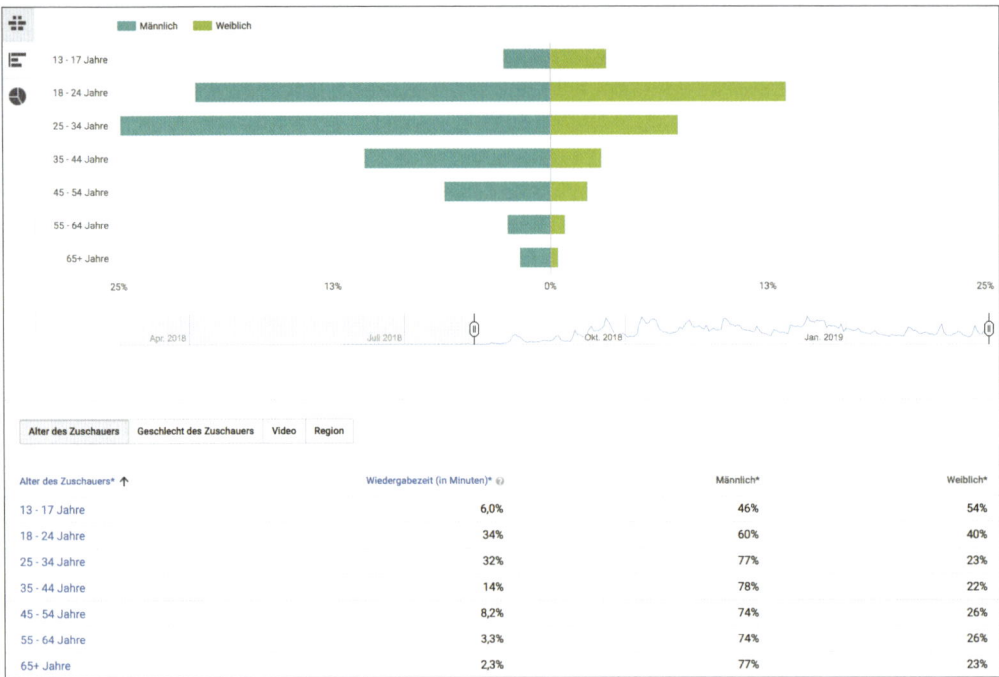

Abbildung 7.3 Verteilung der Zuschauer nach Alter und Geschlecht

Instagram

Auf Instagram sind für deine Kooperationspartner vor allem die Anzahl deiner Abonnenten und die durchschnittlichen Likes, Kommentare sowie die Interaktionsrate auf deinem Account von Interesse. Während die Abonnentenanzahl auf deinem Kanal ersichtlich ist, müssen die anderen Daten errechnet werden.

Wenn du auf Instagram einen Business-Account hast, kannst du ebenfalls deine Insights einsehen (siehe Abbildung 7.4).

Von Interesse sind hierbei die Standorte deiner Follower. Dabei kannst du zum einen die Top-Städte und Top-Länder einsehen. Aber auch die Altersstruktur deiner Follower wird hier aufgeführt. Diese kannst du zusammengefasst und je Geschlecht betrachten.

Weiter unten siehst du zudem die Verteilung von Männern und Frauen unter deinen Abonnenten. Ebenfalls einsehbar ist dann auch die Reichweite, die deine Postings und Stories erzielen. Das zeigt deinem potenziellen Auftraggeber, wie viele Personen du mit deinem Content tatsächlich erreichen kannst.

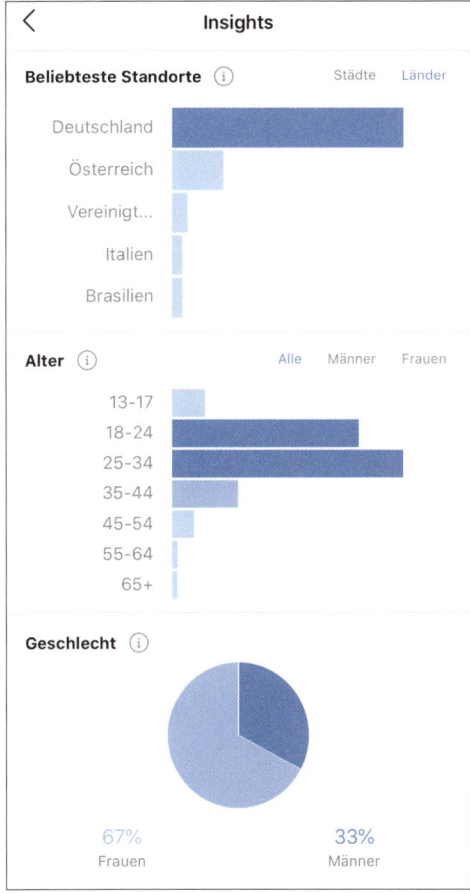

Abbildung 7.4 Instagram Insights

Podcast

Werbung über Podcasts trauen sich noch eher wenige Unternehmen zu, da sie weniger greifbar sind. Schließlich handelt es sich hier um ein rein auditives Medium, sodass Produkte nicht gezeigt werden können, sondern nur darüber gesprochen wird. Dementsprechend eignen sich Podcasts natürlich nicht unbedingt für alle Produkte.

Nichtsdestotrotz sind auch hier die Kennzahlen zu den Zuhörern relevant, um eine Zusammenarbeit abwägen zu können. Im Gegensatz zu anderen sozialen Netzwerken sind bei Podcasts keine Werte öffentlich einsehbar.

Zu den wichtigen Kennzahlen eines Podcasts gehören die Abonnenten, monatlichen Zuhörer und die durchschnittlichen Zuhörer je Folge, aber auch die Verweildauer und die Demografie der Zuhörer. Diese Daten erhältst du durch die jeweiligen Anbieter, über die du deinen Podcast zur Verfügung stellst (siehe Abbildung 7.5 und Abbildung 7.6). Zu den großen Plattformen für das Veröffentlichen von Podcasts gehören beispielsweise *iTunes*, *Spotify* und *Deezer*.

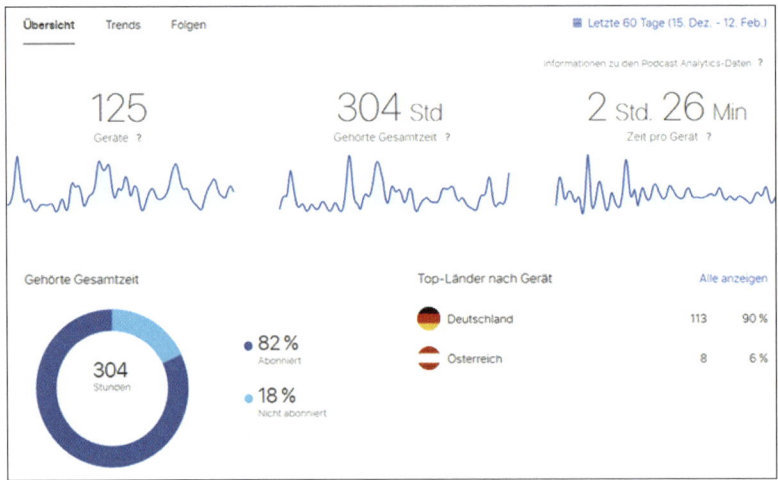

Abbildung 7.5 iTunes Podcast Analytics

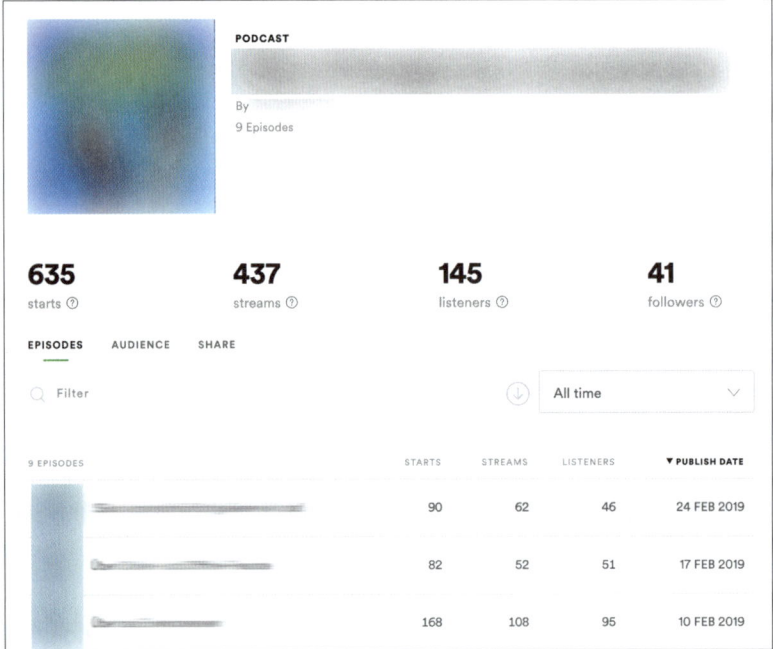

Abbildung 7.6 Spotify Podcast Analytics

Wenn du den Podcast über deine Webseite beziehungsweise deinen Blog zur Verfügung stellst, sind die Möglichkeiten etwas begrenzter. Je nach Anbieter kannst du die Analytics entweder über deinen Hoster oder zum Beispiel über die Plattform Matomo bzw. Piwik oder Google Analytics abrufen.

Was gehört in dein Media-Kit?

1. **Cover:** Das ist zwar kein Muss, zieht aber direkt die Aufmerksamkeit auf sich und kann schnell durch eine ansprechende Bildsprache beeindrucken.

2. **Informationen:** Wie bist du dazu gekommen, und wieso machst du es? Mit welchen Themen beschäftigst du dich, und was zeichnet dich besonders aus?

3. **Demografie:** Wie alt sind deine Fans, und welches Geschlecht haben sie?

4. **Geografie:** Woher kommt deine Community?

5. **Reichweite:** Welche Reichweite erzielst du über deine Social-Media-Kanäle?

6. **Kooperationsbeispiele:** Welche Kooperationen haben in der Vergangenheit besonders gut funktioniert, und wie konntest du den Kunden und deine Community überzeugen?

7. **Werbemöglichkeiten:** Welche Kooperationsformen bietest du an?

Ob du in deinem Media-Kit auch schon die Preise für Kooperationen kommunizieren möchtest, bleibt dir überlassen. Die einen sind hier gerne transparent, während die anderen ihre Preise je nach Anfrage neu kalkulieren. Aber in jedem Fall solltest du deine Kontaktinformationen aufführen, sodass potenzielle Kooperationspartner dich möglichst schnell und unkompliziert kontaktieren können. Wenn du dein Media-Kit nicht veröffentlichst, kann es sinnvoll sein, darauf hinzuweisen, dass die Daten vertraulich sind und nicht weitergegeben werden dürfen.

Neben dem Inhalt muss dein Media-Kit aber auch gestalterisch überzeugen! Um deinen Wiedererkennungswert zu steigern, solltest du es deinem Auftritt in den sozialen Netzwerken entsprechend aufbereiten. Sei also kreativ, und überzeuge mit deiner Individualität! Wie so ein Media-Kit aufbereitet aussehen kann, siehst du an dem Beispiel von *Madlèn Bohème* in Abbildung 7.7.

Gegebenenfalls fügst du auch noch den Stand der angegebenen Daten zu deinen Social-Media-Kanälen ein, um sie nachvollziehbar zu machen. Denk aber trotzdem immer daran, dein Media-Kit regelmäßig zu überarbeiten, indem du aktuelle Inhalte einfügst und auch die Daten aktualisierst. Schließlich entwickelst du dich weiter, und deine Community wächst stetig. Das sollte auch in deinem Media-Kit berücksichtigt werden. Denn veraltete Dokumente wirken schnell unprofessionell.

Madlén Bohéme
alternative lifestyle blogger

blog: www.madlenboheme.com
blogzine: www.ohsoboho.blog
co-writer for: www.blissbeauty.de
instagram @madlen_boheme
+ 49 1766 48 66 199

MADLÈN BOHÈME

About

Mindstyle
Sustainability
Love & Sex
Female Empowerment
Yoga
Travel
Beauty and Hair

25.000+
MONTHLY PAGE VIEWS

14.000+
UNIQUE VISITORS

20.200+
INSTAGRAM FOLLOWERS

Zielgruppe

weiblich und männlich (50:50)
zwischen 18 und 34 Jahren (70% der Leser)
aus Deutschland, Österreich, Schweiz und den USA

Abbildung 7.7 Media-Kit am Beispiel von Madlèn Bohème (*www.madlenboheme.com/mediapr*)

Sobald du es fertiggestellt hast, solltest du das Media-Kit als PDF abspeichern. Dann kannst du es entweder auf Anfrage verschicken oder direkt auf deiner Webseite beziehungsweise deinem Blog als Download zur Verfügung stellen – wie es dir lieber ist.

7.2 Welche Arten von Kooperationen gibt es?

Im Influencer-Marketing gibt es verschiedene Arten von Kooperationen, die du mit Unternehmen eingehen kannst. Das ist natürlich abhängig von dem, was du anbieten möchtest und was die Unternehmen sich vorstellen. Das solltet ihr also im Einzelfall gemeinsam besprechen und abwägen, welche Form der Zusammenarbeit sich für euch und das vorzustellende Produkt am besten eignet.

Im Rahmen von Kooperationen mit Influencern verfolgen Unternehmen verschiedene Ziele, welche auch bei der Umsetzung unterschiedlich angegangen werden sollten. Die Zusammenarbeit mit Influencern kann beispielsweise sinnvoll sein, um neue Produkte vorzustellen und in den Markt einzuführen. Manche Unternehmen möchten aber ihre Brand Awareness im Social-Media-Bereich steigern und ihr Image sowie die Loyalität der Konsumenten zur Marke pflegen. Wieder anderen geht es bei einer Kooperation darum, den Umsatz zu steigern, indem möglichst viele Produkte verkauft werden. Das ist häufig der Fall, wenn Gutscheincodes angeboten werden. Aber auch die Generierung von neuen Leads kann ein Kampagnenziel sein. Dabei geht es den Auftraggebern in der Regel darum, Kontaktinformationen von potenziellen Kunden zu sammeln. Um die Relevanz in Suchmaschinen wie Google und YouTube zu steigern, kooperieren Unternehmen häufig mit YouTubern und Bloggern, die über ihre Produkte berichten.

Wenn du eine Kooperation mit einem Unternehmen eingehst, sollte deshalb vorab natürlich geregelt werden, welches Ziel mit der Kampagne verfolgt wird, um entsprechend die Form der Zusammenarbeit zu klären. Dabei ist es auch wichtig festzulegen, ob es sich dabei um eine kurzfristige oder langfristige Zusammenarbeit handeln soll. Was wird genau von dir erwartet, und zu was bist du bereit?

In der Regel findet die Kooperation auf deinem Social-Media-Kanal statt, indem du Content für den Kunden produzierst und veröffentlichst. Auf diese Weise ist es dem Kunden möglich, deine Community auf authentische Art und Weise zu erreichen und seine Markenbotschaft zu vermitteln.

Influencer Relations

Viele Marken pflegen vor allem nach einer erfolgreichen Zusammenarbeit im Rahmen einer Influencer-Kampagne auch ihre *Influencer Relations*. Damit ist der nachhaltige Kontaktaufbau zu Influencern gemeint, um sie an die Marke zu binden. Dazu gehören ein offener Austausch auf Augenhöhe, Einladungen zu Events, ein regelmäßiger Versand von Produkten und vieles mehr. Da es hierbei in der Regel zu keiner vertraglichen Vereinbarung kommt, bist du als Influencer natürlich frei in der Entscheidung, Produkte und Marken vorzustellen.

Product Placements

Die häufigste Kooperationsform auf YouTube ist das *Product Placement*. Darunter ist die Vorstellung eines Produkts deines Kooperationspartners innerhalb eines Videos auf deinem YouTube-Kanal zu verstehen. Das kann zum Beispiel die Vorstellung einer neuen Foundation, eines Fitnessprogramms oder einer Gaming-App sein. Bei der Umsetzung kannst du natürlich ganz kreativ sein.

Wie so eine Produktplatzierung aussehen kann, siehst du am Beispiel von *Mrs. Bella*. In ihrem Video schminkt sie einen Summer-Night-Make-up-Look, wobei sie Teint-Produkte von Yves Saint Laurent Beauty einbindet und vorstellt. In dem Video kommen aber auch Make-up-Produkte anderer Konkurrenzmarken vor, weshalb es kein exklusives Werbevideo, sondern ein Product Placement ist.

Die bezahlte Zusammenarbeit macht sie durch die Kennzeichnung »Unterstützt durch Produktplatzierung« innerhalb ihres Videos kenntlich (siehe Abbildung 7.8), sodass für die Zuschauer deutlich wird, dass es sich bei der Vorstellung um Werbung handelt.

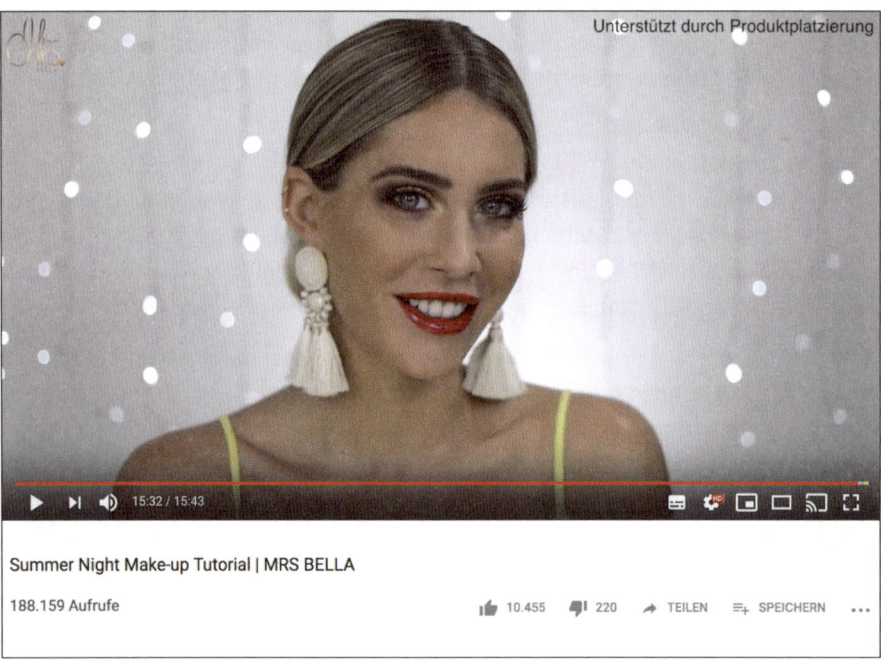

Abbildung 7.8 Product Placement am Beispiel von Mrs. Bella (*www.youtube.com/watch?v=-U4S57_iV3I*)

Im besten Fall sprichst du vorher aber mit dem Auftraggeber ab, in welche Richtung dein Content gehen wird, sodass es zu keinen Missverständnissen kommt. Was den redaktionellen Teil deiner Inhalte angeht, darf dir der Auftraggeber jedoch keine genauen Vorgaben machen.

Werbevideos

Während du bei einer Produktplatzierung beziehungsweise einem Product Placement hinsichtlich der Umsetzung freier bist, gibt es auch Unternehmen, die sehr genaue Vorgaben zur Umsetzung machen. Dazu gehören auch Fälle wie das Video von *AlexiBexi*, in denen im gesamten Video nur eine einzige Marke oder ein Produkt vorgestellt wird und keine Konkurrenzmarken und -produkte gezeigt und erwähnt werden dürfen. Dann handelt es sich um ein exklusives Werbevideo, das entsprechend gekennzeichnet werden muss (siehe Abbildung 7.9).

Abbildung 7.9 Werbevideo am Beispiel von AlexiBexi (*www.youtube.com/watch?v= 3hqkjHqXl10*)

In der Regel sind Unternehmen bereit, mehr Geld für ein exklusives Werbevideo zu zahlen. Dennoch solltest du auch hier darauf achten, dass das Produkt und die gewünschte Art und Weise der Umsetzung zu den Inhalten passen, die deine Abonnenten sonst von dir kennen. Ansonsten kann es sehr schnell passieren, dass es nicht gut von deiner Community angenommen wird und dir im schlimmsten Fall sogar ein Shitstorm droht. Nur wegen des Geldes solltest du so eine Zusammenarbeit also nicht eingehen.

Product Placement vs. Werbevideo auf YouTube

Der Unterschied zwischen einem Product Placement und einem Werbevideo im Bewegtbildbereich liegt in dem Verhältnis zwischen dem redaktionellen Content und der Werbung. Bei einem Werbevideo können die Vorgaben zur Umsetzung sehr konkret sein, und die Marke sowie das Produkt stehen im Vordergrund, während bei einem Product Placement der redaktionelle Inhalt gegenüber der Werbung überwiegt.

Testimonial

Bei einer Zusammenarbeit mit einem Unternehmen müssen die Content-Veröffentlichungen nicht immer nur auf deinen eigenen Kanälen stattfinden. Wenn du besonders gut zu einer Marke passt und ihr vielleicht in der Vergangenheit auch schon mal zusammengearbeitet habt, kann es gut sein, dass die Firma dich mit einem Testimonial beauftragt. Das bedeutet z. B., dass du wie @flow_bu auch Content für die Kanäle des Unternehmens produzierst (siehe Abbildung 7.10).

Abbildung 7.10 Video-Posting mit @flow_bu auf dem Instagram-Profil von Rocka Nutrition (*www.instagram.com/p/BuIY7yhnutc/*)

Hierfür wird normalerweise ein *Buy-out-Vertrag* aufgesetzt, durch den du deine Rechte an dem Material abtrittst, sodass es vom Kunden für Werbezwecke genutzt werden darf. Genauso wie bei der Vertraulichkeitsvereinbarung solltest du dir das Dokument sehr genau durchlesen, bevor du es unterschreibst.

Um deinen Content auf dem Brand-Channel zusätzlich zu pushen, wird häufig eine Cross-Promo von dem jeweiligen Unternehmen gebucht. Manche Influencer übernehmen die Cross-Promo aber auch freiwillig und unbezahlt, weil sie den Content besonders gut finden und stolz darauf sind. Wie so was aussehen kann, siehst du in Abbildung 7.11. Hier verweist flow_bu innerhalb seiner Instagram-Story auf das Posting von @*rockanutrition* und verlinkt es, sodass seine Follower ganz einfach darauf zugreifen und mit dem Post interagieren können. Das bringt den Vorteil, dass das Posting auf dem Brand-Channel eine hohe Aufmerksamkeit bekommt und das Unternehmen aufgrund der erfolgreichen Kooperation gegebenenfalls den Vertrag für die Zusammenarbeit verlängert.

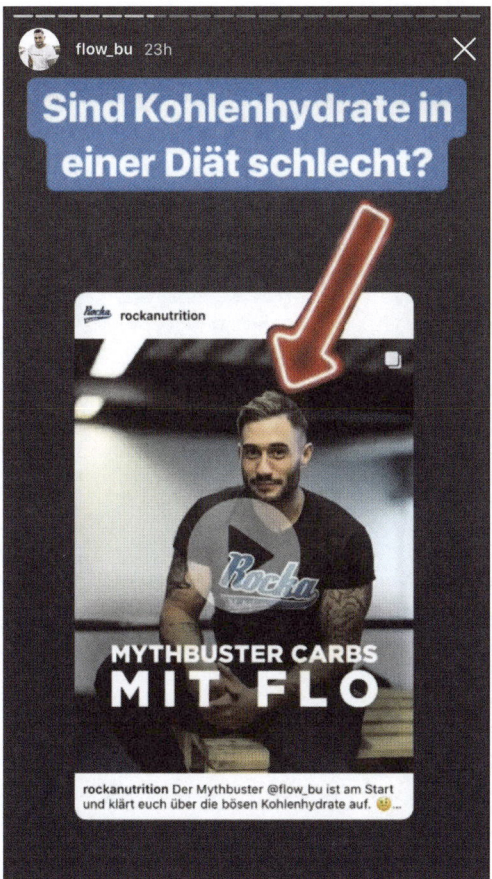

Abbildung 7.11 Verweis des Influencers flow_bu in seiner Story auf das Posting von Rocka Nutrition (*www.instagram.com/flow_bu/*)

Channel-Takeover

Unternehmen beauftragen häufig Influencer mit einem *Channel-Takeover*, bei dem die Influencer über den Markenkanal von Events oder besonderen Aktionen berichten – so auch bei TUI Cruises und @*immer.fernweh* (siehe Abbildung 7.12). Der jeweilige Influencer übernimmt für einen gewissen Zeitraum die Social-Media-Kanäle des Unternehmens. Dabei kann der Influencer beispielsweise über die Instagram-Story direkt vom Event berichten und somit einen Einblick hinter die Kulissen gewähren. Durch den persönlichen Auftritt des Influencers werden die Beziehung und das Vertrauen zwischen dem Unternehmen und den Fans gestärkt. In den meisten Fällen kündigt der Influencer die Channel-Übernahme auch auf seinen eigenen Kanälen an, um einen Transfer der Community zu unterstützen.

Abbildung 7.12 Channel-Takeover des Instagram-Kanals @meinschiffofficial von TUI Cruises durch Lisa und Jan von @immer.fernweh (*www.instagram.com/p/BijmBuwBein/*)

Channel-Host

Um den Markenkanälen eine Persönlichkeit zu verleihen und eine engere Beziehung zu der eigenen Zielgruppe aufzubauen, setzen manche Unternehmen auch auf Influencer als Channel-Hosts (siehe Abbildung 7.13). Im Gegensatz zu dem Channel-Takeover werden also regelmäßig Inhalte mit dem Influencer auf dem Marken-Channel veröffentlicht. So eine Rolle kann ein Sprungbrett für deine Karriere sein und unterstreicht deine Professionalität im Business. Zudem hast du dadurch vielleicht sogar ein festes Einkommen, das du monatlich erhältst und mit dem du rechnen kannst. Das bietet dir eine gewisse Sicherheit und ermöglicht dir, noch freier Content für deine eigenen Kanäle zu produzieren, da du nicht mehr so stark auf Kooperationen angewiesen bist, um deinen Lebensunterhalt bestreiten zu können.

Abbildung 7.13 Alexander Böhm und Jens Herforth als Channel-Hosts auf dem YouTube-Kanal »TURN ON« von Saturn (*www.youtube.com/watch?v=A_la6Yf97jU*)

Auftritte auf Events

Um Influencern ihre Wertschätzung zu zeigen und natürlich auch die Aufmerksamkeit auf die eigene Marke zu lenken, laden viele Brands relevante Influencer zu ihren Events ein. Mit solchen Veranstaltungen möchten sie ihre Influencer Relations pflegen und auch ihre Glaubwürdigkeit in der Zielgruppe der Influencer stärken.

Während solcher Events werden Influencern beispielsweise Möglichkeiten für die Produktion von Content geboten, es werden neue Produkte der Marke vorgestellt und Goodie-Bags verteilt. Es soll eine Win-win-Situation für beide Seiten entstehen! Die Unternehmen profitieren von der Aufmerksamkeit und dem Content zu ihrer Marke, während Influencer neuen Content zur Veröffentlichung produzieren und ihre Community unterhalten können. Von solchen Veranstaltungen werden wie im Beispiel von *Hatice Schmidt* (siehe Abbildung 7.14) häufig Bilder und Videos veröffentlicht.

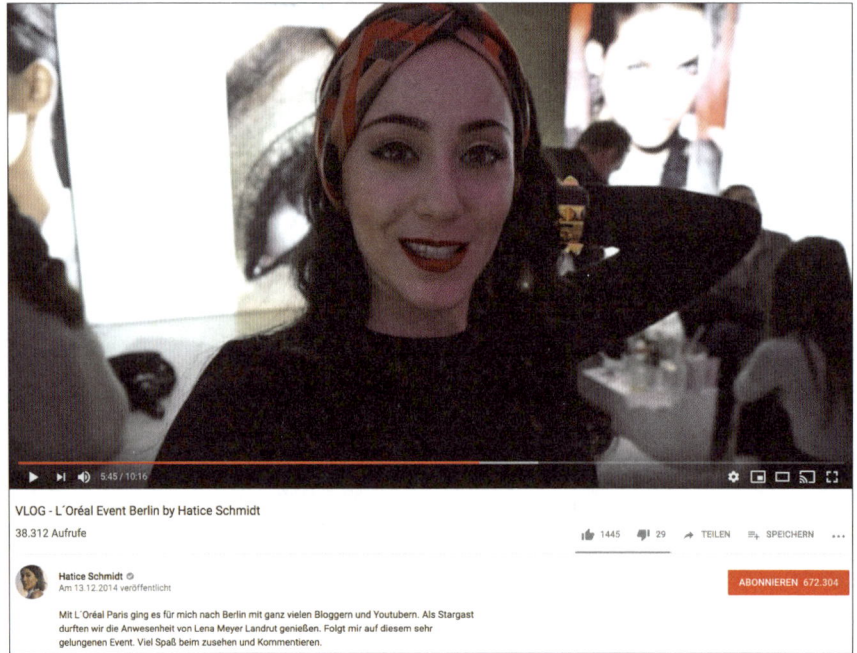

Abbildung 7.14 Vlog von Hatice Schmidt zu dem L'Oréal-Event in Berlin
(*https://www.youtube.com/watch?v=BnxkoNY7I5U*)

Um auch ein Teil solcher Events zu sein, sollte die Beziehungspflege mit Unternehmen natürlich nicht nur einseitig sein, sondern auch von deiner Seite aus erfolgen. Das ist beispielsweise möglich, indem du dich regelmäßig bei deinen Kooperationspartnern meldest und auch ohne Bezahlung ihre Produkte vorstellst, wenn diese dich überzeugen. Das zeigt ihnen, dass du dich mit der Marke identifizierst und dich als authentischer Markenbotschafter eignest.

7.3   Wie machst du Unternehmen auf dich aufmerksam?

Dein Media-Kit ist fertig und du kennst die verschiedenen Möglichkeiten, wie Influencer und Unternehmen zusammenarbeiten können – aber wie kommst du jetzt eigentlich an Kooperationen? Das ist eine sehr wichtige Frage! Denn gerade am Anfang deiner Karriere bist du noch nicht so bekannt, und dir laufen Unternehmen nicht die Türe ein. Stattdessen musst du auf dich aufmerksam machen.

Dies kannst du machen, indem du die Produkte, die du deiner Community vorstellst, verlinkst und taggst. Dadurch sehen Unternehmen, dass dir ihre Produkte gefallen, und sie kommen gegebenenfalls auf dich zu, um dir weitere Produkte zuzusenden oder sogar eine bezahlte Kooperation mit dir einzugehen. Vor allem am Anfang werden die meisten Kooperationen vermutlich unentgeltlich stattfinden, indem du durch die dir zugesandten PR-Samples entlohnt wirst.

Die Influencerin *Schannaloves* kombiniert in ihrem YouTube-Video in Abbildung 7.15 einen Pullover mit anderen Kleidungsstücken, sodass insgesamt fünf unterschiedliche Outfits entstehen. Die vorgestellten Fashion-Items stammen von verschiedenen Marken, und das Video wird nicht gesponsert. Stattdessen handelt es sich um Kleidungsstücke, die sie selbst erworben hat und ihrer Community vorstellt, weil sie inspirieren und Tipps weitergeben möchte.

Abbildung 7.15 Schannaloves stellt auf YouTube unentgeltlich Kleidungsstücke verschiedener Marken vor. (*https://www.youtube.com/watch?v=_tik_0H3hPQ*)

Die vorgestellten Fashion-Pieces werden anschließend in der Infobox des Videos verlinkt (siehe Abbildung 7.16), sodass die Zuschauer Zugriff darauf haben und die Stücke bei Bedarf nachkaufen können.

PR-Samples

PR-Samples sind im Influencer-Marketing ein sehr beliebtes Mittel, um auf Marken und Produkte aufmerksam zu machen. Dabei versenden Marken kostenfrei Produkte an Influencer in der Hoffnung, dass diese begeistert sind und sie auf ihren Kanälen vorstellen. Gerade am Anfang deiner Influencer-Laufbahn sind dir solche Anfragen sicherlich schon begegnet. Da es sich hierbei um keine Kooperation, sondern um eine freiwillige Leistung deinerseits handelt, musst du die Produkte natürlich nicht vorstellen.

PRODUCTS:

1. OUTFIT:

Pullover: & Other Stories http://bit.ly/2D6hhSS Größe S
Trägerkleid aus Cord: http://bit.ly/2TYQ0Yp Größe 40
Strumpfhose H&M: http://bit.ly/2DBN9PJ
Boots: Doc Martens: http://bit.ly/2UilebK
Mantel &other Stories: http://bit.ly/2SWQrBN Größe 34
Schal Bershka: https://bit.ly/2G0RfCs

2. OUTFIT:

Pullover: & Other Stories http://bit.ly/2D6hhSS Größe S
Rock: http://bit.ly/2U4NFLq Größe XS
Mantel: http://bit.ly/2Dqh3WY Größe 34
Strumpfhose H&M: http://bit.ly/2DBN9PJ
Boots schwarz: Doc Martens: http://bit.ly/2UilebK
Boots weiß: Bershka: https://bit.ly/2G3oAgc
Schal Beige: http://bit.ly/2SWQNID
Schal Grau: http://bit.ly/2PNM7ro

3. OUTFIT:

Pullover: & Other Stories http://bit.ly/2D6hhSS Größe S
Jogger Zara alt, Alternativen: http://bit.ly/2UeNoWm http://bit.ly/2Uml5W4
Mantel &other Stories: http://bit.ly/2SWQrBN Größe 34
Boots weiß: Bershka: https://bit.ly/2G3oAgc
Beanie H&M: Alternative: http://bit.ly/2UkVRY1

4. OUTFIT:

Pullover: & Other Stories http://bit.ly/2D6hhSS Größe S
FAVORITE JEANS: LEVIS 501 http://bit.ly/2DB5Lz3
Ich trage Jeans-Größen 34, HIER: 25/28 Farbe: Lovefool
Jacke Bershka: https://bit.ly/2FS0GVG Größe M
Boots schwarz: Doc Martens: http://bit.ly/2UilebK
Boots weiß: Bershka: https://bit.ly/2G3oAgc
Schal: NA-KD alt, bessere Alternative: http://bit.ly/2Dxtd0q

5. OUTFIT:

Pullover: & Other Stories http://bit.ly/2D6hhSS Größe S
MOM Jeans: http://bit.ly/2IZs4Qd Größe 34
Boots schwarz: Doc Martens: http://bit.ly/2UilebK
Jacke Pull & Bear: Alternative: http://bit.ly/2DBpsXI http://bit.ly/2DCJUaA
http://bit.ly/2DDLAkp
Hut: H&M Alternative: http://bit.ly/2UezJhU
Schal Bershka: https://bit.ly/2G0RfCs

Abbildung 7.16 Schannaloves verlinkt die vorgestellten Kleidungsstücke in ihrer Infobox unter dem Video.

Du möchtest nicht warten, bis Unternehmen dein Profil entdecken, sondern selbst tätig werden? Super! Nimm es selbst in die Hand, und geh direkt auf Unternehmen zu, sende ihnen dein Media-Kit, und mache ihnen einen Vorschlag, wie du ihre Marke und Produkte authentisch auf deinem Kanal inszenieren möchtest.

Du bist sicherlich nicht die einzige Person, die die jeweiligen Unternehmen anschreibt, deshalb solltest du dir wirklich etwas Individuelles überlegen, um aus der Masse hervorzustechen. Wieso sollten sie unbedingt mit dir zusammenarbeiten?

Tipps für dein Anschreiben

1. **Betreffzeile deiner Mail:** Trage hier am besten direkt ein, dass es sich um eine Kooperationsanfrage handelt. Sollte der Empfänger deiner Nachricht doch nicht der richtige Ansprechpartner sein oder solltest du deine Mail an eine allgemeine Kontaktadresse gesendet haben, wird das somit schnell klar, und deine Anfrage kann rasch an die richtige Person weitergeleitet werden.

2. **Persönliche Ansprache:** Für dein Anschreiben solltest du am besten schon herausgefunden haben, wer der richtige Ansprechpartner in dem jeweiligen Unternehmen ist. Bei manchen Unternehmen findest du die richtige Kontaktadresse auf der Website. Du kannst dich aber auch auf XING oder LinkedIn nach einem passenden Ansprechpartner innerhalb des Unternehmens umschauen. Ansonsten passt natürlich auch die allgemeine Mail-Adresse des Unternehmens. In diesem Fall solltest du eine allgemeine und höfliche Ansprache wählen. Falsche Namen oder keine Ansprache sind ein No-Go!

3. **Beschreibe dich:** Wenn du einem Unternehmen eine Kooperationsanfrage schickst, weiß es noch gar nicht, wer dahintersteckt und wer du bist. Deshalb solltest du dich vorstellen und kurz etwas über dich schreiben. Schließlich möchten auch Firmen mit Personen zusammenarbeiten, die sie sympathisch finden und die sie sich als Botschafter ihrer Marke vorstellen können.

4. **Produktbezogene Einleitung:** So sehr wie du dir eine persönliche Anfrage von Firmen wünschst, genauso individuell sollte auch deine Mail an eine Marke sein. Bitte keine Massen-Mails verschicken! Schreibe in deiner Anfrage kurz etwas zu dem jeweiligen Produkt oder der Marke, um zu zeigen, dass du wirkliches Interesse hast und dich mit dem Unternehmen auseinandergesetzt hast.

5. **Konzeptvorschlag:** Hast du schon eine konkrete Idee, wie du das Produkt einbinden möchtest? Perfekt – dann schlage diese in deinem Anschreiben direkt vor! Das zeigt, dass du dich damit auseinandergesetzt hast und motiviert bist.

6. **Hard Facts:** Neben der Persönlichkeit geht es bei Influencer-Kooperationen natürlich auch um die Fakten deines Kanals. Hier kannst du deiner Anfrage beispielsweise dein Media-Kit anhängen.

7. **Kontaktinformationen:** Um es dem Unternehmen möglichst einfach zu machen, kannst du in deiner Anfrage auch schon ganz unverbindlich deine Kontaktinformationen mit einer Adresse hinterlegen. Das erspart natürlich Zeit und vereinfacht den Produktversand.

8. **Achte auf deine Rechtschreibung:** Eigentlich sollte dieser Punkt klar sein. Wenn deine Anfrage viele Tippfehler beinhaltet, erweckt dies schnell den Eindruck, dass du dir keine richtige Mühe gegeben hast. So landet deine Anfrage schneller im Papierkorb, als du denkst. Deshalb solltest du dir Zeit für deine Anfrage nehmen und dir dabei wirklich Mühe geben. Um Flüchtigkeitsfehler zu vermeiden, kannst du dein Anschreiben noch mal von jemand anderem lesen lassen.

9. **Grußformel:** Neben der persönlichen Ansprache gehört zum Schluss jeder Korrespondenz natürlich auch eine höfliche Grußformel dazu.

Noch einfacher läuft es über Onlineplattformen, bei denen du dich in der Regel kostenfrei registrieren kannst, um dich auf ausgeschriebene Kampagnen zu bewerben oder dazu eingeladen zu werden. Hier gibt es verschiedene Anbieter, bei denen du Kooperationen auf unterschiedlichen Plattformen eingehen kannst. Wenn du eine passende Kampagne gefunden hast, bewirb dich, und überzeuge den Kunden mit deiner Umsetzungsidee. Diese Plattformen müssen allerdings auch Geld verdienen und verlangen meist eine Provision für die Vermittlung. Hier lohnt es sich, zu vergleichen und gegebenenfalls auch mit dem Kunden darüber zu sprechen, wer die Provision bezahlen muss.

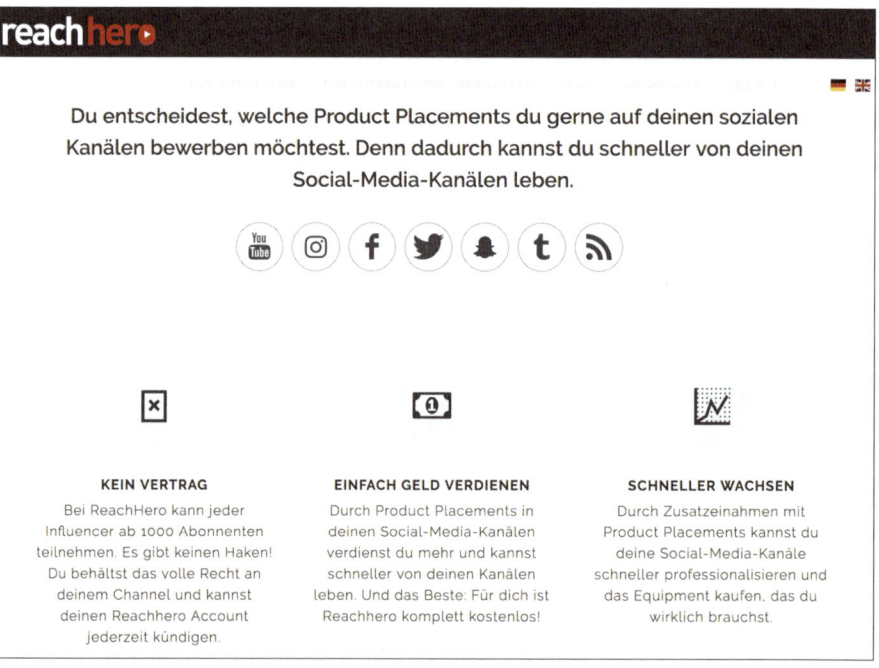

Abbildung 7.17 reachhero für Kooperationen mit Unternehmen (*https://www.reachhero.de/product-placement/influencer*)

Auf *reachhero* kannst du dich zum Beispiel als Influencer registrieren, um dich für Kampagnen auf YouTube, Instagram, Facebook und Co. zu bewerben (siehe Abbildung 7.17). In Abbildung 7.18 siehst du, welche Formen von Kooperationen auf reachhero möglich sind. Es gibt hier sowohl bezahlte Placement-Kampagnen als auch Kooperationen auf Basis von Giveaways. Du kannst hier aber auch Cross-Promos mit anderen Influencern eingehen oder ein Teil von Performance-Kampagnen sein, indem du auf deinem Social-Media-Kanal einen Link teilst und pro Klick vergütet wirst.

Vier Möglichkeiten für Influencer eine Kampagne auf ReachHero durchzuführen:

1. **Placement Kampagnen - ab 2.500 Followern**
Dabei bewirbst du dich mit deinem Angebot auf eine vom Unternehmen ausgeschriebene Kampagne. Falls dem Unternehmen dein Angebot und dein Channel zusagen, kommt es zu einer Kooperation.

2. **Performance Kampagne - ab 500 Followern**
Dabei teilst du den Link eines Unternehmens und wirst pro Klick mit einem festgesetzten Betrag bezahlt. Sobald das vom Unternehmen festgelegte Budget aufgebraucht ist, wird die Kampagne gestoppt. Du erhältst die Summe, die du mit den Klicks von deinem Link erzielt hast.

3. **Cross-Promo Kampagnen - für alle möglich**
Durch Cross-Promo Aktionen kann einem noch unbekannteren Influencer zu mehr Reichweite verholfen werden, in dem er eine Kooperation mit einem anderen Influencer eingeht. Er hat hier die Möglichkeit gezielt nach einem passenden Partner zu suchen.

4. **Giveaway- Kampagnen - ab 1.000 Followern**
Bei den Giveaway-Kampagnen bekommst du kostenlos Produkte oder Dienstleistungen von Unternehmen zur Verfügung gestellt, um sie als Placement in dein Video oder Posting einzubinden.

Abbildung 7.18 Kampagnen-Formen auf reachhero (*https://www.reachhero.de/ product-placement/influencer*)

Unabhängig von der Art und Weise, wie du an eine Kooperation gekommen bist und um welche Form der Zusammenarbeit es sich handelt, solltest du immer darauf achten, dass sie inhaltlich zu dir und deinem Content passt. Schließlich möchtest du innerhalb deiner Community als glaubwürdiger Experte wahrgenommen werden, dessen Empfehlungen man vertrauen kann – egal, ob es sich um Werbung oder redaktionellen Content handelt.

Du kannst natürlich auch ein Influencer-Management oder -Netzwerk mit deiner Vermarktung beauftragen. Das macht allerdings häufig erst Sinn, wenn du bereits ein gewisses Einkommen durch deine Social-Media-Aktivitäten generieren kannst. Schließlich möchte das Management oder Netzwerk auch entlohnt werden. Am Anfang solltest du aber eher versuchen, deine Ausgaben so gering wie möglich zu halten.

Deals über Freachly

Über *Freachly* (siehe Abbildung 7.19) kannst du als Content Creator Werbung für Restaurants, Bars, Hotels und andere Geschäfte in deiner Umgebung machen und erhältst dafür im Gegenzug beispielsweise kostenfreie Beauty-Behandlungen, Essen und Drinks oder Übernachtungen. Um daran teilnehmen zu können, musst du lediglich die App herunterladen und dich als Influencer registrieren. Sobald du einen für dich passenden Deal gefunden hast, kannst du diesen nutzen und dein Erlebnis anschließend mit deiner Community teilen.

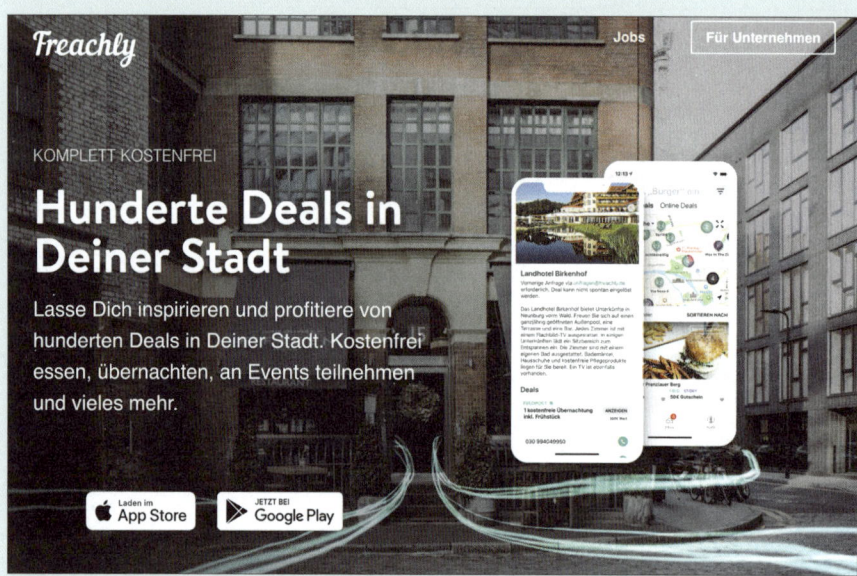

Abbildung 7.19 Die Startseite von Freachly (*https://freachly.de/influencers*)

7.4   Wie gehst du vor, wenn Agenturen und Unternehmen auf dich zukommen?

Sobald du dir eine entsprechende Reichweite und ein authentisches Auftreten auf deinem Kanal aufbauen konntest, werden auch die ersten Agenturen und Unternehmen auf dich aufmerksam werden und dich für Kooperationen anfragen. Aber wie läuft das eigentlich ab?

Zunächst solltest du dir das Unternehmen, von dem die Anfrage kommt, sehr genau ansehen. Wie ist das Image der Marke? Kannst du dich damit identifizieren? Gefällt dir das Produkt, das du vorstellen sollst? Wenn diese Einordnung nicht positiv ausfällt, solltest du die Anfrage freundlich ablehnen. Auch wenn du noch am Anfang stehst und du dich über jede Mail freust, musst du nicht jede Zusammenarbeit eingehen.

Vorsicht vor unseriösen Anfragen

Nicht jede Kooperationsanfrage, die du erhältst, ist tatsächlich seriös. Deswegen solltest du die Anfragen erst mal genau prüfen, bevor du eine Zusammenarbeit eingehst. So kannst du dir und deiner Community Fettnäpfchen ersparen und gegebenenfalls sogar Schlimmeres verhindern.

Bei Anfragen von Unternehmen, bei denen du das zu bewerbende Produkt selbst kaufen musst (manchmal wird dir hierfür ein Rabatt angeboten), solltest du auf jeden Fall stutzig werden. Einige dieser Unternehmen werben beispielsweise sogar auf Instagram über Story-Ads, dass sie auf der Suche nach Micro-Influencern sind. Hierbei erhältst du in der Regel lediglich eine Provision, sobald einer deiner Follower über deinen Gutscheincode in dem Onlineshop eingekauft hat. Für dich ist es jedoch nur schwer nachweisbar, wie viele Käufe tatsächlich abgeschlossen wurden. In den meisten Fällen bleibst du also auf deinen Kosten sitzen.

Wenn du ein Unternehmen, das dich für eine Kooperation angefragt hat, noch nicht kennst, dann schau dir erst mal die Website an, und prüfe das Impressum. Dieses sollte die Anschrift des Unternehmens sowie eine Möglichkeit zur Kontaktaufnahme beinhalten. Ob das Unternehmen wirklich existiert, kannst du (bis auf ein paar Ausnahmen) außerdem auch auf *https://www.unternehmensregister.de/ureg/* prüfen.

Gütesiegel im Onlineshop sprechen ebenfalls für die Seriosität eines Unternehmens. Das weist nämlich darauf hin, dass der Shop regelmäßig durch einen Gütesiegel-Anbieter geprüft wird und somit gewährleistet ist, dass bestimmte Leistungen erbracht und eingehalten werden.

Du solltest zudem darauf achten, dass eine sichere Verbindung zu der Website hergestellt wird. Gerade bei sensiblen Daten (zum Beispiel bei Zahlung mit der Kreditkarte) ist das wichtig. Der Standard ist aktuell die SSL-Verschlüsselung. Ob diese auf der jeweiligen Website aktiv ist, erkennst du in deinem Browser daran, dass links neben der URL ein kleines geschlossenes Schloss zu sehen ist.

Im Internet kannst du abschließend auch nach Rezensionen zu dem Unternehmen recherchieren, um zu prüfen, wie zufrieden bisherige Kunden waren. Sollten hier viele negative Bewertungen auftauchen, solltest du dir überlegen, ob du wirklich Werbung für ein Unternehmen machen möchtest, mit dessen Leistungen viele Kunden in der Vergangenheit nicht zufrieden waren.

Wenn die Marke und das Produkt dir zusagen, geht es noch um die Konditionen der Zusammenarbeit. Wenn die Konditionen deinen Vorstellungen entsprechen, dann ist das natürlich super! Falls nicht, dann solltest du nicht direkt absagen, sondern noch mal nachverhandeln. In vielen Fällen bieten dir Firmen natürlich weniger an, als möglich ist. Deshalb solltest du davon ausgehen, dass es noch etwas Spielraum gibt.

7.5   Verträge und Briefings: Was musst du beachten?

Sobald du und dein Kooperationspartner euch einig werden konntet, solltet ihr einen Vertrag und ein Briefing für die Kooperation aufsetzen, in dem alle Vereinbarungen noch mal schriftlich zusammengefasst sind. Damit bist du auf der sicheren Seite und hast auch etwas in der Hand, falls es im Nachgang zu Uneinigkeiten kommen sollte.

Wann musst du den Content zur Freigabe zusenden, und wann soll er veröffentlicht werden? Musst du Hashtags und Verlinkungen vornehmen? Gibt es vielleicht ein Gewinnspiel oder einen Rabattcode? Alle Einzelheiten solltest du abklären, bevor du der Zusammenarbeit zusagst. So kannst du Missverständnisse vermeiden und bleibst von bösen Überraschungen verschont. In Abbildung 7.20 findest du alle wichtigen Punkte, die du bei der Kooperation mit einem Unternehmen kennen und bedenken solltest.

Dazu gehören vor allem die Termine und Fristen, die du einhalten musst. In der Regel wird im Briefing festgelegt, wann du deinen Content für die Abnahme an den Auftraggeber senden und nach der Freigabe veröffentlichen musst. Pünktlichkeit ist hier die oberste Priorität! Schließlich möchtest du mit deiner Professionalität und Zuverlässigkeit überzeugen. Bei der Absprache der Timings kannst du dich gerne auch einbringen, wenn du beispielsweise einen bestimmten Upload-Plan verfolgst. Schließlich hätte ein außerplanmäßiger Upload negative Folgen hinsichtlich des Algorithmus.

Gehört zu der Zusammenarbeit deine Anwesenheit bei einem Event? Dann sollten der Tag und die Uhrzeit ebenfalls besprochen und im Briefing vermerkt werden. Für deine Anreise solltest du ausreichend Zeit einplanen, denn nichts ist schlimmer als ein unpünktliches Erscheinen.

Um auf Nummer sicher zu gehen, sollte auch eingetragen werden, welche Art von Content du produzieren und liefern musst und auf welcher Plattform dieser letztendlich veröffentlicht werden soll. Zudem ist es wichtig zu klären, in welchem Umfang du auf das Produkt eingehen musst. Was sollst du zeigen? Welche Inhalte sollst du an deine Community weitergeben? Was solltest du unbedingt vermeiden?

Viele Auftraggeber möchten zudem die Zusammenarbeit messen, indem Tracking-Links eingefügt oder individuelle Gutscheincodes an die Community kommuniziert werden. Ob das auch auf dich und deine Kooperation zutrifft, solltest du im Vorfeld unbedingt abklären.

Weiterhin ist es möglich, dass Kanäle des Auftraggebers innerhalb deiner Beiträge verlinkt, bestimmte Hashtags der Marke verwendet werden sollen oder dass auf andere Beiträge verwiesen werden soll. Frag deshalb genau nach, was im Rahmen der Zusammenarbeit von dir gewünscht und erwartet wird.

Briefing Checkliste – Was musst du beachten?

Datum

☐ Wann musst du den Content zur Abnahme einreichen?

☐ Wann musst du den Content veröffentlichen?

Art der Kooperation

☐ Um welche Art von Content handelt es sich
(z. B. Tutorial, Reviews, Vlog etc.)?

☐ Wie und in welchem Umfang soll das Produkt vorgestellt werden?

☐ Auf welchem Kanal soll der Content veröffentlicht werden?

☐ Wie muss die Werbung gekennzeichnet werden?

Key Messages

☐ Welche Informationen sollen vermittelt werden?

☐ Was soll gezeigt werden?

☐ Was darf nicht gezeigt oder erwähnt werden
(z. B. Konkurrenz-Produkte)?

Verlinkungen

☐ Musst du einen Tracking-Link einfügen?

☐ Gibt es einen Gutschein-Code für deine Abonnenten?

☐ Sollst du eine Umfrage durchführen (z. B. in der Instagram-Story
oder der YouTube-Infocard)?

☐ Welche Profile sollst du verlinken (z. B. Profil deines Kooperationspartners)?

☐ Sollst du auf andere Beiträge verweisen?

Abbildung 7.20 Diese Briefing-Checkliste hilft dir dabei, wichtige Details der Zusammenarbeit mit deinem Kooperationspartner zu klären.

Achte auch darauf, dass eine Kennzeichnung der Werbung zwischen euch vereinbart wird. Das ist nicht nur rechtlich vorgegeben, sondern du solltest auch deiner Community gegenüber ehrlich und transparent sein, um deine Glaubwürdigkeit beibehalten zu können. Wie du deine Beiträge kennzeichnen musst, erfährst du in Kapitel 10, »Was musst du rechtlich beachten?«, in dem dir Rechtsanwalt Christian Solmecke Tipps zur richtigen Kennzeichnung gibt.

In manchen Fällen musst du auch eine Verschwiegenheitserklärung unterzeichnen. Das kann zum Beispiel vorkommen, wenn die Produkte, die du im Rahmen der Kampagne vorstellen sollst, noch nicht veröffentlicht wurden, oder wenn du interne Informationen des Unternehmens erhältst. Hier solltest du auf jeden Fall genau hinschauen, was du unterschreibst. Gegebenenfalls kann es auch notwendig sein, einen Anwalt hinzuzuziehen, der das Dokument überprüft.

7.6   Wie viel Geld kannst du verlangen?

Ein lukratives Geschäftsmodell ergibt sich für dich als Influencer vor allem aus Kooperationen, die du mit Unternehmen und Agenturen eingehst, indem du Produkte oder Dienstleistungen vorstellst. Es ist also gut und wichtig, dass du dir Gedanken ums Geld machst. Gerade am Anfang deiner Karriere wirst du nicht nur viel Zeit und Arbeit in deinen Social-Media-Auftritt investieren, sondern vermutlich auch Geld. Schließlich brauchst du das nötige Equipment, um hochwertigen und professionellen Content produzieren zu können. Aber auch Reisekosten, Requisiten oder spezielle Software und vieles mehr werden zu deinen Ausgaben gehören. Diese Kosten müssen erst mal gedeckt werden.

Wie viel du für Kooperationen verlangen kannst, ist von verschiedenen Faktoren abhängig. Dazu gehören beispielsweise die Plattform, auf der die Kooperation stattfinden soll, welche Reichweite du in diesem sozialen Netzwerk besitzt, wie spitz deine Zielgruppe ist und wie stark die Bindung deiner Community zu dir. Diese Bindung wird vor allem anhand der Interaktionsrate und der Qualität der Kommentare gemessen.

Welche Faktoren beeinflussen das Honorar?

▶ Wie viel Content muss produziert werden?

▶ Wie aufwendig ist die Produktion? (Videos sind in der Regel aufwendiger als Fotos.)

▶ Welche Kosten entstehen im Rahmen der Produktion für dich? (Reisekosten, Beauftragung von externen Dienstleistern, Technik, Deko etc.)

▶ Bist du in den Aufnahmen zu sehen?

▶ Werden die Rechte nur für einen bestimmten Zeitraum oder für immer abgetreten?

▶ Wo wird der Content überall veröffentlicht?

Aber wie viel kannst du nun für die Nutzungsrechte an deinen Aufnahmen verlangen? Unsere Empfehlung lautet:

▶ einfache Nutzung durch den Auftraggeber, regionale Verwendung, begrenzte Nutzungsdauer von einem Jahr, kleine Auflage bzw. Verbreitung: halbes Produktionshonorar

▶ einfache Nutzung durch den Auftraggeber, deutschlandweite Verwendung, begrenzte Nutzungsdauer von einem Jahr, große Auflage bzw. Verbreitung: volles Produktionshonorar

▶ ausschließliche Nutzung durch den Auftraggeber, zeitlich, räumlich und inhaltlich unbegrenzte Nutzung: zweifaches bis dreifaches Produktionshonorar

Bei der Vereinbarung der Entlohnung gibt es verschiedene Modelle. Welcher Ansatz sich für eine Kooperation anbietet, ist sicherlich auch vom Ziel der Kampagne abhängig. Dennoch hast auch du hier ein Mitspracherecht und kannst dich für ein Vergütungsmodell aussprechen oder ein anderes ablehnen.

Kooperation ohne Vergütung

Wenn du noch ein Micro-Influencer bist, werden wahrscheinlich nur wenige Kooperationen finanziell vergütet, sondern durch die Produkte, die du geschenkt bekommst. Das kann für dich vor allem dann spannend sein, wenn du dir die Produkte der Marke sowieso gekauft hättest. Beachte, dass du auch solche Geschenke versteuern musst. Wie das geht, erfährst du in Kapitel 10.

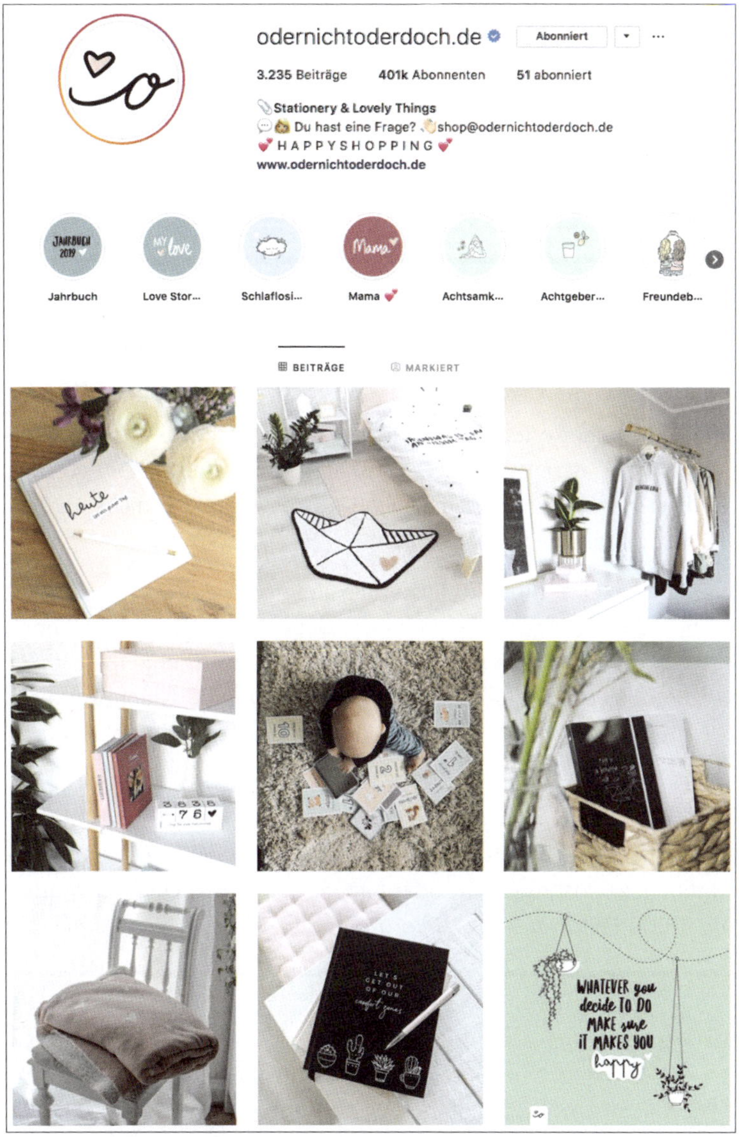

Abbildung 7.21 Die Marke odernichtoderdoch postet regelmäßig User Generated Content von Micro-Influencern. (*www.instagram.com/odernichtoderdoch.de/*)

Durch die Zusammenarbeit mit einer bekannten Marke kannst du dein Wachstum ankurbeln, da Personen auf dich aufmerksam werden, denen die vorgestellten Produkte ebenfalls gefallen. In vielen Fällen reposten Unternehmen auch den User Generated Content, sodass du aus ihrer Community neue Fans für dich gewinnen kannst. User Generated Content sieht man beispielsweise sehr häufig auf dem Instagram-Profil von @*odernichtoderdoch* (siehe Abbildung 7.21).

Vergütung nach TKP

Die gängigste und sicherste Form der Abrechnung ist die Vergütung nach dem *Tausender-Kontakt-Preis* (TKP). Dabei wird das Budget bereits im Vorfeld ermittelt und ist abhängig von deiner Reichweite, die du auf deinem Kanal erzielst. Der TKP wird damit je nach Plattform und Thema der Influencer-Inhalte unterschiedlich berechnet.

Tausender-Kontakt-Preis (TKP)

Der Tausender-Kontakt-Preis gibt an, welcher Betrag investiert werden muss, um 1.000 Personen erreichen zu können.

Um den Preis für ein YouTube-Video zu ermitteln, werden die Views der letzten Videos herangezogen, um daraus einen Durchschnitt zu bilden. Dabei werden überdurchschnittliche und unterdurchschnittliche Ausreißer jedoch nicht berücksichtigt, um den Durchschnitt nicht zu verfälschen.

Auf YouTube werden für eine Produktplatzierung innerhalb eines Videos 1.000 Views mit ca. 70 bis 80 Euro vergütet. Bei einem Werbevideo kann der TKP noch etwas höher liegen. Zudem ist der TKP auch abhängig von dem Themenbereich, in dem du aktiv bist. Produzierst du Videos zum Thema Beauty und Fashion, kann der TKP auch mal bei 150 Euro liegen, während Booktuber für eine Produktplatzierung mit einem TKP von ca. 60 Euro entlohnt werden.

Auf Instagram fällt der TKP etwas niedriger aus, da man natürlich nicht mit Personen rechnen kann, die durchschnittlich erreicht werden, weil die tatsächliche Reichweite der Influencer-Postings nicht öffentlich einsehbar ist. Deshalb werden auf Instagram pro 1.000 Follower 5 bis 15 Euro bezahlt.

YouTube

Um deinen Marktwert für Kooperationen auf deinem YouTube-Channel ermitteln zu können, kannst du das kostenfreie Tool *ValU* von der YouTube- und Influencer-Marketing-Agentur *HitchOn* nutzen (siehe Abbildung 7.22). Mit dem eigens geschaffenen Algorithmus wird dir auf Basis deines Channels und deiner Angaben ein realistischer Marktwert berechnet, der den üblichen Preisen entspricht.

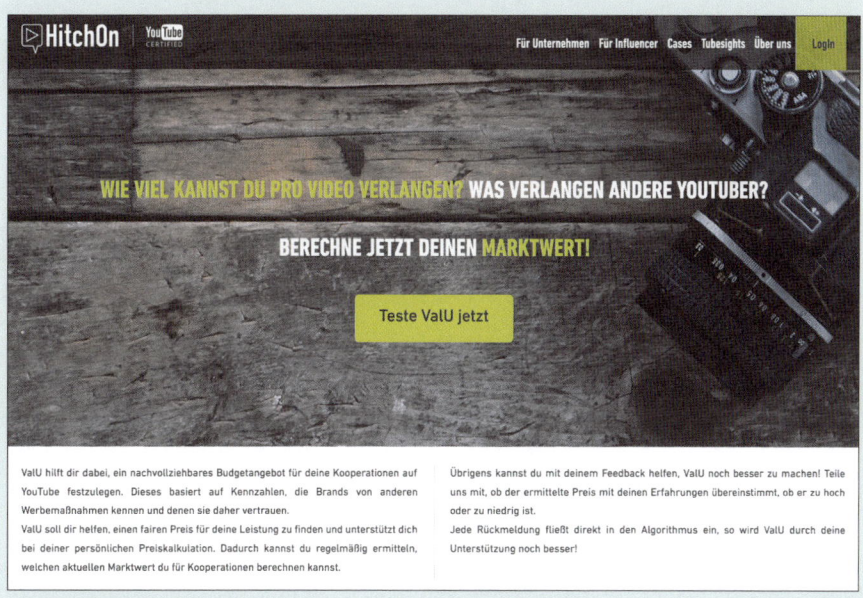

ValU hilft dir dabei, ein nachvollziehbares Budgetangebot für deine Kooperationen auf YouTube festzulegen. Dieses basiert auf Kennzahlen, die Brands von anderen Werbemaßnahmen kennen und denen sie daher vertrauen.

ValU soll dir helfen, einen fairen Preis für deine Leistung zu finden und unterstützt dich bei deiner persönlichen Preiskalkulation. Dadurch kannst du regelmäßig ermitteln, welchen aktuellen Marktwert du für Kooperationen berechnen kannst.

Übrigens kannst du mit deinem Feedback helfen, ValU noch besser zu machen! Teile uns mit, ob der ermittelte Preis mit deinen Erfahrungen übereinstimmt, ob er zu hoch oder zu niedrig ist.

Jede Rückmeldung fließt direkt in den Algorithmus ein, so wird ValU durch deine Unterstützung noch besser!

Abbildung 7.22 ValU von HitchOn (*https://hitchon.de/valu/*)

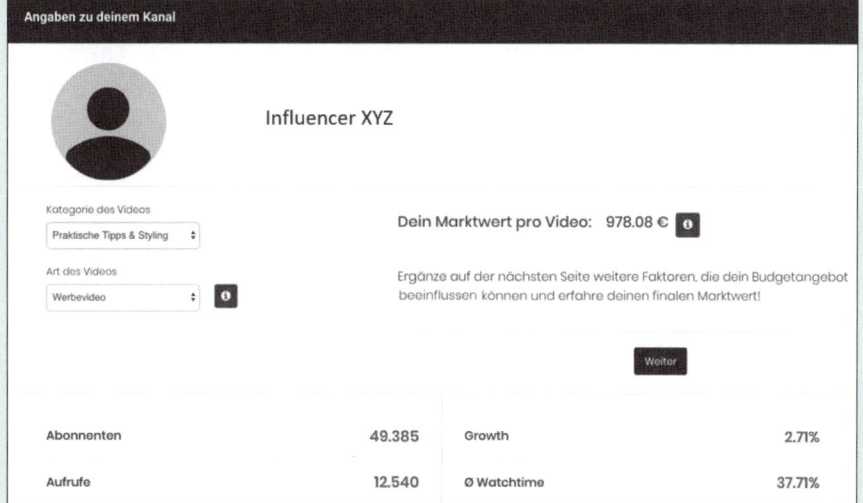

Abbildung 7.23 Ermittlung des Marktwertes mit HitchOn ValU

Im ersten Schritt werden dabei die Kosten anhand deiner Kanalkennzahlen sowie der Angaben hinsichtlich der Kategorie und Art des Videos ermittelt (siehe Abbildung 7.23). Deine individuellen Produktionskosten für den Videodreh, die Reisekosten sowie etwaige Kosten für dein Netzwerk oder Management werden im zweiten Schritt berücksichtigt (siehe Abbildung 7.24 und Abbildung 7.25).

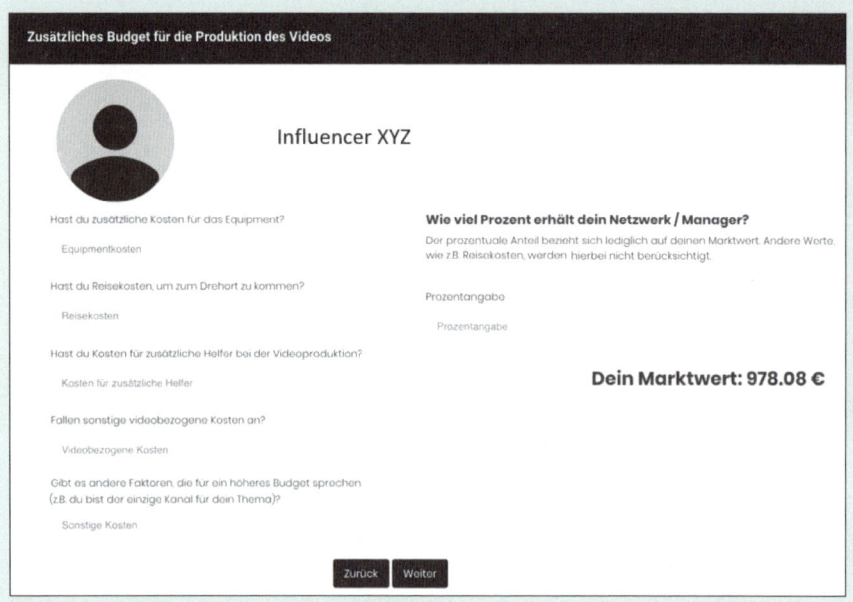

Abbildung 7.24 Detailliertes Formular für die Errechnung

Sobald du alle Informationen zu deinem Kanal und deinen Kosten eingetragen hast, erhältst du deinen persönlichen Marktwert (siehe Abbildung 7.25). Diese Auswertung kannst du dir anschließend auch per Mail zukommen lassen.

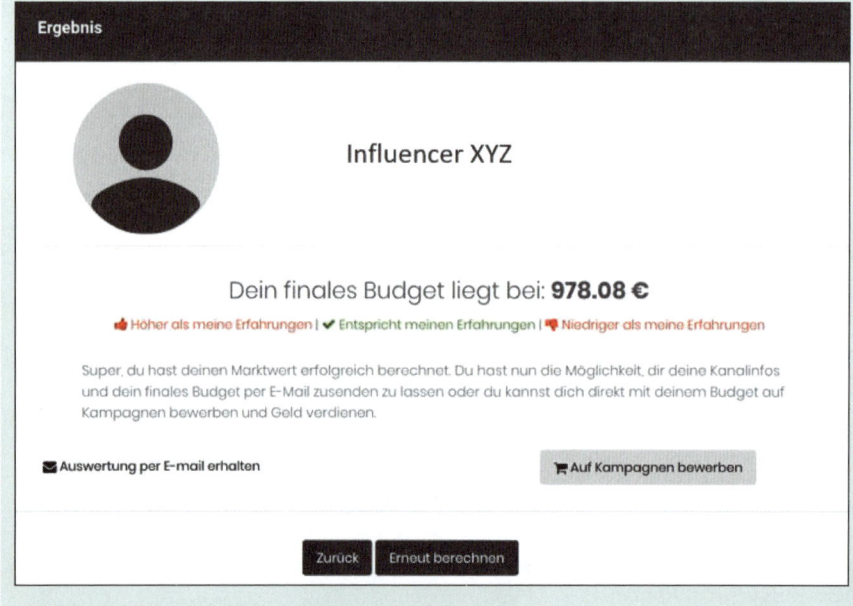

Abbildung 7.25 Ermitteltes Budget von HitchOn ValU

Vergütung nach Tagessatz

In manchen Fällen solltest du dich als Influencer nach Tagessätzen bezahlen lassen. Das kann vor allem dann Sinn machen, wenn du in Zusammenarbeit mit einem Unternehmen auf eine Reise gehst, an einem Event teilnimmst oder während einer Messe anwesend sein musst. Schließlich stehst du in dieser Zeit ausschließlich für das Unternehmen zur Verfügung und kannst deine Zeit nicht frei gestalten oder in andere Kooperationen oder Content-Produktionen investieren.

Bei einem *Tagessatz* geht man in der Regel von einem 8-Stunden-Tag aus. Ein niedriger Tagessatz liegt bei ca. 300 €, während ein moderater Tagessatz ca. 450–500 € beträgt. Wenn du schon mehr Erfahrungen und eine gewisse Bekanntheit erreicht hast, kannst du auch ca. 800–1.000 € als Tagesgage verlangen. Die Tagessätze von sehr bekannten Influencern können deutlich über den genannten Werten liegen.

Produzierst du währenddessen auch noch Content, den du auf deinen Kanälen veröffentlichen sollst, solltest du hierfür zusätzliches Budget einplanen. Schließlich nutzt das Unternehmen deine Reichweite, um in deiner Community platziert zu werden. *Maren Wolf* war zum Beispiel zusammen mit der Hautpflege-Marke Clinique für einige Tage auf Bali. Während dieses Trips wurde Content für die Marke aufgenommen. Zusätzlich dazu veröffentlichte die Influencerin Postings und Stories, in denen sie auf Clinique verwies (siehe Abbildung 7.26).

Abbildung 7.26 @marenwolf reiste in Zusammenarbeit mit Clinique nach Bali. (*https://www.instagram.com/p/BqZi5YIDa-E/*)

Wie hoch du deinen Tagessatz ansetzt, bleibt natürlich dir überlassen. In vielen Fällen ist es auch reine Verhandlungssache. Wenn dir eine Reise nach New York finanziert wird und du währenddessen auch noch genügend Zeit hast, um werbefreien Content zu produzieren, solltest du die Chance nutzen und den Tagessatz niedriger ansetzen. Musst du einen ganzen Tag auf einer Messe verbringen und als Werbegesicht für das Unternehmen fungieren, kann der Tagessatz auch höher liegen. Wäge also für dich ganz persönlich ab, und entscheide dann je nach Auftrag, welchen Preis du für die jeweilige Zusammenarbeit aufrufst.

Pauschale Vergütung

Eine pauschale Vergütung, die nicht auf der TKP-Grundlage basiert, ist eher selten, kommt aber gerade bei Micro-Influencern noch häufiger vor. Dabei wird von dem Auftraggeber im Vorfeld ein Pauschalbetrag definiert, der für alle beteiligten Content Creators gleich ist und nach der Zusammenarbeit ausbezahlt wird.

Performancebasierte Vergütung

Wenn Conversions oder Leads das Ziel der Kampagne sind und du eine sehr starke Community hast, kann eine performancebasierte Vergütung durchaus sinnvoll und lukrativ für dich sein. Aber natürlich kann so eine Zusammenarbeit auch nach hinten losgehen, wenn durch deinen Content nur wenige Conversions oder Leads generiert wurden. Dementsprechend niedrig würde dann nämlich auch deine Bezahlung ausfallen. Überlege sehr genau, ob du dieses Risiko eingehen möchtest.

Media Buy-out

Wenn einem Unternehmen deine Fotos und Videos besonders gut gefallen, kann es sein, dass du mit der Produktion von Content für die Channels des Unternehmens beauftragt wirst oder es die Rechte an Inhalten aus eurer Kooperation erwerben möchte. Der Fahrzeughersteller Suzuki bucht zum Beispiel regelmäßig Influencer, die für einen kurzen Zeitraum ein Fahrzeug zur Verfügung gestellt bekommen, um Fotos und Videos für das deutsche Instagram-Profil von Suzuki zu produzieren (siehe Abbildung 7.27).

In so einem Fall vereinbart das Unternehmen mit dir ein Media Buy-out für deinen Content. Damit ist das Honorar gemeint, welches du für die Produktion und das Verkaufen der Rechte an deinen Aufnahmen erhältst. Genauso wie bei den Tagessätzen variieren die Kosten hierfür sehr stark und sind von verschiedenen Faktoren abhängig.

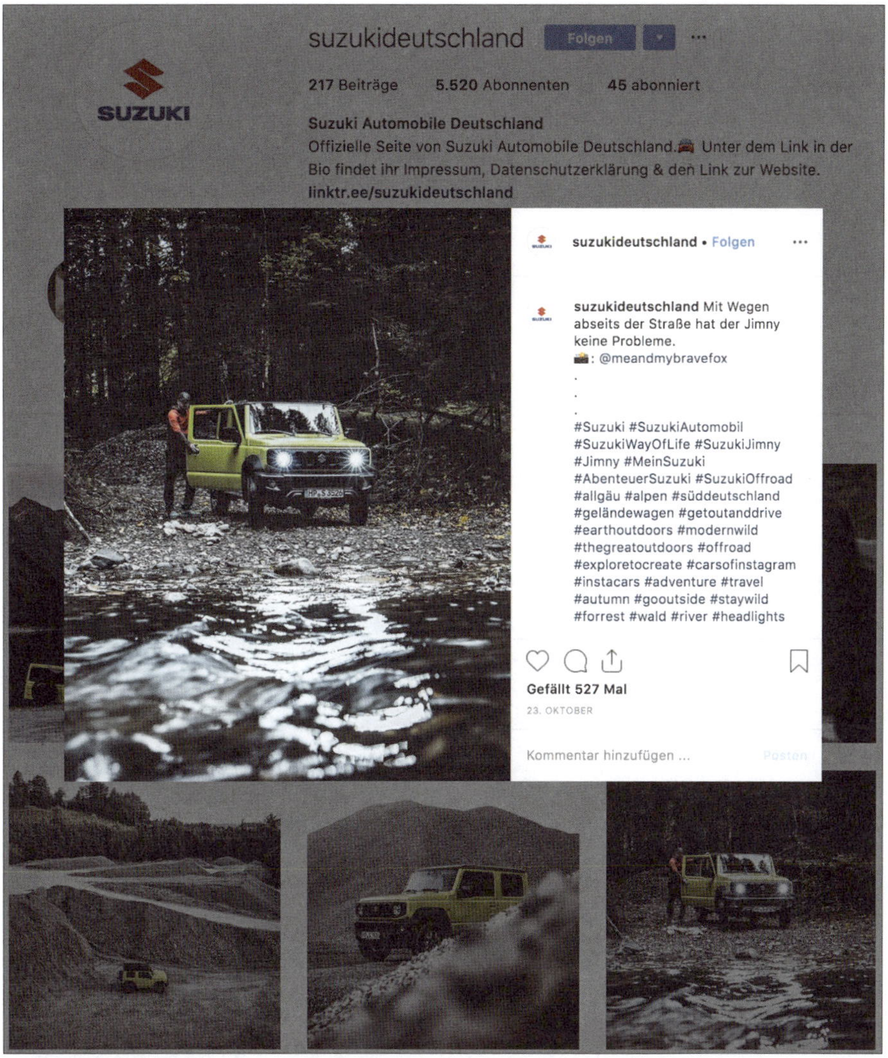

suzukideutschland Folgen v ...

217 Beiträge   5.520 Abonnenten   45 abonniert

Suzuki Automobile Deutschland
Offizielle Seite von Suzuki Automobile Deutschland. 🚗 Unter dem Link in der Bio findet ihr Impressum, Datenschutzerklärung & den Link zur Website.
linktr.ee/suzukideutschland

suzukideutschland • Folgen   ...

suzukideutschland Mit Wegen abseits der Straße hat der Jimny keine Probleme.
📷 : @meandmybravefox
.
.
.
#Suzuki #SuzukiAutomobil #SuzukiWayOfLife #SuzukiJimny #Jimny #MeinSuzuki #AbenteuerSuzuki #SuzukiOffroad #allgäu #alpen #süddeutschland #geländewagen #getoutanddrive #earthoutdoors #modernwild #thegreatoutdoors #offroad #exploretocreate #carsofinstagram #instacars #adventure #travel #autumn #gooutside #staywild #forrest #wald #river #headlights

Gefällt 527 Mal
23. OKTOBER

Kommentar hinzufügen ...   Posten

Abbildung 7.27 Content-Produktion durch Influencer für den Social-Media-Auftritt von @suzukideutschland (*https://www.instagram.com/p/B39z5cPHOfW/*)

8 Wie kannst du als Influencer noch Geld verdienen?

Neben Kooperationen, die du mit Unternehmen eingehen kannst, gibst es noch viele andere Möglichkeiten, um als Influencer Geld zu verdienen. Verkaufe deine eigenen Produkte, nutze Affiliate-Links, oder finanziere deinen Content durch Donations.

Für Influencer gibt es viele verschiedene Möglichkeiten, ein Einkommen zu generieren. Eine Kooperation mit einem Unternehmen ist nur eine davon! Du kannst dich beispielsweise selbst vermarkten, indem du eigene Produkte verkaufst, du monetarisierst deinen YouTube-Kanal durch Google Ads oder bietest Coachings an. Dir sind also keine Grenzen gesetzt! Wie genau das alles funktioniert, möchten wir dir gerne in diesem Kapitel erklären.

8.1 Ads

Auf YouTube gibt es verschiedene Möglichkeiten, Geld zu verdienen (siehe Abbildung 8.1). Dazu gehört beispielsweise, dass du Werbetreibenden Werbeplätze in Form von Displaywerbung, Overlay- und Videoanzeigen zur Verfügung stellst. Diese Werbetreibenden zahlen nämlich Geld, um auf YouTube platziert zu werden. Sobald eine ihrer Werbeanzeigen auf deinem Kanal ausgespielt wird, geht ein Teil der gezahlten Werbeeinnahmen an dich.

Für jede auf deinem Kanal angesehene Werbung beziehungsweise angeklickte Anzeige erhältst du eine Beteiligung von 55 % der Werbekosten. Wenn ein Werbetreibender also 0,10 € pro View bezahlt, stehen dir davon 0,055 € zu. Im Durchschnitt liegen die Einnahmen pro 1.000 Views bei 1,00 €. Es kann aber auch mehr oder weniger sein, da dieser Wert stark von dem Content auf deinem Kanal abhängt.

So kannst du auf YouTube Geld verdienen

Wenn du auf YouTube Geld verdienen möchtest, musst du dich für das YouTube-Partnerprogramm (YPP) bewerben. Weitere Informationen

Wissenswertes

- Wir schreiben dir nicht vor, welche Inhalte du auf YouTube erstellen sollst. Allerdings tragen wir gegenüber unseren Zuschauern, YouTubern und Werbetreibenden eine Verantwortung. Wenn du am YouTube-Partnerprogramm teilnimmst, kannst du mit YouTube Geld verdienen. Deshalb wenden wir in diesem Fall strengere Kriterien an.
- Wir überprüfen deinen Kanal vor der Aufnahme ins YouTube-Partnerprogramm, um zu gewährleisten, dass vor allem ehrliche YouTuber profitieren. Wir überprüfen Kanäle auch danach kontinuierlich, um sicherzustellen, dass alle Richtlinien eingehalten werden.

So kannst du mit dem YouTube-Partnerprogramm Geld verdienen

Mithilfe der folgenden Funktionen ist es möglich, auf YouTube Geld zu verdienen:

- **Werbeeinnahmen**: Einnahmen aus Displaywerbung, Overlay- und Videoanzeigen.
- **Kanalmitgliedschaft**: Deine Mitglieder leisten regelmäßige monatliche Zahlungen und bekommen dafür besondere Vorteile von dir.
- **Ordner mit Merchandising-Artikeln**: Deine Fans können offizielle Merchandise-Artikel kaufen, die auf den Wiedergabeseiten deiner Videos präsentiert wird.
- **Super Chat**: Deine Fans können dafür bezahlen, dass ihre Nachrichten in Livechats hervorgehoben werden.
- **YouTube Premium-Umsatz**: Du kannst an der Abogebühr eines YouTube Premium-Abonnenten beteiligt werden, wenn er deine Videos ansieht.

Abbildung 8.1 YouTube bietet verschiedene Möglichkeiten, auf der Plattform Geld zu verdienen. (*https://support.google.com/youtube/answer/72857*)

Um an dem YouTube-Partnerprogramm teilnehmen zu können, musst du dich bewerben. Voraussetzung dafür ist, dass du über 18 Jahre alt bist oder ein Erziehungsberechtigter deine Bezahlung über AdSense regelt, deine Inhalte den Richtlinien für werbefreundliche Inhalte entsprechen und du mindestens 1.000 Abonnenten hast.

Bei YouTube gibt es für deinen Kanal sechs verschiedene Werbeplätze, die du anbieten kannst: Displayanzeigen, Overlay-Anzeigen, überspringbare Anzeigen, nicht überspringbare Anzeigen, Bumper-Anzeigen und gesponserte Infokarten. Diese Anzeigenformate hast du sicherlich alle schon mal auf YouTube gesehen. Eine genaue Auflistung und Beschreibungen findest du unter *https://support.google.com/youtube/answer/2467968*.

Displayanzeigen sind Werbekästen, die in der Regel auf der rechten Seite neben deinem Video und über der Liste der Videovorschläge zu sehen sind, während sich die Overlay-Anzeigen im unteren Bereich deines Videos befinden. Dabei handelt es sich um halbtransparente Werbekästen mit Bildern und Texten. Diese beiden Arten von Werbeanzeigen sind allerdings nur für Nutzer zu sehen, die über den Desktop surfen. Überspringbare und nicht überspringbare Videoanzeigen werden vor, während oder nach deinem Video angezeigt. Der Unterschied liegt lediglich darin, dass deine Zuschauer bei den überspringbaren Werbeclips die Option haben, die Werbung nach 5 Sekunden zu beenden (siehe Abbildung 8.2). In diesem Fall bekommst du jedoch auch kein Geld. Bei den nicht überspringbaren Anzeigen müssen sie die Werbung bis zum Schluss ansehen. Bumper-Anzeigen können eine Länge von bis zu sechs Sekunden haben und werden vor dem Abspielen deines Videos eingeblendet. Die letzte Variante der Google-Ads-Werbeanzeigen auf YouTube sind die Infokarten. Dabei sieht der Zuschauer einen Teaser und kann sich über das Symbol dann rechts oben im Video die verschiedenen Infokarten ansehen.

Abbildung 8.2 Werbeanzeige auf YouTube (*https://www.youtube.com/watch ?v=nq-uQ4_OnCQ*)

Durch die Teilnahme an dem Programm kannst du endlich mit deinem YouTube-Channel Geld verdienen. Um an dem YouTube-Partnerprogramm teilnehmen zu können, musst du verschiedene Voraussetzungen erfüllen. Dazu gehört, dass du deinen Kanal mit einem AdSense-Konto verknüpft hast, die Richtlinien (die Community-Richtlinien von YouTube, die YouTube-Nutzungsbedingungen und die Google-AdSense-Programmrichtlinien) einhältst und in einem Land lebst, in dem das Programm verfügbar ist. Zudem muss dein Kanal in den letzten zwölf Monaten eine Wiedergabezeit von insgesamt mindestens 4.000 Stunden und mindestens 1.000 Abonnenten erzielt haben. Sobald du diese Voraussetzungen erfüllst, kannst du dich für die Teilnahme bewerben und mit deinen Videos Geld verdienen. Vor der Aufnahme in das YouTube-Partnerprogramm wird dein Kanal überprüft, um sicherzustellen, dass du die Mindestvoraussetzungen erfüllst und dich auch kontinuierlich an die Richtlinien hältst. Die genauen Konditionen findest du unter *https:// support.google.com/youtube/answer/72851*. Sobald deine Bewerbung angenommen wurde, kann es losgehen!

Im Video-Manager kannst du dann die Monetarisierung für jedes einzelne Video aktivieren beziehungsweise deaktivieren. Zudem kannst du festlegen, welche Varianten der Videoanzeigen du zulassen möchtest.

Zusatzeinnahmen über kostenpflichtige YouTube-Mitgliedschaften

Auf YouTube gibt es seit Herbst 2018 neben den kostenfreien auch kostenpflichtige Mitgliedschaften. Die Mitglieder bezahlen eine monatliche Gebühr von 4,99 €, um exklusive Inhalte sehen zu können. Du kannst solchen Mitgliedern deine Videos beispielsweise schon früher zur Verfügung stellen als anderen Abonnenten. Als Content Creator erhältst du dann 70 % des Mitgliedschaftsumsatzes (nach Abzug der lokalen Mehrwertsteuer).

Gerade am Anfang solltest du deine Zuschauer nicht mit der Werbung auf deinem Kanal überfordern. Teste stattdessen vorsichtig aus, wie weit du gehen kannst beziehungsweise wie viel Werbung deine Community verträgt. Achte dabei stets auf ihr Feedback, und nimm Rücksicht darauf! Wenn du auf deinem Kanal zu viel Werbung schaltest, haben deine Abonnenten bald keine Lust mehr, deine Videos anzuschauen.

8.2   Affiliate-Marketing

Neben den Werbeeinnahmen über die Ads auf YouTube sind vor allem Affiliate-Links eine beliebte und lukrative Möglichkeit, um als Influencer Geld zu verdienen. Im Grunde ist Affiliate-Marketing als ein internetbasiertes Provisionssystem zu verstehen.

Varianten

Im Affiliate-Marketing gibt es verschiedene Varianten, nach denen vergütet wird. Dabei wird vor allem nach Pay-per-Sale, Pay-per-View oder Pay-per-Click abgerechnet. Je nach Variante zahlt das Unternehmen pro Verkauf, View oder Klick einen bestimmten Anteil an den Influencer.

Aber wie funktioniert Affiliate-Marketing? Wenn du in den sozialen Netzwerken ein Produkt vorstellst und empfiehlst, kannst du innerhalb deines Accounts Empfehlungslinks integrieren. Sobald über einen solchen Link ein Kauf abgeschlossen wird, erhältst du eine entsprechende Provision und wirst somit an den Verkäufen beteiligt. Somit sind die Affiliate-Links im Gegensatz zu der Monetarisierung von YouTube-Videos nicht an ein bestimmtes Netzwerk gebunden, sondern in allen Netzwerken möglich.

Eine Plattform, über die du an Affiliate-Partner kommst, ist beispielsweise *AWIN* (siehe Abbildung 8.3). AWIN ist eine der größten Affiliate-Plattformen auf dem deutschen Markt und verbindet dich mit Unternehmen. Aber auch über das Partnerprogramm von Amazon kannst du Affiliate-Links erstellen, wobei dies nur für Produkte möglich ist, die über Amazon verkauft werden. Wie du siehst, ist es ganz einfach, denn die Produkte stellst du sowieso vor – wieso also nicht auch daran verdienen?

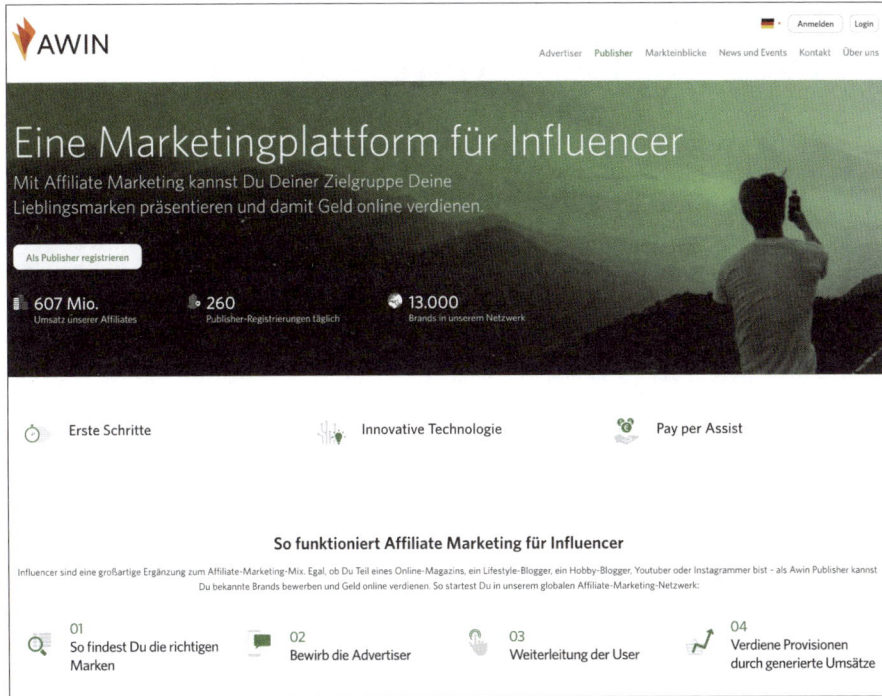

Abbildung 8.3 AWIN bietet Affiliate-Lösungen für Influencer. (*www.awin.com/de/influencer*)

Es gibt Plattformen wie *Brandbassador* (siehe Abbildung 8.4), über die du nicht nur Affiliate-Links erstellen, sondern auch Rabattcodes generieren kannst. Mit diesem Code erhalten deine Follower während des Bestellprozesses einen Rabatt und können somit bei ihrem Einkauf sparen. Durch die Nutzung des Codes kann die Herkunft ermittelt und der Einkauf somit dem Influencer zugeordnet werden.

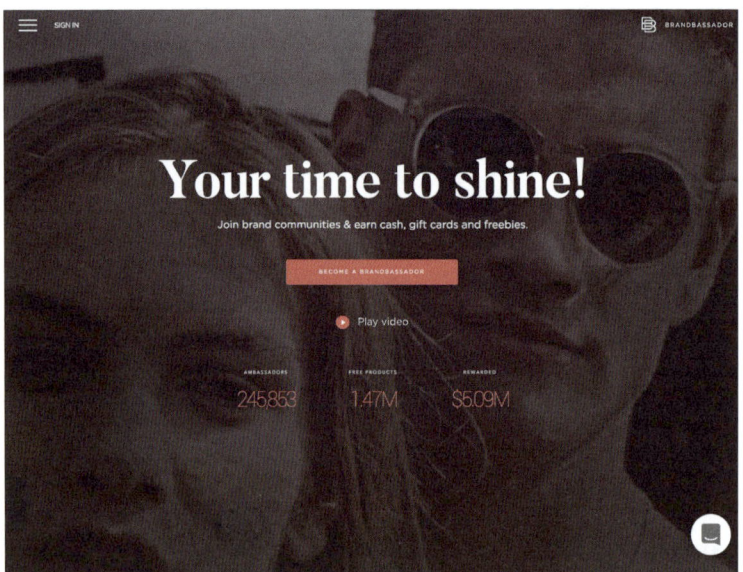

Abbildung 8.4 Affiliate-Marketing über Brandbassador (*https://www.brandbassador.com/ambassador/*)

Neben den verschiedenen Affiliate-Plattformen gibt es aber auch Unternehmen, die ihre eigenen Affiliate-Programme für Influencer anbieten – dazu gehört zum Beispiel *eufy* (siehe Abbildung 8.5).

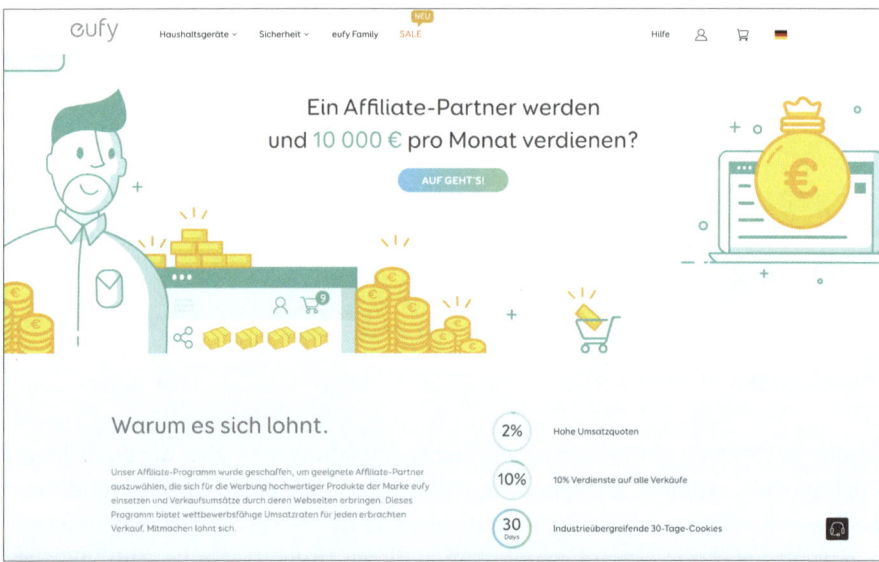

Abbildung 8.5 Affiliate-Marketing von eufy (*https://www.eufylife.com/de/eufyaffiliate*)

196

Dabei stellst du deiner Community dein jeweiliges Haushaltsgerät von eufy vor und kommunizierst ihnen deinen individuellen Link. Für jede Bestellung, die über deinen Link abgeschlossen wird, erhältst du eine Umsatzbeteiligung von 10 %.

8.3 Spenden

Während deine Fans dich über die Affiliate-Links eher indirekt unterstützen, können sie dich über Spenden aber auch auf direktem Wege für deinen guten Content belohnen. Das Prinzip der Donations ist insbesondere von Twitch bekannt. Dabei kannst du dich über deinen Kanal entweder selbst oder den Charakter, den du spielst, vermarkten, indem du als Streamer Spenden von deinen Zuschauern erhältst. Die Höhe der Spenden ist flexibel und wird von dem jeweiligen Spender festgelegt. Um erfolgreich Spenden von deinen Zuschauern zu generieren, ist es wichtig, ihnen einen Mehrwert zu bieten.

Wieso sollen sie dir eine Spende zukommen lassen? Hast du ein besonderes Knowhow, das du mit ihnen teilen kannst? Oder bist du besonders unterhaltsam und bereitest deinen Zuschauern jede Menge Spaß? Je dankbarer deine Zuschauer für deinen Content sind, desto eher sind sie gewillt, dich finanziell zu unterstützen. Also zeige ihnen das, was sie sehen wollen, und du kannst von deinen Einnahmen leben.

8.4 Patreon

Patreon (siehe Abbildung 8.6) ist eine Plattform, über die Fans Künstler und Kreative finanziell unterstützen können, indem sie ihnen regelmäßig einen kleinen Geldbetrag zukommen lassen, den sie individuell festlegen. Die Zahlungen können entweder monatlich erfolgen oder pro veröffentlichtem Inhalt.

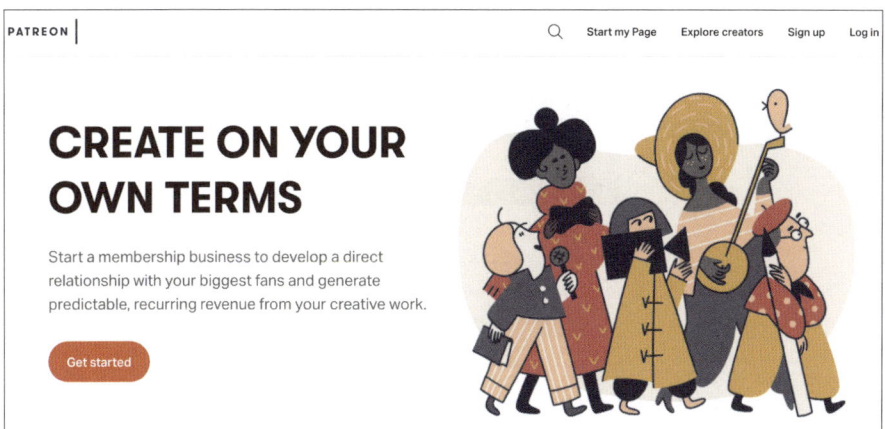

Abbildung 8.6 Startseite von Patreon (*https://www.patreon.com/*)

Auch als Influencer hast du mit Patreon die Möglichkeit, dir eine Einnahmequelle aufzubauen. Du kannst deinen Unterstützern beispielsweise einen Feed bereitstellen, in dem du exklusive Podcast-Folgen oder Videos veröffentlichst.

In deinem Profil kannst du finanzielle Ziele festlegen, bei deren Erreichung du besondere Dinge wie zum Beispiel zusätzliche Inhalte anbietest. Das kann ein weiterer Ansporn für deine Patrons sein. Es ist aber auch möglich, Geldbeträge festzulegen und dafür bestimmte Exklusivitäten wie einen früheren Zugang zu deinem Content anzubieten. Die Plattform Patreon behält von den Zahlungen 5 % Provision ein und zieht noch einmal ca. 5 % Transaktionsgebühren ab. Dementsprechend erhältst du als Content Creator insgesamt ungefähr 90 % der Einnahmen.

Beispiel: The Pod

André Peschke und Jochen Gebauer, die Betreiber des Podcasts *The Pod*, nutzen Patreon bereits seit einigen Jahren, um ihren Podcast zu finanzieren und ihren Zuhörern neue Inhalte zu bieten (siehe Abbildung 8.7). Mittlerweile erhalten die beiden von über 3.000 Unterstützern insgesamt mehr als 16.000 € pro Monat.

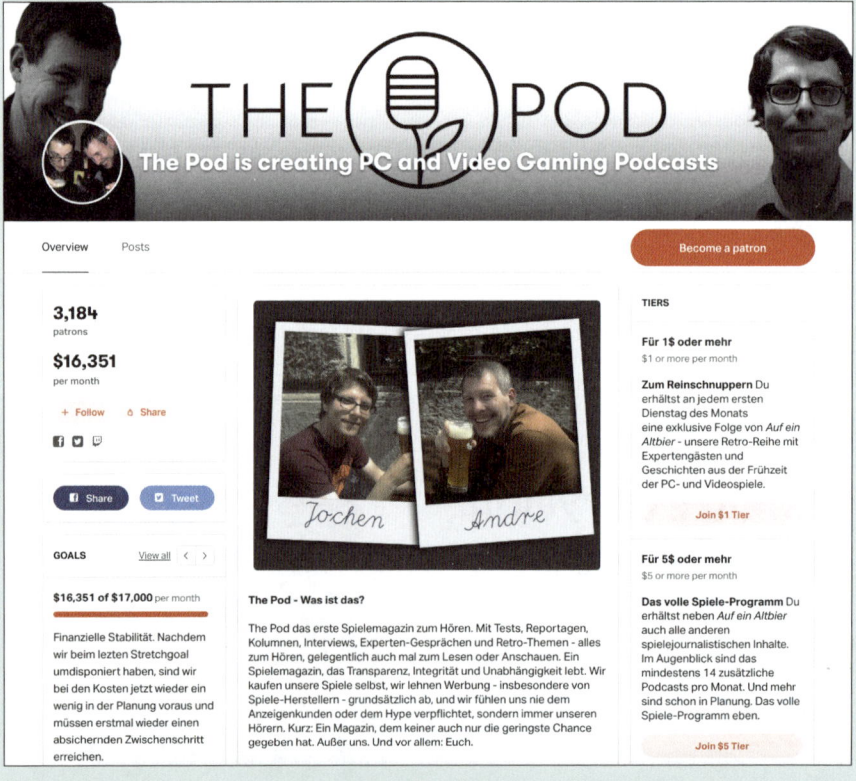

Abbildung 8.7 The Pod auf Patreon (*https://www.patreon.com/aufeinbier*)

Sie bieten auf ihrem Kanal verschiedene *Tiers* (Level der Mitgliedschaft) an, zwischen denen ihre Patrons wählen können. Während beispielsweise Patrons ab 1 $ nur einmal im Monat eine exklusive Folge von »Auf ein Bier« erhalten, können sie sich ab 5 $ neben dieser exklusiven »Auf ein Bier«-Folge auch alle anderen verfügbaren spielejournalistischen Inhalte anhören.

Auf dem Kanal von The Pod werden neben diesen beiden Tiers noch zwei weitere angeboten.

8.5   Eigene Produkte

Um dich selbst zu vermarkten und deine Marke zu etablieren, bieten sich vor allem eigene Produkte als zusätzliche lukrative Einnahmequelle an. Du kannst diese Produkte selbst auf den Markt bringen oder dir einen passenden Kooperationspartner suchen, um deine Vorstellungen zu verwirklichen.

Merchandise

Zu den Produkten, die du als dein eigenes Merchandise auf den Markt bringen möchtest, können beispielsweise Hoodies, Shirts oder Smartphone-Cases gehören. Entscheide dich am besten für das, wofür du bekannt bist und womit du dich selbst identifizierst.

Durch dein eigenes Merchandise kannst du auf diesem Weg nicht nur Geld einnehmen, sondern auch deiner Community etwas zurückgeben. Durch den Kauf deiner Produkte können sie sich dir näher fühlen und werden für ihren Support belohnt. Hast du einen besonderen Spruch? Bist du für einen bestimmten Claim bekannt? Perfekt – dann nutze ihn für eine Kollektion. Das verleiht deinen Produkten einen individuellen Touch.

Um die Produkte zu vermarkten, kannst du auf moderne Shopsysteme wie *Spreadshirt* oder *yvolve* setzen. Dadurch musst du nicht in Vorleistung gehen und hast kein Risiko. Die Produkte werden erst gefertigt, wenn eine Bestellung abgeschlossen wurde. Du bist lediglich für die Gestaltung und Designs verantwortlich. Der Rest wird durch den Service der On-Demand-Shops abgedeckt.

Wie viele andere Influencer verkauft auch der YouTuber *HandOfBlood* eigene Merchandise-Produkte (siehe Abbildung 8.8). Dafür hat er bei yvolve einen eigenen Webshop, über den seine Fans die Produkte online kaufen können.

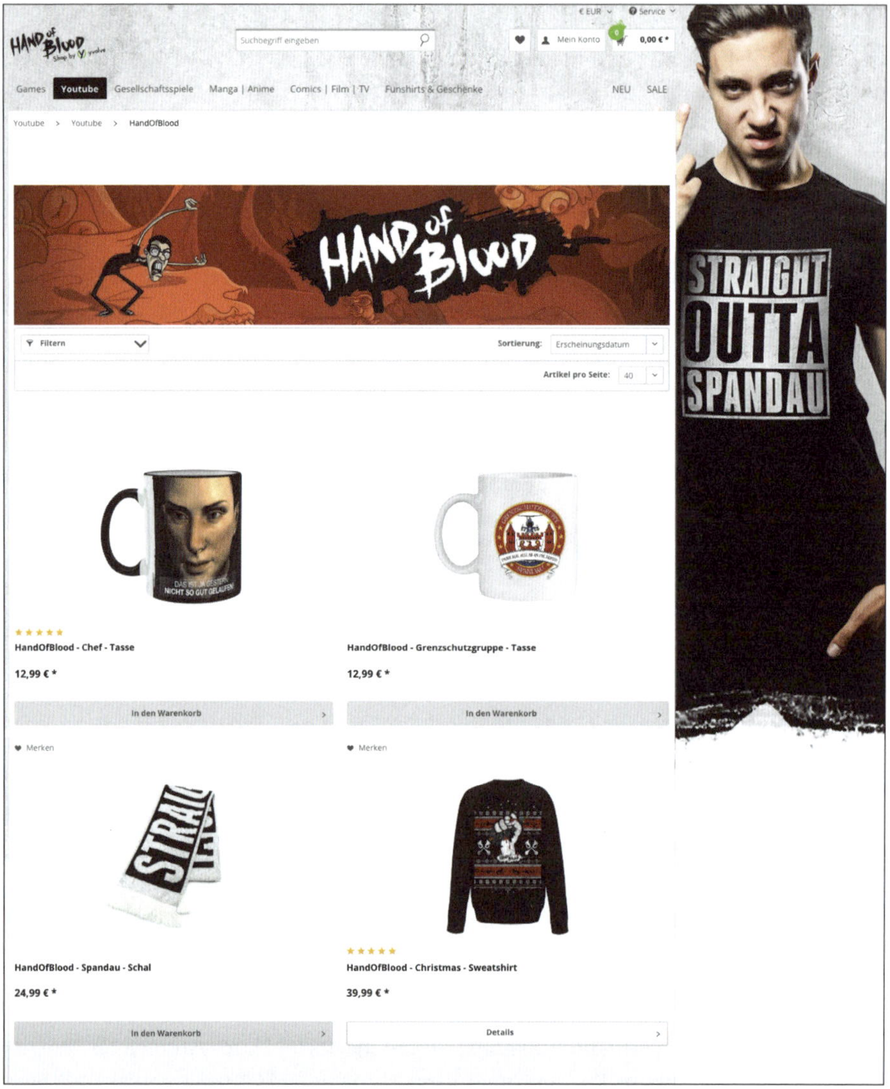

Abbildung 8.8 Merchandise-Shop von HandOfBlood bei yvolve (*https://www.yvolve.de/handofblood/*)

Auch bei Spreadshirt kannst du ganz einfach einen eigenen Shop eröffnen (siehe Abbildung 8.9) oder deine Produkte über den Spreadshirt-Marktplatz anbieten (siehe Abbildung 8.10). Die Produktpalette reicht von Shirts und Pullovern über Tassen bis hin zu Kissenhüllen und Postern.

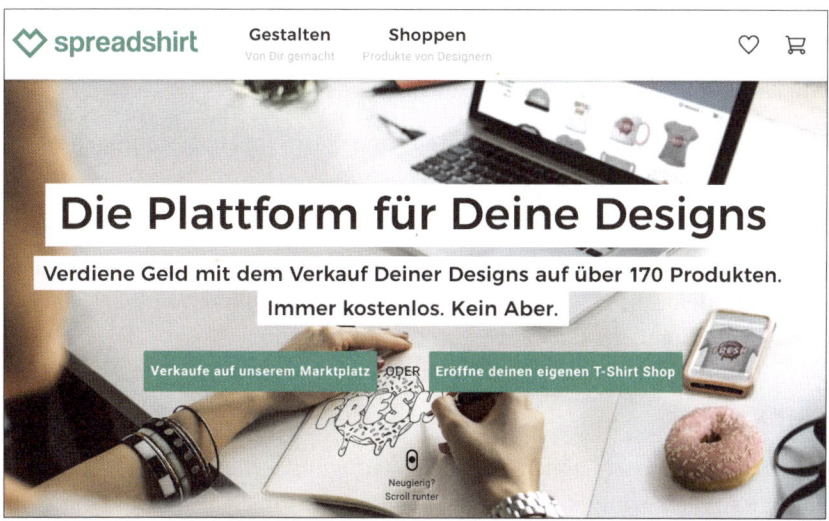

Abbildung 8.9 Eigene Designs über Spreadshirt erstellen (*https://www.spreadshirt.de/ start-verkaufen-C5780*)

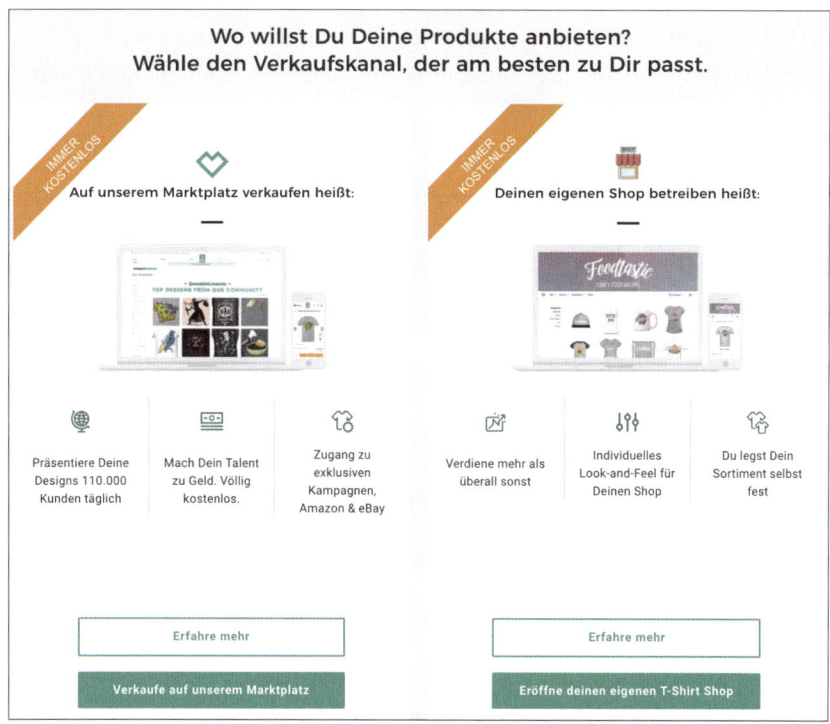

Abbildung 8.10 Verkaufskanäle bei Spreadshirt (*https://www.spreadshirt.de/ start-verkaufen-C5780*)

Du kannst frei wählen, auf welche Produkte du mit dem onlinebasierten Tool deine Designs übertragen möchtest. Sobald deine Produkte in den Verkauf gehen, verdienst du als Shopbetreiber an jedem Verkauf mindestens 20 %.

Es wird aber noch besser: Der Gewinnanteil kann wachsen, sodass du noch mehr verdienst, je mehr Verkäufe du erzielst.

Eigene Produkte stellen nicht nur eine zusätzliche Einnahmemöglichkeit dar, sondern unterstützen auch deine Bekanntheit. Durch das Tragen und Verwenden der Produkte durch deine Fans wirst du von anderen in der Offlinewelt wahrgenommen – was wiederum deine Onlinepräsenz bestärken kann.

Produktlinien

Wenn du dich nicht ausschließlich an die zur Verfügung stehenden Möglichkeiten eines solchen Anbieters binden möchtest, kannst du natürlich auch zusammen mit einem Kooperationspartner eine eigene Produktlinie kreieren und veräußern. Die Influencerin *Schannaloves* hat zum Beispiel zusammen mit dem Modehersteller *NA-KD* bereits ihre zweite Kollektion entworfen.

Sie wirkt bei der Entwicklung der Designs mit und vermarktet im Anschluss die Produkte innerhalb ihrer Community. Verkauft werden die Produkte über den Onlineshop von NA-KD (siehe Abbildung 8.11).

Auch hier solltest du genau überlegen, welcher Kooperationspartner wirklich zu dir passt und mit wem du dir vorstellen kannst, eigene Produkte zu entwerfen. Das müssen nicht Fashion-Pieces sein. Es können zum Beispiel Kosmetik-Produkte, ein eigener Kalender oder von dir kreierte Smartphone-Cases sein – was eben zu dir und deinem Content passt!

Wenn du lieber unabhängig sein möchtest, kannst du deine eigenen Produkte auch ohne einen Kooperationspartner auf den Markt bringen. Das ist mit deutlich mehr Aufwand und einem höheren Risiko verbunden, aber du hast die Möglichkeit, einen eigenen Onlineshop aufzusetzen und die gesamte Abwicklung selbst zu übernehmen oder an einen von dir gewählten Dienstleister zu übergeben.

Das kann vor allem dann Sinn machen, wenn es nicht nur bei einer Kollektion bleiben soll, sondern du jetzt schon planst, in Zukunft noch mehr Produkte zu verkaufen.

Neben den gemeinsamen Kollektionen in Kooperation mit NA-KD hat Schannaloves ihr eigenes Label gegründet. Für den Verkauf ihrer Produktlinie integrierte sie einen eigenen Onlineshop in ihren Blog (siehe Abbildung 8.12).

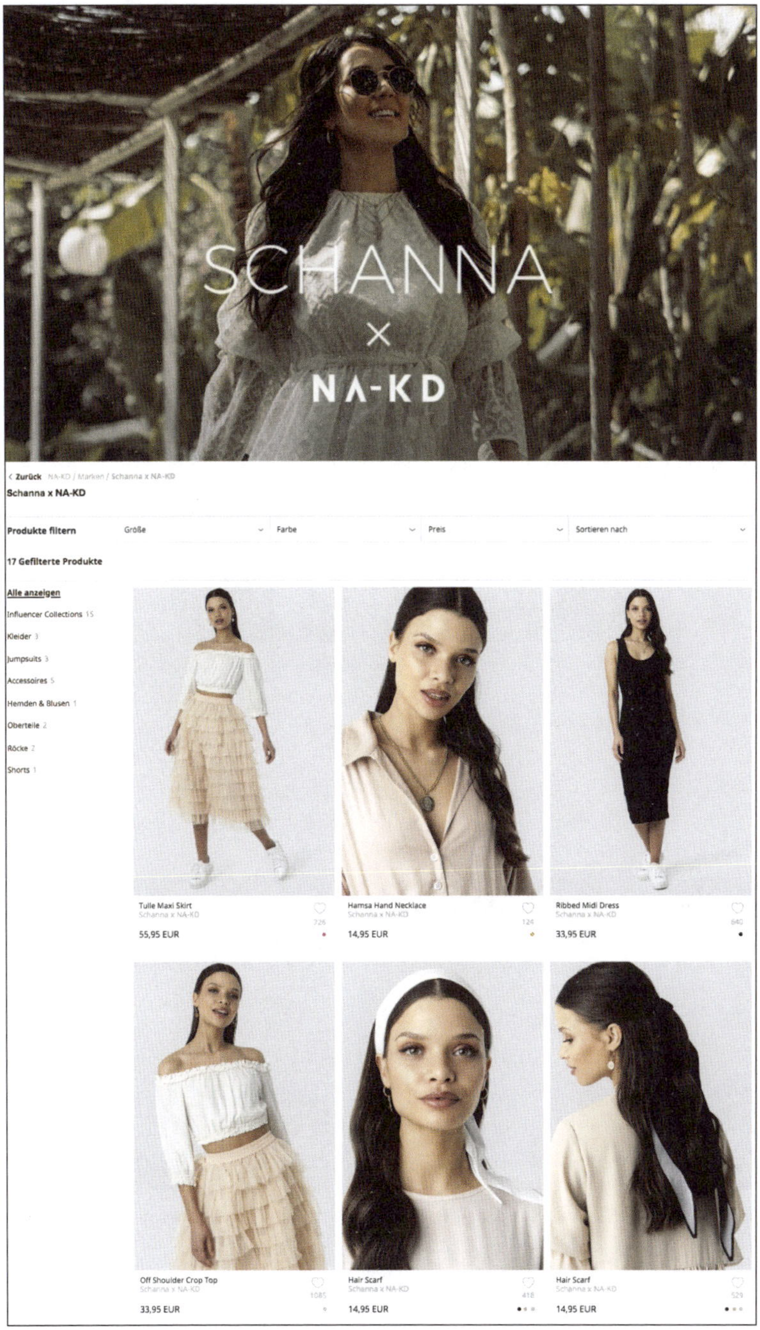

Abbildung 8.11 Die Kollektion von Schannaloves in Kooperation mit NA-KD
(*https://www.na-kd.com/de/kampagnen/schanna-x-na-kd*)

SHIRT | HERE & NOW BLACK

€29,00

inkl. MwSt.

zzgl. Versandkosten

SHIRT | HERE & NOW WHITE

€29,00

inkl. MwSt.

zzgl. Versandkosten

SWEATER | LOVE IS INSIDE

€49,00

inkl. MwSt.

zzgl. Versandkosten

Abbildung 8.12 Das eigene Label von Schannaloves (*https://schannaloves.com/ ?post_type=product*)

Presets

Influencer haben auf Instagram meist eine ganz eigene Art und Weise, wie sie ihre Bilder bearbeiten. Diesen individuellen Bearbeitungsstil halten sie häufig in *Filter-Presets* fest, um sie immer wieder für ihre Bilder verwenden zu können.

Mit dem *Custom-Preset-Feature* der Bildbearbeitungssoftware Adobe Lightroom kannst du eigene Presets erstellen, die die Bildbearbeitung automatisieren und deutlich vereinfachen. Die einzelnen Einstellungen und Vorgaben werden gespeichert und auf andere Bilder übertragen. Aber nicht nur das – durch die immer gleiche Bildbearbeitung ist es deutlich leichter, eine gewisse Einheitlichkeit des Instagram-Feeds zu verfolgen.

Wenn dich deine Follower auch schon mal gefragt haben, wie du deine Bilder bearbeitest, ist das für dich eine passende Gelegenheit, um deine Presets zu vermarkten. Durch den Kauf deiner Presets können deine Follower ihren Postings einen professionellen Look geben.

Presets von Influencern

Große Aufmerksamkeit für ihre eigene Presets erhielten die beiden Influencerinnen Ana Johnson und Carmushka. Sie haben ihre Presets ziemlich zeitgleich veröffentlicht. Während Ana Johnson einen eigenen Onlineshop erstellt hat (siehe Abbildung 8.13), verkauft Carmushka ihre Presets in Zusammenarbeit mit *Kreativ Wedding* (siehe Abbildung 8.14).

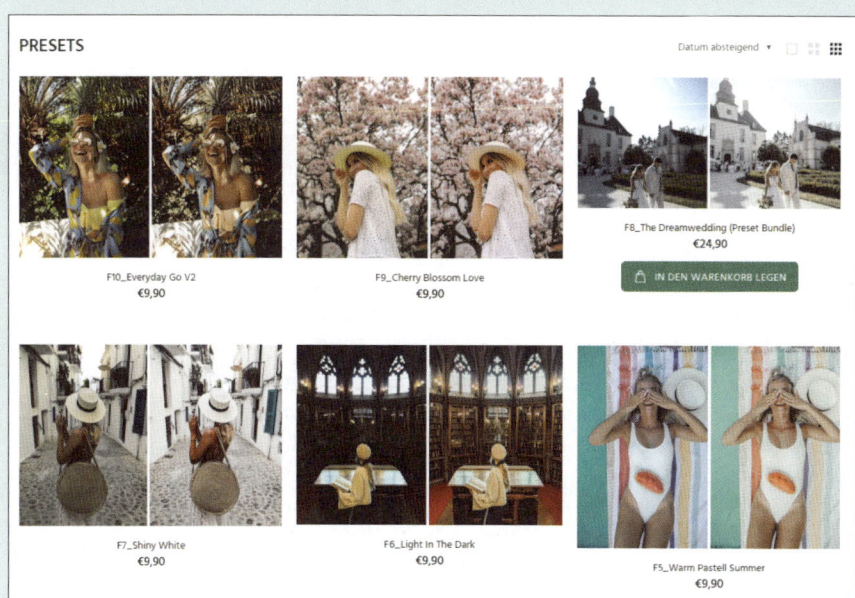

Abbildung 8.13 Ana Johnsons Presets in ihrem eigenen Onlineshop (*https://anajohnson.shop/collections/presets*)

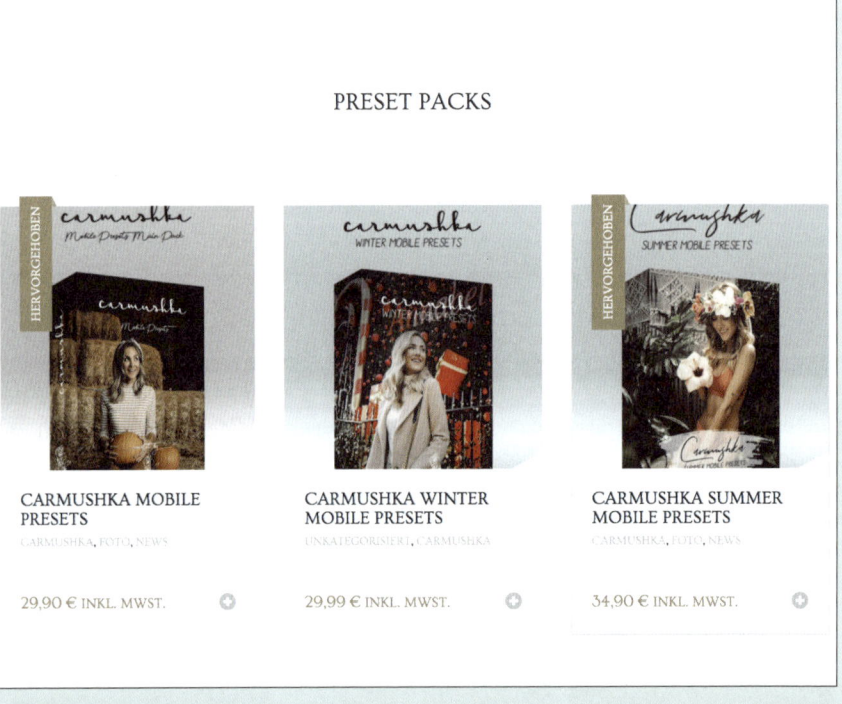

Abbildung 8.14 Carmushkas Presets im Onlineshop von Kreativ Wedding (*https://www.shop-kreativ-wedding.com/carmushka-mobile-presets/*)

Um die Presets zu vermarkten und eine höhere Nachfrage in der Community zu schaffen, haben sie die Hashtags *#anajohnsonpreset* und *#carmushkapresets* ins Leben gerufen. Unter diesen Hashtags veröffentlichen die Käufer der Presets ihre bearbeiteten Bilder (siehe Abbildung 8.15).

Solche Presets können ganz einfach in Lightroom erstellt werden. Allerdings ist es damit nicht getan! Um deine Presets verkaufen zu können, benötigst du eine passende Plattform. Das kann zum Beispiel ein eigener Onlineshop mit Funktionen wie Bezahlung, Rechnungsstellung und automatisiertem Versand eines Download-Links sein. Der Verkauf kann aber auch über die Plattform *Etsy* oder den Marktplatz *FilterGrade* erfolgen. Solche Anbieter gewährleisten nicht nur den Verkauf der Presets an die eigenen Follower, sondern bieten die Möglichkeit, auch neue Käufer zu erreichen.

Am besten überlegst du dir für die Vermarktung eine gute Marketing- und Verkaufs-strategie. Schließlich sollen deine Presets keine Eintagsfliegen sein. Du möchtest damit langfristig Einnahmen erzielen und den Support durch deine Abonnenten zusätzlich steigern.

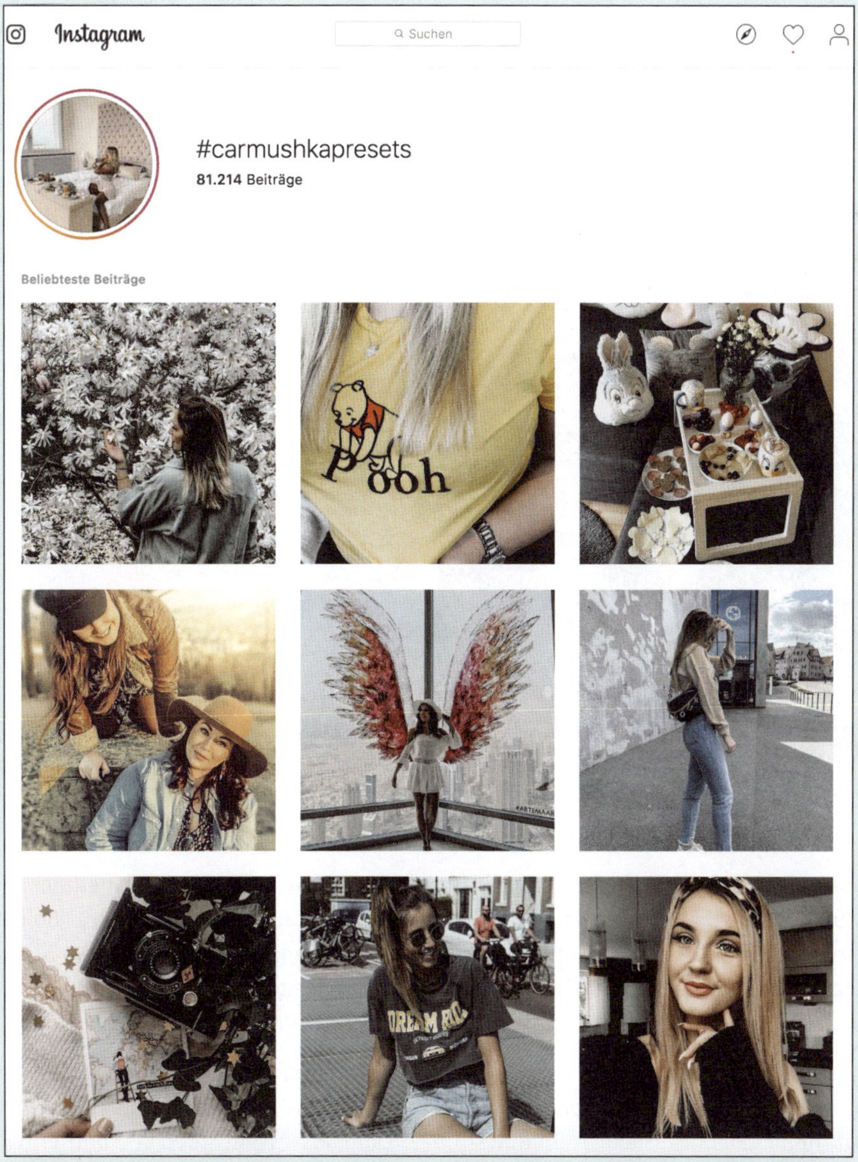

Abbildung 8.15 Instagram-Beiträge zu #carmushkapresets
(*https://www.instagram.com/explore/tags/carmushkapresets/*)

Bücher

Mittlerweile finden sich nicht nur die Bücher von Influencern auf den Amazon-Bestseller-Listen, es gibt sogar Verlage, die sich auf das Genre der Influencer-Literatur spezialisiert haben. Das verdeutlicht, welcher Markt sich im Laufe der Zeit für diese Bücher etablieren konnte.

Auch die YouTuberin *Mrs. Bella* hat ein eigenes Buch geschrieben und veröffentlicht. Nachdem sie den Verkaufsstart in einem Instagram-Post ankündigte (siehe Abbildung 8.16), landete ihr Buch in kürzester Zeit auf Rang eins der am häufigsten bestellten Bücher auf Amazon.

Abbildung 8.16 Instagram-Posting von Mrs. Bella zum Verkaufsstart ihres Buches (*https://www.instagram.com/p/BlnA1unHpnz/*)

Aber wie kommst du als Influencer dazu, ein eigenes Buch zu veröffentlichen? Musst du selbst auf Verlage zugehen, oder werden sie auf dich aufmerksam? Beides kann funktionieren. Wenn du also eine Idee hast, dann mach dich auf die Suche nach einem Verlag, der dich bei deiner Buchidee unterstützt. Vielleicht hast du aber auch das Glück, und ein Verlag kommt auf dich zu, weil du ihm aufgefallen bist.

Wie geht es dann weiter, wenn du einen Verlag gefunden hast? Wie entsteht so ein Buch? Von ihrem ganz persönlichen Prozess berichtet *Mirellativegal* in einem Video auf ihrem Channel (siehe Abbildung 8.17). Gemeinsam mit ihrer Lektorin entwickelte sie ein Konzept für ihr Buch, das von den Themen Sexismus, Perfektionismus und Ernährung handelt. Im Anschluss daran traf sie sich ein- bis zweimal im Monat mit ihrer Lektorin, um gemeinsam weiter an dem Buch zu arbeiten, Notizen zusammenzutragen und Fragen zu besprechen. Nach jedem Treffen nahm sie Sprachnachrichten zu den Inhalten auf, um ihren Humor und ihre unverblümte Art in das Buch übertragen zu können und die passende Tonalität zu treffen. Die Sprachnachrichten wurden wiederum von ihrer Lektorin verschriftlicht, bis am Ende das Buch vollständig war.

Abbildung 8.17 YouTube-Video von Mirella zu ihrem Buch (*https://www.youtube.com/watch ?v=qAGojzrLqRo*)

Natürlich gehört zu einem eigenen Buch mehr dazu, worüber Mirellativegal in ihrem Video nicht gesprochen hat. Schließlich müssen zusammen mit dem Verlag Verträge abgeschlossen sowie Timings vereinbart werden und noch viel mehr. Aber das alles ist natürlich abhängig von dem Verlag, mit dem du das Buch veröffentlichen wirst. In jedem Fall wird es eine aufregende Zeit für dich, und du hast am Ende ein fertiges Buch, über das sich deine Fans freuen können.

8.6   Dienstleistungen

Aufgrund deiner Expertise im Social-Media-Bereich kannst du als Influencer bestimmte Dienstleistungen anbieten, für die du bezahlt wirst. Auf diesem Weg kannst du dir neben deiner Online-Präsenz ein weiteres Standbein aufbauen, mit dem du dir ein Einkommen sichern kannst.

Das können beispielsweise eine Moderation oder ein Vortrag bei einer Veranstaltung sein. In der Regel werden Veranstalter auf dich zukommen, wenn sie sich eine Zusammenarbeit vorstellen können. Wenn du aber schon eine eigene Idee hast, warum solltest du dann warten? Kontaktiere Veranstalter, die zu dir und deiner Botschaft passen, und stelle ihnen deine Idee vor. Selbst wenn es nicht beim ersten Mal klappt, solltest du dich nicht entmutigen lassen.

Deine Erfahrung kannst du aber auch über ein Coaching oder eine Unternehmensberatung weitergeben. Der Inhalt kann beispielsweise die Erarbeitung einer Social-Media-Strategie für das Unternehmen sein. Schließlich weißt gerade du als Influencer, wie man einen Social-Media-Kanal optimal bespielt und sich darüber eine treue Community aufbauen kann. Wieso solltest du dieses Wissen also nicht weitergeben und darüber dein Einkommen aufbessern?

Viele Unternehmen beauftragen Freelancer oder Agenturen mit der Betreuung ihrer Social-Media-Kanäle oder der Produktion von Content, weil die internen Kapazitäten oder Know-how nicht vorhanden sind. Gerade du als Social-Media-Star bist in diesem Umfeld genau der richtige Ansprechpartner, und das solltest du nutzen! Natürlich kannst du darauf warten, bis ein Unternehmen auf dich zukommt und dir ein Angebot macht – du kannst aber auch aktiv auf Unternehmen zugehen und ihnen deine Dienstleistung anbieten.

Interview mit Sofia Martinez Bretschneider

Sofia Martinez Bretschneider arbeitet seit fast 10 Jahren als Influencerin. Mittlerweile ist sie auf zwei YouTube-Kanälen aktiv und unterhält ihre Follower zudem fast täglich auf Instagram (siehe Abbildung 8.18). Neben der Betreuung ihrer eigenen Kanäle hilft sie Unternehmen, Social-Media- und Influencer-Marketing-Trends zu verstehen sowie authentische Kampagnen umzusetzen, und ist als Speakerin und Beraterin tätig.

Kannst du uns erzählen, wie es bei dir dazu gekommen ist, dass du mit Social Media angefangen hast?

Also, bei mir ist es schon etwas länger her. 2009 bin ich da so ein bisschen reingerutscht, und es ist eigentlich aus Langeweile entstanden. Ich war damals 15 Jahre alt und habe mir regelmäßig Videos auf YouTube angesehen. Das waren zum größten Teil typischerweise Musikvideos. Dann wurde mir irgendwann ein Video von Ebru Ergüner empfohlen, woraufhin ich mir Videos zum Haareglätten angeschaut habe. Da habe ich gedacht, dass ich das auch gut erklären kann und Tipps habe, die ich weitergeben möchte und in einem Video verpacken könnte. Kurz davor hatte ich einen eigenen Laptop geschenkt bekommen, der auch eine Webcam hatte, sodass ich einfach damit angefangen habe, selbst Videos aufzunehmen. Damals waren die ja noch ungeschnitten. Das waren dann also meine ersten Videos und ab dann bin ich eigentlich mit der ganzen Thematik mitgewachsen.

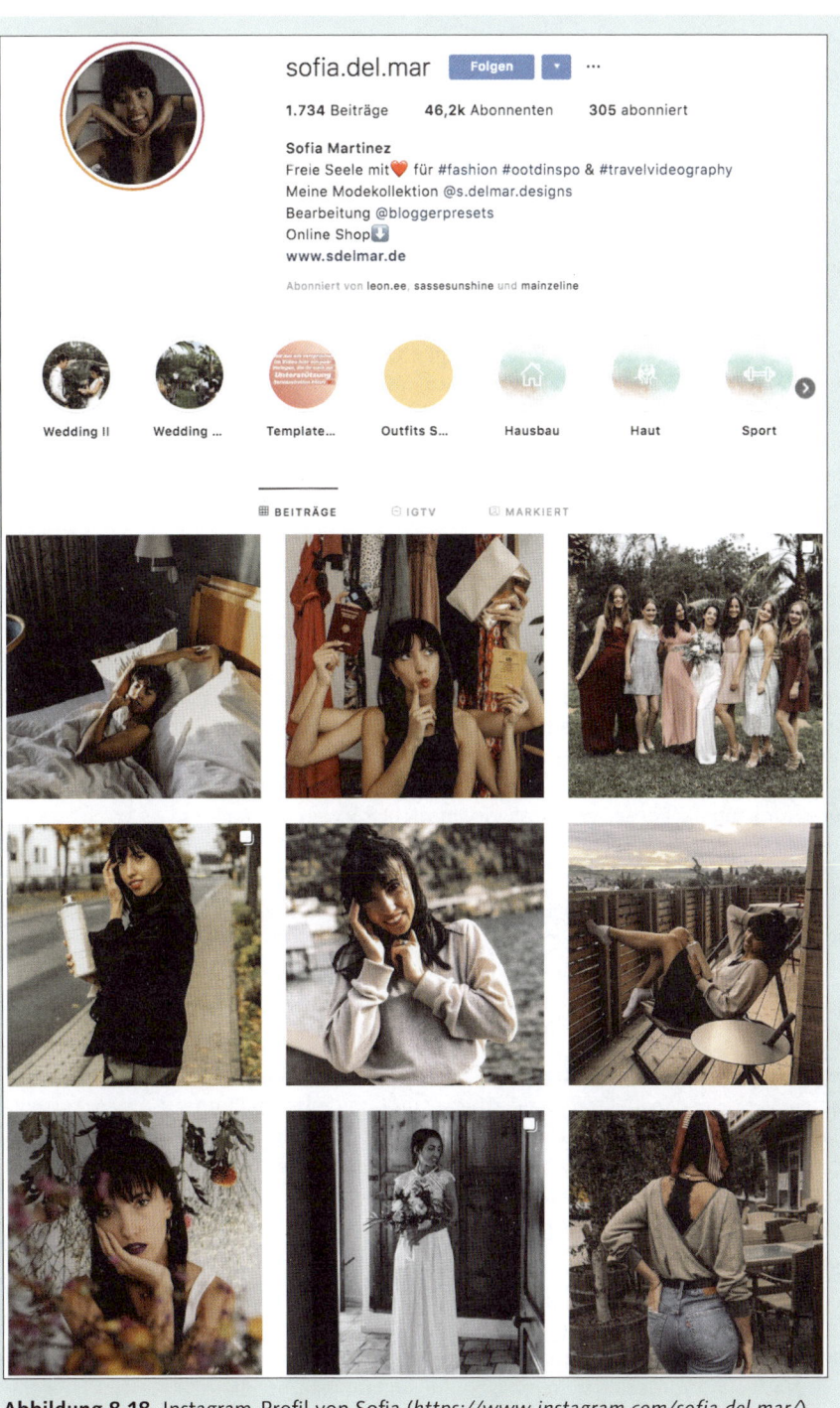

Abbildung 8.18 Instagram-Profil von Sofia (*https://www.instagram.com/sofia.del.mar/*)

Ich habe angefangen, meine Videos stetig weiterzuentwickeln, und dann kamen natürlich irgendwann Twitter, Instagram und die ganzen anderen sozialen Netzwerke dazu. Da habe ich dann relativ von Anfang an immer mal wieder reingeschnuppert und bin dann dabeigeblieben.

Wie war es dann, als du deine erste Kooperationsanfrage erhalten hast, oder bist du vielleicht sogar selbst am Anfang auf Unternehmen zugegangen?

Ich war damals mal bei einem Netzwerk, und da habe ich dann meine erste Kooperationsanfrage erhalten. Davor gab es schon immer mal wieder die Möglichkeit, dass ich etwas zugeschickt bekomme, und da bin ich auch ab und zu an Unternehmen herangetreten. Aber das waren dann natürlich eher unbezahlte Kooperationen. Ich dachte damals schon, das wäre das Nonplusultra. Irgendwann kam dann von dem Netzwerk eine Anfrage, dass ich einen Werbespot bewerben sollte. Das ist eigentlich superuntypisch heute. Dafür habe ich dann zum ersten Mal Geld bekommen, aber auch nur einen minimalen Betrag. Es waren vielleicht 50,00 € oder so was um den Dreh. Danach gingen die weiteren bezahlten Kooperationen von dem Netzwerk aus. Nachdem ich bei dem Netzwerk war, habe ich immer selbst direkt die Anfragen erhalten. Ich muss aber sagen, bis zum heutigen Tag bin ich nicht so aktiv, dass ich selbst regelmäßig auf Unternehmen zugehe, sondern die melden sich eher bei mir.

Kooperationen sind wahrscheinlich die erste Einnahmequelle, auf die man kommt, wenn man an Influencer denkt. Welche Einnahmequellen hast du vielleicht noch neben den Kooperationen?

Neben meinen Google-Ads-Werbeeinnahmen auf YouTube entfällt ein supergroßer Anteil auf das Affiliate-Marketing, wenn man sich da mal so ein bisschen reinarbeitet. Die meisten sind ja erst mal so auf Amazon unterwegs, aber da sind die Provisionen nicht wirklich hoch, und wenn man nicht in dem Bereich arbeitet, für den man viel auf Amazon kaufen könnte, bringt es einem nicht so viel. Bei mir sind es vor allem im Fashion-Bereich die verschiedenen Modehäuser und Onlineshops, bei denen ich über Affiliate-Programme Geld verdiene.

Aber auch eigene Produkte. Ich habe beispielsweise ein digitales Produkt entwickelt – die Presets. Die habe ich über Instagram selbst vermarktet. Ich habe aber gemeinsam mit einem externen Partner dieses Jahr eine eigene Kollektion kreiert.

Bietest du Dienstleistungen wie zum Beispiel Workshops oder die Betreuung von Social-Media-Kanälen an?

Ja genau, ich habe schon häufiger Workshops für Unternehmen gegeben, für Unternehmen eine Social-Media-Strategie erarbeitet und den entsprechenden Content erstellt. Das findet dann aber hauptsächlich für YouTube statt. Ich habe beispielsweise für einen Friseursalon Videos produziert. Die Produktion findet aber nicht zwangsläufig nur für soziale Medien statt, sondern auch für Online-Seminare.

Wie sieht die Verteilung deiner Einnahmen aus? Gehören Kooperationen zu deiner Haupteinnahmequelle?

Im Durchschnitt betrachtet verdiene ich das meiste über Kooperationen. Da mein CPM durch die Fashion-Videos aber sehr hoch ausfällt, würde ich sagen, dass meine Werbeeinnahmen über Google Ads nur knapp unter den Einnahmen durch Kooperationen liegen. Nach den Werbeeinnahmen folgen die Einnahmen über die Affiliate-Links, eigene Produkte und Dienstleistungen. Diese Anteile fallen ungefähr gleich aus.

Für alle Sunset- und Oceanlover, bei denen nichts über frische Luft geht!

5 verschiedene Presets, die in 9-facher Ausführung verfügbar sind, um deinen Fotos den schönen Travelgramer Look zu verpassen.

Ob du im Urlaub bist oder einfach nur gerne Fotos im freien machst, das Mauritius Preset Pack ist perfekt für dich, wenn du dich total in Orange und Blautöne verliebt hast!

29.75€

Mehr Infos

Mellow Vintage Preset Pack

Für alle Cinematic und Vintage Lover, die es clean und eher entsättigt mögen!

4 verschiedene Presets, die in 6-facher Ausführung verfügbar sind, um deinen Fotos den schönen cleanen, vintage, cinematic Look zu verpassen.

Egal in welcher Situation du auch bist, dieses Preset Pack eignet sich perfekt für gleichmäßiges bewölktes Licht, egal ob drin oder draußen. Perfekt also für die Herbst, Winter Zeit.

17,85€

Mehr Infos

Preset Bundle

Für alle, die sich nicht entscheiden können und gerne beide Pakete haben möchte.
Mauritius Preset Pack
5 verschiedene Presets, die in 9-facher Ausführung verfügbar sind, um deinen Fotos den schönen Travelgramer Look zu verpassen.
Mellow Vintage Preset Pack
4 verschiedene Presets, die in 6-facher Ausführung verfügbar sind, um deinen Fotos den schönen cleanen, vintage, cinematic Look zu verpassen.

Mit diesen zwei Preset Packs hast du sowohl das teilweise trübe Wetter in Deutschland abgedeckt, als auch tropische Temperaturen im Ausland. Also für alles was dabei! :)

39.75€

Mehr Infos

Abbildung 8.19   Presets von Sofia (*https://www.trustyourinfluence.com/presets*)

Wie bist du zu den Presets gekommen?

Mit den Presets (siehe Abbildung 8.19) habe ich letztes Jahr angefangen. Das müsste jetzt ungefähr ein Jahr her sein, dass ich damit an den Markt gegangen bin. Ich google gerne nach digitalen Nomaden und lokal unabhängigen Möglichkeiten, die es gibt und über die man Geld verdienen könnte. Darüber bin ich dann auf die Presets gekommen und dachte mir, dass ich selbst supergerne Bilder bearbeite und meine Bildbearbeitungseinstellungen anbieten könnte. Dann habe ich es auch bei anderen Influencern entdeckt und wollte es gerne selbst ausprobieren. Die Arbeit habe ich ja nur einmal, und dann habe ich ein skalierbares Produkt. Ich wollte einfach testen, wie so ein digitales Produkt funktioniert, und war damit dann auch relativ erfolgreich.

Wie war der Ablauf bei deiner eigenen Kollektion (siehe Abbildung 8.20)? Gerade bei einer eigenen Kollektion stelle ich mir vor, dass da superviel im Hintergrund passiert, was deine Zuschauer oder Follower gar nicht mitbekommen. Die sehen ja am Ende nur das fertige Produkt.

Bei der eigenen Kollektion war es so, dass ich seit Anfang letzten Jahres zu 80 % nur noch Fashion-Videos mache beziehungsweise Fashion-Inhalte poste und das so gut angekommen ist, dass ich eigentlich von meinen Zuschauern gefragt wurde, wann ich meine eigenen Produkte rausbringe. Da ich aber keinen Merch machen wollte, habe ich sehr lange gesucht, wie ich selbst Kleidungsstücke produzieren könnte und wie der ganze Vorgang abläuft. Als totaler Laie hatte ich es natürlich superschwer, bis ich dann irgendwann auf einen externen Partner gekommen bin, der gesagt hat: »Hey, wir übernehmen alles, du darfst alles entscheiden, und du hast kein finanzielles Risiko.« Zu dem externen Dienstleister bin ich durch eine Kollegin gekommen. Ich hatte sie nämlich gefragt, wo sie ihre Produkte produzieren lässt, weil sie kurz zuvor in Polen war. Wir hatten eigentlich auch schon Kontakte nach Polen. Die Tante von meinem Freund ist Näherin in Polen, sodass wir dahin schon Berührungspunkte hatten. Nachdem sie mir den Kontakt weitergeleitet hat, haben wir dort direkt angefragt. Die erste Idee war aber, ein eigenes Bikini-Label zu starten. Das war natürlich ultraschwer, weil das wirklich sehr spezielle Teile sind, die hauptsächlich nur einmal im Jahr funktionieren. Bei der geringen Stückzahl wollte das keiner machen, und wir konnten natürlich auch nicht abschätzen, wie viel wir letztendlich verkaufen würden. Ich hatte keine Ahnung, wie kaufkräftig meine Community ist. Dann sind wir zu einem anderen externen Dienstleister gekommen, der auch gesagt hat, dass Bikinis bei ihm leider nicht gehen. Deshalb habe ich mir noch mal Gedanken gemacht und bin irgendwann noch mal zu ihm gekommen und habe ihn gefragt, wie es mit anderen Kleidungsstücken in Kombination mit vielleicht nur einem Bikini aussähe. Das fand er supercool und wollte gerne dabei sein. Die Entwürfe waren dann schon vorher alle fertig, und die hatte er schon. Im Januar haben wir uns dann zum ersten Mal mit ihm persönlich und seinem ganzen Team getroffen, und dann konnte ich schon anhand der Entwürfe eigentlich komplett alles aussuchen. Das Ganze läuft dann auf Provisionsbasis.

Würdest du sagen, dass die Einnahmen als Influencer grundsätzlich eher unsicher sind, oder findest du, dass man sich ein Stück weit darauf verlassen kann?

Es gibt viele, ich nenne sie mal »neumodische« Influencer, die auf die Schnelle erfolgreich werden. Bei denen würde ich sagen, dass die Einnahmequellen superunsicher sind. Wenn ich auf der Seite von Unternehmen stehe, würde ich sie eher nicht engagieren, wenn es sich um Communitys handelt, die sich sehr schnell aufgebaut haben und die sehr sprunghaft sind. Dadurch, dass ich jetzt schon mittlerweile seit 10 Jahren dabei bin, würde ich schon sagen, dass es eher sichere Einnahmen sind. Ich kann das in der Regel schon sehr gut abschätzen. Trotzdem finde ich es superwichtig, ein Back-up zu haben und sich hintenrum noch etwas aufzubauen, was die Abonnenten so direkt vielleicht auch gar nicht mitkriegen.

sofia.del.mar • Folgen ...

sofia.del.mar Ok, ich bin wieder bereit an den Strand zu gehen 🤸 😂 Ich gehör wirklich nicht mitten ins Land, gib mir Küste 🙈
Küste oder Land? 😜
#handstand #beach #mauritius #handstand #island #islandvibes #tropical #sport #fitness

6Wo.

Gefällt 4.767 Mal

24. MAI

Kommentar hinzufügen ...   Posten

Abbildung 8.20 Ankündigung der eigenen Kollektion von Sofia auf Instagram (*https://www.instagram.com/p/Bx2L7jGIE7E/*)

Gerade sind ja eigene Produkte, Presets und Bücher das große Thema bei Influencern. Was denkst du, was als Nächstes kommen wird?

Gute Frage. Also, ich kann mir vorstellen und habe das Gefühl, dass die Tendenz weg von den eigenen Produkten hin zu den Limited Editions mit Marken geht. Ich habe das Gefühl, dass es viel einladender ist, eine Limited Edition zu machen, wenn man mal den Arbeitsaufwand mit den Einnahmen ins Verhältnis setzt. Da steckt dann vermutlich weniger Arbeit, Mühe und vielleicht auch teilweise weniger Liebe dahinter als bei einem komplett eigenen Produkt, bei dem man mit seinem eigenen Namen dahintersteht. Ich denke wirklich, dass der Trend dahin gehen wird.

9 Wie kannst du langfristig als Influencer leben?

Davon träumst du sicherlich: als Influencer den Lebensunterhalt verdienen und das Ganze langfristig zum Beruf machen. Damit das klappt, musst du dich zunächst aber mit einigen eher unliebsamen Themen auseinandersetzen.

Im vorherigen Kapitel hast du bereits erfahren, welche Möglichkeiten es gibt, Follower und Likes in bare Münze zu verwandeln. Sobald du allerdings als Influencer Geld verdienen möchtest, musst du einiges beachten: Du musst deine Selbstständigkeit anmelden, Steuern bezahlen, dich mit Versicherungen beschäftigen und Sozialabgaben abführen. Irgendwann bist du vielleicht auch an einem Punkt angelangt, an dem dir die Arbeit über den Kopf wächst: Wir klären in diesem Kapitel deshalb, wann ein Management oder ein Netzwerk eine gute Wahl sein können.

Wenn du langfristig als Influencer arbeiten möchtest, solltest du dir außerdem ein paar Gedanken machen, wie du dich gesund hältst. Influencer zu sein und seinen Lebensunterhalt damit zu verdienen, bedeutet, sich perfekt selbst zu organisieren, und kann wie jede andere selbstständige Tätigkeit ein sehr stressiger Job sein. Konfuzius sagt: Ein gesunder Geist wohnt in einem gesunden Körper. Oder hat das jemand anderes gesagt?[1] Egal: Du musst dich darum kümmern, wie du Arbeit und Privates in geordnete Bahnen bringst! Und dabei beziehen wir uns sowohl auf deine Alltagsorganisation als auch auf deine Privatsphäre.

9.1 Selbstständigkeit anmelden und organisieren

Das Wichtigste gleich am Anfang: Bevor du Geld als Influencer verdienen kannst, musst du dich beim Finanzamt vorstellen und eine selbstständige oder gewerbliche Tätigkeit anmelden. Dazu kommt in den meisten Fällen eine Gewerbeanmeldung an deinem Wohnort, für die je nach Größe deines Wohnortes die jeweilige Gemeinde oder Stadt zuständig ist. Ob du ein Gewerbe anmelden musst, hängt von der Art deiner Tätigkeit ab. In manchen Fällen betrachtet dich das Finanzamt als

---

1 Tatsächlich war es der römische Dichter Juvenal. ;-)

Influencer eventuell auch als Freiberufler – und Freiberufler müssen kein Gewerbe anmelden. Informiere dich bei deinem Finanzamt, wie sie dich dort einstufen.

Lieber zu früh als zu spät anmelden

Wichtig ist auf jeden Fall, dass du diese Behördengänge vor deiner ersten Rechnung erledigst, da es ansonsten ernsthafte Probleme geben kann. Lass dir auf keinen Fall von Freunden erzählen, dass du deine Tätigkeit nicht gleich anmelden und die ersten Euros nicht versteuern musst. Das ist falsch!

Wie machst du das konkret? Das Finanzamt hält ein mehrseitiges Formular bereit, das sich »Fragebogen zur steuerlichen Erfassung« nennt (siehe Abbildung 9.1). Darin musst du allgemeine Angaben zu dir und deiner geplanten Tätigkeit machen. Das Formular erhältst du entweder direkt vom Finanzamt oder online über *www.elster.de*. Solltest du alles online machen wollen, musst du eventuell erst ein Zertifikat anfordern, mit dem du ab sofort mit dem Finanzamt sicher kommunizieren kannst. Wenn du unsicher bist, frag deine Eltern oder Freunde, die schon einmal online eine Steuererklärung abgegeben haben.

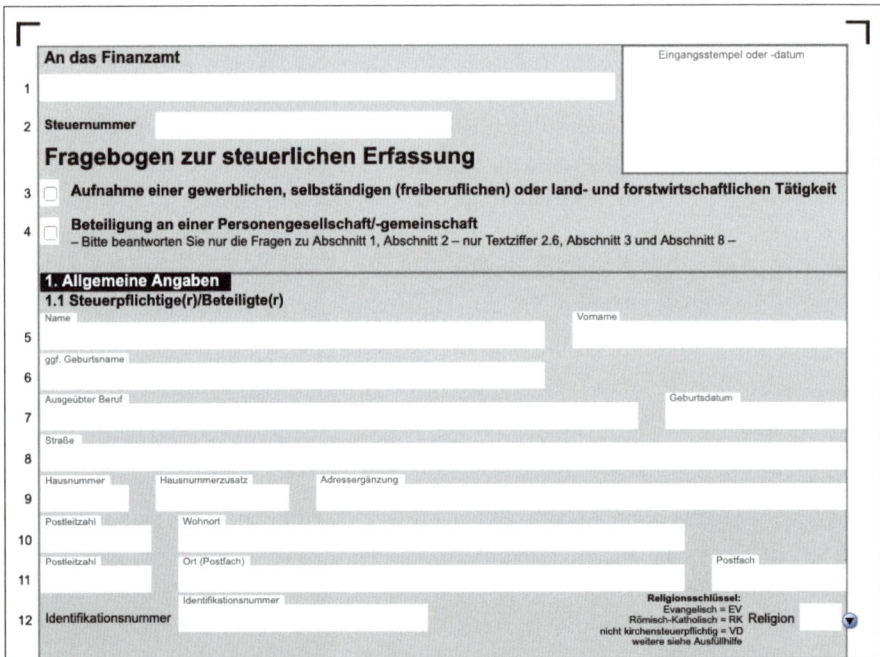

Abbildung 9.1 Der Fragebogen zur steuerlichen Erfassung ist praktisch dein »Anmeldeformular« beim Finanzamt.

Wenn du den Fragebogen ausfüllst, wirst du auch über Dinge stolpern, die komplizierter sind. Bezüglich der Umsatzsteuer ist insbesondere die *Kleinunternehmerregelung* ein Punkt, über den du Bescheid wissen solltest. In der Erläuterung wirst du sehen, dass die Kleinunternehmerregelung in Anspruch genommen werden kann, wenn dein voraussichtlicher Umsatz im ersten Jahr 17.500 € nicht übersteigen wird. Das klingt erst einmal viel, und mit nicht ganz so vielen Followern und nur sehr wenigen Kooperationen wirst du diese Grenze kaum überschreiten. Trotzdem ist es wichtig, hier eine Entscheidung zu treffen.

Denn was besagt die Kleinunternehmerregelung? Sie ermöglicht dir, bei überschaubaren Einnahmen keine Umsatzsteuer ausweisen zu müssen. Du musst dann auf jeder Rechnung darauf hinweisen, dass du aufgrund der Kleinunternehmerregelung keine Umsatzsteuer ausweist. Später in diesem Kapitel gehen wir noch genauer auf diese Steuer ein.

Hinweis auf deinen Rechnungen

Es gibt verschiedene Formulierungen für den Rechnungshinweis auf die Kleinunternehmerregelung, sofern du sie in Anspruch nimmst. Dazu zählen beispielsweise:

▸ Im ausgewiesenen Rechnungsbetrag ist gemäß § 19 UStG keine Umsatzsteuer enthalten.

▸ Als Kleinunternehmer im Sinne von § 19 Abs. 1 UStG wird keine Umsatzsteuer berechnet.

▸ Gemäß § 19 UStG enthält der Rechnungsbetrag keine Umsatzsteuer.

An dieser Stelle soll aber gesagt werden: Wenn du mit Unternehmen Geschäfte machst, ist es für sie unerheblich, ob du die Umsatzsteuer ausweisen kannst oder nicht – die Unternehmen bezahlen die Umsatzsteuer zwar an dich, können sie gegenüber ihrem Finanzamt aber wieder geltend machen und erhalten sie dann als sogenannte *Vorsteuer* praktisch wieder. Viel entscheidender kann der psychologische Aspekt der Kleinunternehmerregelung sein. Unternehmen sehen dadurch gleich: »Aha, dieser Influencer macht nur ganz wenig Umsatz, dem brauchen wir auch nicht viel Geld für eine Kooperation bezahlen.« Denn wir haben ja bereits geschrieben, dass die Regelung wirklich nur für Kleinunternehmer gilt und du auf sie hinweisen musst.

Solltest du deshalb auf die Kleinunternehmerregelung verzichten? Neben der eventuellen psychologischen Wirkung kommt es wirtschaftlich gesehen darauf an, ob du vorhast, sehr viel Equipment wie Laptops, Kameras, Festplatten etc. zu kaufen. Dann kann es besser sein, die Regelung nicht in Anspruch zu nehmen. Mit der Kleinunternehmerregelung musst du zwar keine Umsatzsteuererklärung machen und die eingenommene Umsatzsteuer nicht an das Finanzamt abführen, kannst aber im Gegenzug auch keine Vorsteuer geltend machen. Wenn du hingegen kaum unternehmerische Ausgaben haben wirst, kannst du dir mithilfe der Kleinunternehmerregelung den Umsatzsteuer-Aufwand ersparen. Lies dazu auf jeden Fall den nächsten Abschnitt, dann verstehst du auch die Funktionsweise der Umsatzsteuer.

Steuerberater in der Gründungsphase

Wir empfehlen dir, vor oder bei der Gründung einen Steuerberater zu kontaktieren und dich beraten zu lassen. Wenn du dich in der Anfangsphase befindest, sind die Kosten hierfür überschaubar. Gleichzeitig vermeidest du Fehler, die dich später viel Geld kosten können.

9.2   Steuern

Egal, ob du als Angestellter oder als Selbstständiger Geld verdienst: Das Finanzamt verlangt einen Teil deiner Einnahmen in Form von Steuern. Daran führt erst mal kein Weg vorbei, sofern du dich nicht strafbar machen möchtest – und wenn es um Steuereinnahmen geht, versteht der Staat keinen Spaß. Die für dich als Influencer wichtigsten Steuern sind *Umsatzsteuer*, *Einkommensteuer* und eventuell *Gewerbesteuer*.

Im vorigen Abschnitt hast du bereits erfahren, wie du dich beim Finanzamt anmeldest. Dort haben wir auch über die Kleinunternehmerregelung gesprochen, die sich auf die Umsatzsteuer bezieht. Was genau ist denn jetzt die Umsatzsteuer?

Die Umsatzsteuer

Die Umsatzsteuer ist eine Steuer, die auf alle Umsätze erhoben werden muss: Wenn du also ein Produkt verkaufst oder eine Dienstleistung anbietest, musst du im Preis einen Anteil an Umsatzsteuer einberechnen. Man unterscheidet deshalb auch zwischen dem *Brutto-* und dem *Nettopreis*: Wenn vom Bruttopreis die Rede ist, ist die Umsatzsteuer enthalten, beim Nettopreis entsprechend nicht.

Was ist ein Umsatz?

Ein Umsatz findet immer dann statt, wenn du Geld einnimmst: Du verkaufst ein Produkt? Dann machst du damit Umsatz. Du gehst eine Kooperation als Influencer ein und verdienst damit Geld? Dann machst du damit Umsatz.

Der deutsche Staat hat sich überlegt, dass nicht alle Umsätze in gleicher Höhe besteuert werden müssen. Der allgemeine Steuersatz beträgt 19 %, während beispielsweise Bücher und die meisten Lebensmittel nur mit dem ermäßigten Steuersatz von 7 % versteuert werden müssen. Wenn du auf die Kleinunternehmerregelung verzichtest, ist für dich als Influencer der allgemeine Steuersatz von 19 % in den allermeisten Fällen relevant.

---

7 % Umsatzsteuer und Urheberrecht

Es gibt sehr eng gefasste Ausnahmen, nach denen du den ermäßigten Steuersatz auch auf Leistungen ansetzen darfst, die mit Nutzungsrechtübertragungen unter das Urheberrecht fallen. Problem dabei: Entscheidest du dich falsch und berechnest einem Unternehmen nur 7 % Umsatzsteuer, obwohl das Finanzamt der Meinung ist, dass du 19 % an den Staat abführen musst, musst du trotzdem 19 % zahlen. Unter bestimmten Umständen kann es aber wichtig sein, nur 7 % Umsatzsteuer auszuweisen: Nämlich dann, wenn du später nachweisen willst, dass deine Leistung unter das Urheberrecht fällt. Das kann zum Beispiel der Fall sein, wenn du für einen Verlag ein Buch schreibst und dem Verlag Nutzungsrechte an deinem Manuskript erteilst. In diesen speziellen Fälle solltest du vorher unbedingt einen Steuerberater fragen!

Du hast jetzt bereits mehrfach gelesen, dass du Umsatzsteuer »abführen« musst. Die Umsatzsteuer ist eine indirekte Steuer: Du nimmst sie sozusagen für das Finanzamt ein und musst sie je nach Vereinbarung mit dem Finanzamt monatlich, vierteljährlich oder jährlich an das Finanzamt überweisen. Im gleichen Atemzug musst du online auch eine Umsatzsteuererklärung erstellen. Das hört sich kompliziert an, ist in den meisten Fällen aber sehr einfach, wenn du weißt, in welche Felder du deine Eingaben und Ausgaben eintragen musst.

Wenn du auf die Kleinunternehmerregelung verzichtest, musst du auf jeder Rechnung auch die Umsatzsteuer ausweisen (siehe nächster Abschnitt). Und jetzt wird es interessant: Solltest du selbst einmal etwas kaufen, das du für deine Influencer-Tätigkeit benötigst (zum Beispiel eine Kamera), ist in dem von dir gezahlten Kaufpreis ebenfalls Umsatzsteuer enthalten. Man nennt sie Vorsteuer, und du kannst diese Vorsteuer mit der Umsatzsteuer verrechnen (!), die du eingenommen hast. Viele Menschen sagen umgangssprachlich auch: »Du holst dir die Umsatzsteuer wieder zurück«. Diese Aussage stimmt zwar nur zur Hälfte, aber du kannst Umsatzsteuer und Vorsteuer gegenüberstellen.

Ganz einfaches Beispiel: Du schreibst eine Rechnung über den Bruttobetrag von 119 €. In diesem Betrag sind (bei 19 % Umsatzsteuer) genau 19 € Umsatzsteuer enthalten. Diese 19 € hast du für das Finanzamt eingenommen und müsstest sie irgendwann an das Finanzamt überweisen. Nun kaufst du aber ein Mikrofon für

119 €. In diesen 119 € sind ebenfalls 19 € Umsatzsteuer enthalten, die du mit dem Kauf des Mikrofons bezahlt hast. In der Umsatzsteuererklärung gibst du nun an, dass du 19 € Umsatzsteuer eingenommen hast, aber auch, dass du 19 € Vorsteuer für das Mikrofon geltend machst, die abgezogen werden sollen. Das Resultat: Du müsstest in diesem vereinfachten Rechenbeispiel keine Umsatzsteuer an das Finanzamt bezahlen.

Als Kleinunternehmer nimmst du keine Umsatzsteuer für das Finanzamt ein. Daher kannst du von der Möglichkeit, dir nach dem Kauf von Dingen, die du für deine Arbeit brauchst, die Vorsteuer zurückzuholen, keinen Gebrauch machen.

Quittungen aufheben

Damit du dem Finanzamt nachweisen kannst, was du an Geld eingenommen und ausgegeben hast, musst du alle Quittungen unbedingt aufheben. Immer wenn du also etwas kaufst oder Geld für deine Influencer-Tätigkeit ausgibst, lass dir eine Quittung geben und hebe sie auf. Wenn du zu faul bist, gleich alles in einem Buchhaltungsprogramm zu erfassen, kannst du die Rechnungen erst einmal in zwei Kisten sammeln: eine für Ausgaben, eine für Einnahmen. Pass dabei auf, dass die Quittungen lesbar bleiben, und kopiere sie gegebenenfalls, wenn das Papier dazu neigt, mit der Zeit unleserlich zu werden (Kassenzettel sind oft aus Thermopapier). Nur mit den Quittungen kannst du später die eben erwähnte Vorsteuer geltend machen!

Abbildung 9.2 Auch Porto ist eine Ausgabe, wenn du für deine Arbeit als Influencer Briefe verschickt hast. Du solltest dir also auch bei der Post immer Quittungen geben lassen.

Die Einkommensteuer

Die Einkommensteuer ist eine Steuer, die du auf dein persönliches Einkommen bezahlen musst. Sie wird wie alle Steuern über den Zeitraum von einem Jahr betrachtet. Der deutsche Staat hat sich überlegt, dass es fair ist, wenn Menschen mit hohem Einkommen mehr Steuern bezahlen als Menschen mit geringerem Einkommen. Du bezahlst also prozentual gesehen mehr Einkommensteuer, je mehr Geld du in einem Jahr verdient hast.

Auch für die Einkommensteuer musst du eine Erklärung abgeben: die *Einkommensteuererklärung*. In dieser kannst du sehr viele Angaben machen und bestimmte Aufwendungen abziehen, die du als Kosten hattest (zum Beispiel Fahrtkosten zu einem Arbeitsplatz). Die Erklärung wird immer für das letzte Jahr abgegeben und du hast bis zu einem bestimmten Datum Zeit dafür (aktuell bis zum 31. Juli des Folgejahres). In der Anlage S, die du in Abbildung 9.3 siehst, oder in der Anlage G (wenn es sich um ein Gewerbe handelt) machst du Angaben, wie hoch der Gewinn ist, den du mit deiner selbstständigen Tätigkeit als Influencer oder mit deinem Gewerbe erzielt hast.

Wenn die Einkommensteuer zur Falle wird

Attention please! Einige Menschen machen sich selbstständig und nehmen über das Jahr gesehen viel Geld ein. Sie bezahlen auch brav ihre Umsatzsteuer. Aber dann kommt am Ende des ersten Geschäftsjahrs die Einkommensteuer, und plötzlich stehen sie vor einem Problem: Sie haben vergessen, dass sie den Gewinn aus ihrer selbstständigen Tätigkeit als Einkommen versteuern müssen. Dabei ist wichtig zu unterscheiden: Der Gewinn setzt sich nicht aus den Einnahmen zusammen, sondern aus den Einnahmen abzüglich aller Ausgaben, die du für deine Tätigkeit erzielt hast. Dieser Gewinn ist nun dein Einkommen aus der selbstständigen/gewerblichen Tätigkeit, und er muss versteuert werden. Bis dahin solltest du also vor allem im ersten Jahr unbedingt bedenken, dass du die Einkommensteuer noch bezahlen musst!

Je nach Einkommenshöhe verlangt das Finanzamt später eine monatliche Einkommensteuervorauszahlung, die sich an deinem Einkommen des Vorjahres bemisst. Solltest du im nächsten Jahr voraussichtlich wesentlich weniger oder gar nichts verdienen, kannst du einen Antrag stellen, dass die Vorauszahlung herabgesetzt wird.

Ein letzter Hinweis: Viele Influencer haben einen Hauptjob und haben nur nebenberuflich noch Einkünfte als Influencer. Für Angestellte wird die Lohnsteuer als eine Form der Einkommensteuer bereits vom Arbeitgeber an das Finanzamt bezahlt. Deine Einkünfte als Influencer musst du aber am Ende des Jahres in der Einkommensteuererklärung angeben und zahlst hierfür noch Einkommensteuer, die sich anhand deines Gesamteinkommens berechnet! Je nachdem, was du in deinem Hauptjob verdienst, musst du eventuell einiges an Einkommensteuer nachzahlen.

┌───┐

2018

Name

1

Anlage S

Vorname

2

Jeder Ehegatte / Lebenspartner mit Einkünften
aus selbständiger Arbeit hat eine eigene
Anlage S abzugeben.

□ stpfl. Person /
  Ehemann / Person A

3   Steuernummer

□ Ehefrau / Person B

Einkünfte aus selbständiger Arbeit

Für jeden Betrieb ist zusätzlich eine Bilanz oder – soweit keine Bilanz
erstellt wird – eine Anlage EÜR elektronisch zu übermitteln.

Gewinn (ohne die Beträge in den Zeilen 31, 35 und 40; bei ausländischen Einkünften: Anlage AUS beachten) | 22 |

aus freiberuflicher Tätigkeit (genaue Berufsbezeichnung oder Tätigkeit)   EUR

4 | | 100/300 | |

aus einer weiteren freiberuflichen Tätigkeit (genaue Berufsbezeichnung oder Tätigkeit)

5 | | 101/301 | |

lt. gesonderter Feststellung (Finanzamt und Steuernummer)

6 | | 110/310 | |

aus Beteiligung (Gesellschaft, Finanzamt und Steuernummer) 1. Beteiligung

7 | | 120/320 | |

aus allen weiteren Beteiligungen

8 | | 130/330 | |

aus Gesellschaften / Gemeinschaften / ähnlichen Modellen i. S. d. § 15b EStG

9 | |

aus sonstiger selbständiger Arbeit (z. B. als Aufsichtsratsmitglied)

10 | | 140/340 | |

aus allen weiteren Tätigkeiten (genau bezeichnen)

11 | | 150/350 | |

12   In den Zeilen 4 bis 8, 10 und 11 nicht enthaltener steuerfreier Teil der Einkünfte,
für die das **Teileinkünfteverfahren** gilt | 160/360 | |

13   In den Zeilen 4 bis 8, 10 und 11 enthaltene positive Einkünfte i. S. d. § 2 Abs. 4 UmwStG | | |

Steuerpflichtiger Teil der Leistungsvergütungen als Beteiligter einer Wagniskapital-
gesellschaft, die **vor** dem 1.1.2009 gegründet wurde (§ 18 Abs. 1 Nr. 4 EStG)
Gesellschaft, Finanzamt und Steuernummer

14 | | 170/370 | |

Steuerpflichtiger Teil der Leistungsvergütungen als Beteiligter einer Wagniskapital-
gesellschaft, die **nach** 31.12.2008 gegründet wurde (§ 18 Abs. 1 Nr. 4 EStG)
Gesellschaft, Finanzamt und Steuernummer

15 | | 180/380 | |

16   Ich beantrage für den in den Zeilen 4 bis 8 und 35 enthaltenen Gewinn die Begünstigung nach § 34a EStG
und / oder es wurde zum 31.12.2017 ein nachversteuerungspflichtiger Betrag festgestellt.
Einzureichende **Anlage(n) 34a**   Anzahl

© Wolters Kluwer Deutschland, 50939 Köln • STE28918 • 2018AnlS221

└───┘

2018AnlS221   – Juli 2018 –   2018AnlS221

Abbildung 9.3   Auf diesem Formular trägst du den Gewinn ein, den du in deiner
selbstständigen Arbeit erwirtschaftet hast. Dieses Formular gibt es mit gleichem Inhalt auch
online über *www.elster.de.*

Nur weniger Influencer wissen, dass auch kostenlos von einem Kunden zur Verfügung gestellte Produkte bei der Steuererklärung als Einnahmen angegeben werden müssen, sofern sie behalten werden. Das nennt sich geldwerter Vorteil. Wenn du also von einem Unternehmen kostenlose Produkte erhältst, musst du sie bei deinen Einkünften angeben und gegebenenfalls Steuern darauf bezahlen!

Pauschale Abgabe durch Unternehmen

Manche Unternehmen führen die Steuern für dich bereits pauschal ab. Hier hilft nur nachzufragen, ob dein Kooperationspartner bereits Steuern für die dir überlassenen Produkte bezahlt hat (pauschalisierte Lohnsteuer bzw. Geschenke an Geschäftspartner). Wenn nicht, musst du sie wie beschrieben bei deiner Steuererklärung angeben.

Die Gewerbesteuer

Die Gewerbesteuer ist eine Steuer, die der Stadt oder der Gemeinde zufließt, in der du wohnst. Sie muss von allen Unternehmen bezahlt werden, die mehr als 24.500 € Gewinn gemacht haben. Wenn dich das Finanzamt nicht als Freiberufler einstuft, musst du bei Überschreitung der Grenze diese Gewerbesteuer bezahlen. Und auch wenn du den entsprechenden Gewinn nicht erreichst, musst du trotzdem eine Erklärung beim Finanzamt über die Gewerbesteuer abgeben.

Die Höhe der Gewerbesteuer wird mithilfe eines sogenannten Hebesatzes berechnet, der je nach Stadt oder Gemeinde unterschiedlich hoch ausfällt. Unternehmen entscheiden sehr häufig aufgrund der Hebesätze, in welcher Stadt sie ihr Unternehmen ansiedeln. Solltest du die Auswahl zwischen mehreren Orten für dein Gewerbe haben, informiere dich vorher über die Höhe der Gewerbesteuer.

Anrechnung der Gewerbesteuer auf die Einkommensteuer

Zu deiner Entlastung wird die Gewerbesteuer auf die Einkommensteuer angerechnet. Ob die Anrechnung dich vollständig entlastet, hängt auch vom Hebesatz ab: Bei einem Gewerbesteuerhebesatz von maximal 380 % wirst du durch die Anrechnung vollständig entlastet und hast keine Mehrbelastung durch die Gewerbesteuer.

9.3 Deine erste Rechnung

Es ist so weit: Du hast eine Kooperation an Land gezogen und willst deine erste Rechnung schreiben. Aber was muss eigentlich alles auf einer Rechnung stehen?

Mit einer Rechnung teilst du deinem Kunden mit, was er für deine Leistungen zu zahlen hat. Damit auch klar ist, an wen die Rechnung gerichtet ist, gehören Name und Anschrift des Kunden auf die Rechnung. Ebenso gehören dein Name und deine Anschrift darauf, damit klar ist, wer die Rechnung gestellt hat.

Außerdem gibt es ein paar verpflichtende Angaben, die du ebenfalls mit auf die Rechnung packen musst. Das sind:

▶ Deine Adresse und die Adresse deines Kunden

▶ Rechnungsdatum
An welchem Tag hast du die Rechnung geschrieben?

▶ Liefer- oder Leistungsdatum
Wann hast du für deinen Kunden gearbeitet?

▶ Fortlaufende Rechnungsnummer
Das Finanzamt verlangt von dir eine Rechnungsnummer, die sich mit jeder gestellten Rechnung erhöht. Fang einfach bei 1 an, und zähl dann hoch.

▶ Angaben zur Dienstleistung/den Produkten mit Mengenangabe
Wie lange hast du für deinen Kunden gearbeitet, oder wie viele Produkte hast du verkauft?

▶ Steuernummer oder Umsatzsteuer-ID
Das Finanzamt teilt dir eine Steuernummer mit, unter der du geführt wirst. Diese Steuernummer oder alternativ die Umsatzsteuer-ID muss auf der Rechnung stehen.
Die Umsatzsteuer-ID musst du erst beantragen. Das machst du mit einem Formular, das du unter *https://www.formulare-bfinv.de/ffw/action/invoke.do?id=ustid* findest.

▶ Ggf. Hinweis auf Kleinunternehmerregelung

▶ Ggf. Umsatzsteuer als gesonderten Betrag ausgewiesen

▶ Der Rechnungsbetrag als Gesamtsumme

Damit der Kunde dir dein Geld überhaupt überweisen kann, braucht er deine Bankverbindung: IBAN, BIC und Bankname gehören also ebenfalls auf die Rechnung. Auch ein Zahlungsziel ist empfehlenswert. Du kannst zum Beispiel »zahlbar sofort« oder »Bitte überweisen Sie den Betrag innerhalb von 10 Werktagen« auf deine Rechnung schreiben.

Viele Rechnungsprogramme berücksichtigen all diese Angaben – sie gibt es natürlich auch als kostenlose Varianten.

Influxus
Influencer Ihres Vertrauens

Markus Influxus | Influencerstraße 5 | 54321 Influencer-City

Musterkunde
Herr Mustermann
Musterstraße 1a
12345 Musterstraße

Rechnungsnummer: 8756
Rechnungsdatum: 13.1.2021
Leistungsdatum: 11.1.2021

Rechnung

Sehr geehrter Herr Mustermann,

vielen Dank für die Kooperation mit Ihrer Marke. Hiermit erlaube ich mir, meine Leistung in Rechnung zu stellen:

Pos.	Beschreibung	Menge	Einzelpreis	Gesamtpreis
1	Werbekooperation, pauschale Vergütung	1	2.000,00 €	2.000,00 €
			Summe Netto:	2.000,00 €
			zzgl. 19% USt.:	380,00 €
			Gesamtsumme:	**2.380,00 €**

Bitte überweisen Sie den Gesamtbetrag innerhalb von 10 Tagen ohne Abzüge.

Mit freundlichen Grüßen,

Influxus
Markus Influxus

Markus Influxus | Influencerstraße 5 | 54321 Influencer-City
IBAN: DE00 1234 5678 9101 1213 14 | BIC: HELLOBANK | Institut: Hello Bank
USt-ID: DE999999999

Abbildung 9.4 So könnte deine Rechnung beispielsweise aufgebaut sein.

Deine Buchhaltung

Wir haben bereits gesagt, dass du alle Rechnungen aufheben musst. Sehr wichtig ist nämlich eine ordentliche Buchhaltung. Dabei erfasst du alle Belege und weißt so jederzeit, wie viel Geld du eingenommen und ausgegeben hast. Das hilft dir auch später bei deiner Steuererklärung! Natürlich kannst du einfach alle Rechnungen sammeln und sie später einem Steuerberater geben – wenn der aber auch noch deine Belege sortieren muss, kann das schnell sehr teuer werden. Mach lieber jeden Tag ein bisschen, als am Ende des Jahres Rechnungen und Belegen nachlaufen zu müssen.

Die Buchhaltung kannst du per Hand machen, oder du nutzt ein Programm (z. B. *lexoffice*, siehe Abbildung 9.5). Je nach Umfang kannst du passende Programme kaufen oder mieten, die deine Belege digital aufbewahren – einfach per App einscannen oder ein PDF hochladen, und du hast alles geordnet an einer Stelle.

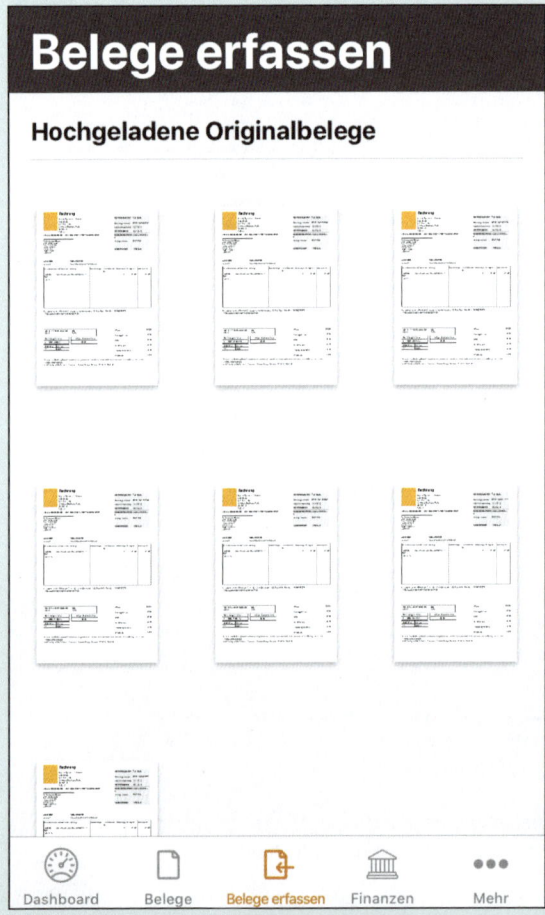

Abbildung 9.5 Mit der lexoffice-App kannst du deine Buchhaltung sogar am Smartphone machen. Über lexoffice kannst du theoretisch dein gesamtes Büro organisieren und Rechnungen schreiben.

9.4 Sozialversicherungen

In Deutschland ist grundsätzlich erst einmal jeder sozialversicherungspflichtig. Wenn du selbstständig bist, bist du aber unter Umständen von gewissen Sozialversicherungspflichten befreit. Das kann die gesetzliche Renten-, Arbeitslosen- und Unfallversicherung betreffen.[2] So lassen sich Kosten einsparen – allerdings hast du dann auch keinen Anspruch auf Leistungen. Bei der Krankenversicherung kannst du als hauptberuflich Selbstständiger zwischen der privaten oder der gesetzlichen Krankenversicherung wählen. Am besten ist es, wenn du dich hierzu beraten lässt, um die Vor- und Nachteile abzuwägen.

Die Krankenversicherung

Wenn du dich nebenher als Influencer selbstständig machst und gleichzeitig noch bei einem Unternehmen angestellt bist, bist du sehr wahrscheinlich gesetzlich versichert. Das Gute dabei: Dein Arbeitgeber führt bereits alle Sozialabgaben und auch die Beiträge für deine Krankenversicherung ab. Für deine nebenberufliche Selbstständigkeit entstehen dann für dich keine Kosten mehr.

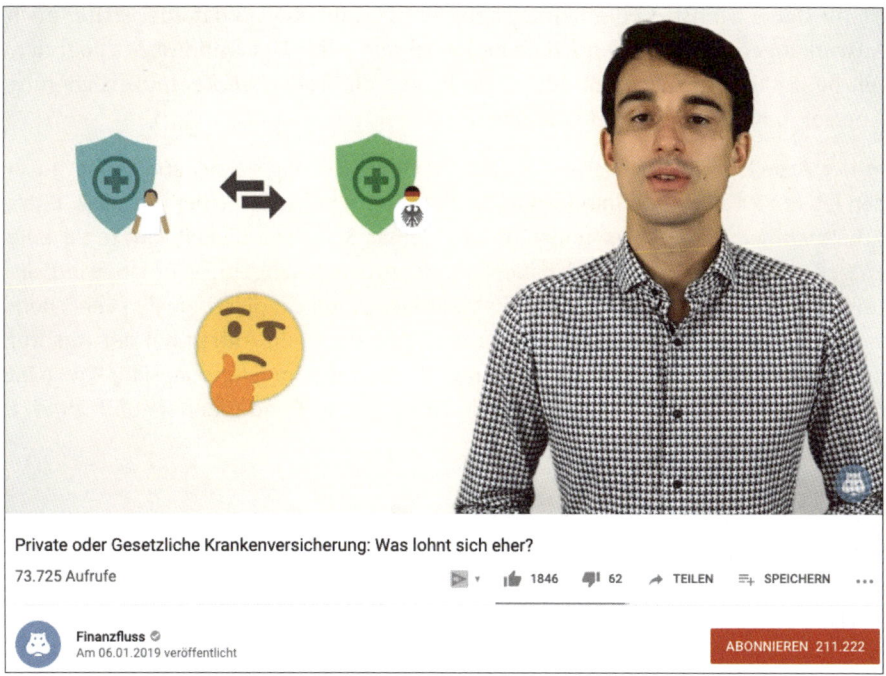

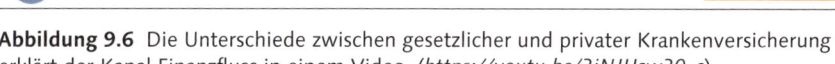

Abbildung 9.6 Die Unterschiede zwischen gesetzlicher und privater Krankenversicherung erklärt der Kanal Finanzfluss in einem Video. (*https://youtu.be/3jNJHsw30_s*)

---

2 Selbstständige bestimmter Berufsgruppen sind davon ausgenommen.

Solltest du hauptberuflich selbstständig sein, kannst du zwischen der gesetzlichen und der privaten Krankenkasse wählen. Wir möchten an dieser Stelle keine Empfehlung abgeben, welche Variante besser ist. Bei beiden wird die Höhe der monatlichen Beiträge unterschiedlich berechnet: Die gesetzliche Krankenkasse berechnet den Beitrag anhand deines Einkommens (mehr Einkommen bedeutet höhere Beiträge), während die private Krankenversicherung den Beitrag anhand deines Eintrittsalters und deines gewählten Tarifs berechnet. Beides kann sehr teuer werden, wobei dich die gesetzliche Krankenkasse vor allem bei geringem Einkommen finanziell bei Weitem nicht so stark belastet. Lass dich am besten gut beraten, wie du dich in deiner individuellen Situation am besten versicherst.

Sinnvoll kann übrigens eine Krankentagegeld-Versicherung sein, die dir einen fixen Betrag pro Tag zahlt, sofern du länger krank wirst. Bist du wieder gesund, zahlt die Versicherung nicht mehr. Wenn du ausschließlich als Influencer arbeitest, kannst du dich so für den Krankheitsfall absichern.

Renten- und Arbeitslosenversicherung

In der Rentenversicherung kannst du dich ab dem 16. Lebensjahr freiwillig versichern. Dabei kannst du die Beitragshöhe selbst wählen – sie hat aber später auch Auswirkungen darauf, wie hoch deine Rente sein wird. Der Mindestsatz liegt derzeit bei 18,6 % bezogen auf 450 €. Du kannst die freiwillige Rentenversicherung jederzeit unterbrechen oder beenden.

In der Arbeitslosenversicherung kannst du dich freiwillig versichern, wenn du in den letzten 24 Monaten mindestens zwölf Monate pflichtversichert warst (z. B. als Arbeitnehmer). Außerdem musst du vor deiner Selbstständigkeit kurzzeitig eine Entgeltersatzleistung erhalten haben – z. B. Arbeitslosengeld. Wie lange du die Leistung erhalten hast, spielt dabei keine Rolle. Damit du dich freiwillig versichern kannst, musst du innerhalb der ersten drei Monate einen Antrag bei der Agentur für Arbeit stellen. Der Beitragssatz beträgt für Gründer im Gründungsjahr sowie im folgenden Jahr nur die Hälfte, nämlich 38,94 € (alte Bundesländer) und 35,88 € (neue Bundesländer).

9.5   Versicherungen

In vielen Lebenslagen lohnt es sich, gut versichert zu sein, damit ein Unfall oder eine Krankheit dich nicht in den finanziellen Ruin treibt. Bei Versicherungen zahlst du meist monatlich einen Betrag und erhältst (finanzielle) Unterstützung, wenn du einen Schadenfall hast, der ansonsten richtig teuer würde. Falls du dich noch nie mit Versicherungen auseinandergesetzt hast, ist dir sicherlich wenigstens deine Krankenkasse schon einmal begegnet, die für die Kosten aufkommt, sobald du zum

Arzt musst oder krank wirst. Grundsätzlich gilt: Man kann für fast alles eine Versicherung abschließen. Mittlerweile gibt es sogar Anbieter, die dein Handy versichern. An dieser Stelle möchten wir aber nur auf Versicherungen eingehen, die für dich als Influencer wirklich wichtig sind oder sein können.

Haftpflicht-Versicherung

Es geht so schnell: Du hast dir Foto-Equipment ausgeliehen, stolperst über ein Kabel, und der Scheinwerfer geht kaputt. Oder du bist für eine Kooperation mit dem Auto unterwegs und baust einen Unfall. Vielleicht wird sogar jemand verletzt. Damit du die Kosten dafür nicht für den Rest deines Lebens abbezahlen musst, solltest du unbedingt eine passende *Berufshaftpflichtversicherung* abschließen.

Versicherer wie *Exali* (siehe Abbildung 9.7) bieten sogenannte Media-Haftpflichtversicherungen an, die speziell für Medienschaffende wie dich gedacht sind. Blogger, YouTuber und Co. sind genau die Zielgruppe dieser Versicherungen. Es gibt sie auch bei anderen Anbietern. Achte darauf, dass möglichst viele realistische Versicherungsfälle mit ausreichenden Schadensummen abgedeckt sind. Lass dich am besten von verschiedenen Anbietern beraten, und vergleiche die Angebote.

Abbildung 9.7 Versicherer wie exali.de bieten spezielle »Media-Haftpflichtversicherungen«, mit denen viele Schadenfälle abgedeckt werden, die dich als Influencer betreffen können.

Berufsunfähigkeits- und Unfallversicherung

Stell dir vor, du kannst plötzlich nicht mehr arbeiten, weil du schwer krank geworden bist oder eine körperliche Einschränkung hast. Oder du hast einen Unfall und kommst dabei zu Schaden. Damit du in solchen Fällen finanziell abgesichert bist, gibt es Berufsunfähigkeits- und Unfallversicherungen.

Es kann durchaus sinnvoll sein, sich mit beiden Versicherungen zu beschäftigen. Andernfalls stehst du schnell vor einem ernsthaften finanziellen Problem, wenn dir etwas zustößt und deine Einnahmen wegfallen.

Sozialversicherungen

Als Selbstständiger ohne Hauptjob im Angestelltenverhältnis musst du dich selbst darum kümmern, in Sozialversicherungen einzuzahlen. Auch wenn du dich gegen Arbeitslosigkeit versichern möchtest, kannst du das unter bestimmten Voraussetzungen als Selbstständiger machen. Dieses Thema ist allerdings sehr komplex, weshalb wir dir unbedingt empfehlen, dich so beraten zu lassen, dass es genau für deine Situation passt!

9.6   Konto eröffnen

Wenn du bereits ein privates Girokonto besitzt, wird deine Bank zu Beginn wahrscheinlich nichts dagegen einzuwenden haben, wenn du deine Einnahmen und Ausgaben über dieses Konto laufen lässt. Empfehlenswert ist es jedoch, für deine neue selbstständige Tätigkeit als Influencer ein Geschäftskonto zu eröffnen. Auf dieses Konto kannst du alle Gelder eingehen lassen und gegebenenfalls notwendige Einkäufe tätigen.

Wenn du mehrere Konten hast – eines für deine Tätigkeit als Influencer und ein privates – kannst du Einnahmen und Ausgaben gut unterscheiden. Geld, das du privat ausgeben möchtest, überweist du dir dann vorher von deinem Geschäftskonto auf dein privates Konto. Das hat auch Vorteile bei einer Steuerprüfung: Hier kannst du einfach die Auszüge deines Geschäftskontos bereithalten, um die Kontobewegungen nachzuweisen, die du als Influencer hattest.

9.7   Brauchst du ein Management oder ein Netzwerk?

Vor einigen Jahren war es vor allem für YouTuber noch vollkommen üblich, sich einem Netzwerk anzuschließen. Netzwerke versprechen verschiedene Dinge: Sie vermitteln Werbepartner, organisieren Kooperationsvideos mit anderen YouTubern und übernehmen gegebenenfalls administrative Aufgaben für dich. Dafür erhalten sie allerdings auch einen Teil der Einnahmen – und auf YouTube betrifft das unter anderem die Ads-Einnahmen von Google. Sie entstehen, wenn du vor deinen Videos Werbung von YouTube erlaubst, an der du finanziell beteiligt wirst.

Mittlerweile haben sich immer mehr Influencer von Netzwerken verabschiedet, weil sie sich nicht gut fühlten. Du musst es so sehen: Ein Netzwerk betreut Hunderte oder Tausende Influencer. Bei dieser Menge ist eine sehr individuelle Betreuung kaum möglich. Solltest du dich doch für ein Netzwerk entscheiden, prüfe die Verträge sehr gründlich! Es ist empfehlenswert, vor allem zu Beginn nur Verträge mit relativ kurzer Laufzeit (z. B. ein Jahr) zu schließen, damit du dich im schlimmsten Fall wieder vom Netzwerk trennen kannst.

Eine wesentlich bessere Betreuung versprechen Künstlermanagements. Sie nehmen meist nur sehr wenige Influencer auf und können sich dadurch viel besser um deine Ideen und Bedürfnisse kümmern. Auch hier gilt aber: Schließe keine zu langen Verträge, damit ihr euch bei Bedarf auch wieder trennen könnt.

Die Hilfe von Netzwerken oder eines Managements kann übrigens durchaus wichtig sein: Je mehr Follower du hast, umso mehr Kooperationsanfragen wirst du erhalten. Oder du möchtest vielleicht sogar mit einem bestimmten Unternehmen zusammenarbeiten und musst selbst Anfragen stellen. Du wirst am Ende mehr Arbeit damit haben, mit Unternehmen zu kommunizieren und geschäftliche Dinge zu erledigen, als mit dem Erstellen kreativer Fotos und Videos. Wenn du solche Aufgaben auslagern kannst, kannst du den Kopf wieder freibekommen und dich viel besser um das kümmern, was dich weiterbringt.

Abbildung 9.8 Studio71 ist ein großes Multichannel-Netzwerk, in dem zahlreiche YouTuber organisiert sind.

9.8   Achte auf eine gesunde Work-Life-Balance

Sophia Thiel ist eine der bekanntesten deutschen Fitness-Influencerinnen auf Instagram und YouTube. Sie hat eine Millionen-Reichweite und ist unzählige Markenkooperationen eingegangen. Bis sie 2019 ein YouTube-Video veröffentlichte, in dem sie ihren vorübergehenden Rückzug aus den sozialen Netzwerken und von ihrer Influencer-Tätigkeit erklärt (siehe Abbildung 9.9). Um ihre Gründe auf den Punkt zu bringen: Stress und Erwartungsdruck waren ihr einfach zu viel geworden.

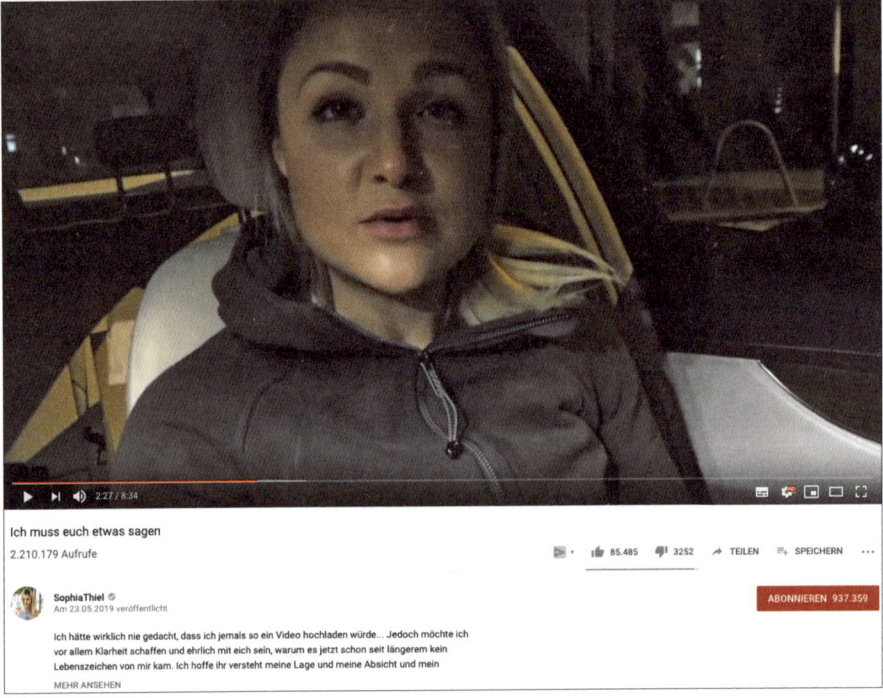

Abbildung 9.9 Die Fitness-Influencerin Sophia Thiel erklärt ihren Followern in einem Video, warum sie sich aufgrund von Überlastung eine längere Auszeit nehmen muss. (*https://youtu.be/gugFku3QYEI*)

Damit dir das nicht passiert, solltest du von Anfang an auf eine gute Work-Life-Balance achten. Für Influencer kann der Druck sehr hoch sein, 24 Stunden lang in den sozialen Netzwerken aktiv sein zu müssen. Dabei meinen wir nicht nur, dass du den Druck hast, Beiträge zu posten, und dir manchmal einfach keine Ideen kommen. Da ist ja auch noch die Community, die dir Nachrichten schickt und Kommentare unter deinen Beiträgen hinterlässt. Irgendwann wirst du vielleicht an einem Punkt ankommen, an dem du nicht mehr alle Kommentare und Nachrichten lesen und schon gar nicht mehr darauf antworten kannst. Neben deiner eigentlichen Influencer-Arbeit kommen Dinge wie Buchhaltung, Steuern und Kooperationsanfragen dazu.

Der Begriff Work-Life-Balance

Ganz ehrlich: Der Begriff *Work-Life-Balance* ist eigentlich ziemlich uncool. Er sagt für viele Menschen nämlich aus, dass Arbeit etwas Anstrengendes, Belastendes und Schlechtes – also ein »Übel« – und das restliche Leben auf der anderen Seite toll und erfüllend ist. Influencer zu sein, sollte dir allerdings Spaß machen, und wenn wir deshalb von einer Work-Life-Balance als Influencer sprechen, dann meinen wir damit vielmehr, dass du auch einmal nicht online bist und Zeit offline verbringst – mit Freunden, Hobbys und auf Reisen und ohne den Gedanken an deinen Account und deine Community. Denn dort passieren auch spannende Dinge!

Wie schaffst du es, dass du dich nicht überforderst und am Ende nicht an einem Burn-out leidest? Was hilft dir, um von einem Immer-online-Sein und Nicht-abschalten-Können zu einem organisierten und entspannten Influencer-Alltag zu kommen? Es gibt verschiedene Strategien, aber ein paar wichtige Dinge können dir sicherlich gut helfen:

▶ Lege dein Smartphone zu bestimmten Zeiten weg, und schalte auch deinen Computer aus. Konzentriere dich in dieser Zeit auf deine Hobbys, Freunde, Familie oder auf irgendetwas anderes, das nichts mit dir und deiner Community zu tun hat.

▶ Du kannst natürlich noch vor dem Aufstehen sofort im Bett nachschauen, was an neuen Kommentaren und Nachrichten bei dir angekommen ist oder was andere Influencer so treiben, aber nach einiger Zeit wirst du merken, dass es eigentlich viel angenehmer ist, erst mal selbst in den Tag zu starten. Tipp: Lege dein Smartphone nachts in einen anderen Raum, dann läufst du gar nicht erst Gefahr, dass du morgens direkt in den sozialen Netzwerken hängst.

▶ Damit einher geht auch, dass du deine Arbeitszeit begrenzt. Du kannst natürlich 18 Stunden am Tag online sein und alle anderen Influencer-Aufgaben erledigen. Wenn dir aber die Arbeit über den Kopf wächst, nimm weniger Kooperationsanfragen an, und reduziere deinen Veröffentlichungsrhythmus. Eventuell hilft es hier auch, dir Hilfe bei der Arbeit zu suchen: Viele bekannte und große Influencer haben Unternehmen mit Mitarbeitern gegründet, die ihnen Arbeit abnehmen. So kannst du Aufgaben abgeben, die dir schwerfallen und die jemand anderes vielleicht viel besser kann als du.

▶ Gestresste Manager machen als Ausgleich ganz gezielt Sport. Falls du nicht ohnehin Sport machst, suche zumindest regelmäßig Bewegung, am besten im Freien. Das lenkt ab und reduziert nachweislich Stress. Zu etwas Bewegung gehört statt Fast Food auch eine gesunde Ernährung, die dich fit hält.

▶ In diesem Buch hast du bereits zu Beginn gelernt, einen Content-Plan zu erstellen. Er hilft dir, deine Inhalte und Termine besser zu planen, sodass du Stress reduzieren kannst.

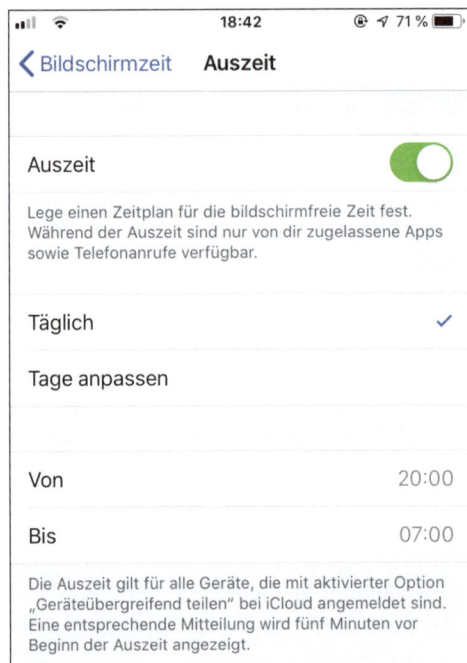

Abbildung 9.10 Mithilfe der Bildschirmzeit kannst du auf Apple-Geräten feste Zeiten einstellen, zu denen du nur ganz bestimmte Apps nutzen kannst. Das hilft dir, konsequente Smartphone-Auszeiten zu nehmen!

9.9   Schütze deine Privatsphäre

Stell dir vor, du läufst in der Stadt herum und wirst als Influencer erkannt. Menschen kommen auf dich zu, sprechen dich an und wollen vielleicht ein Selfie mit dir machen. Klingt irgendwie cool, so fame zu sein? Ist es sicherlich hin und wieder! Aber stell dir vor, du schlenderst durch den Supermarkt, und dir folgt ständig jemand und beobachtet dich. Und macht vielleicht Fotos von dir, die er dann ins Netz stellt. Gruselig, oder?

Selbst Influencer mit einer vergleichsweise geringen Reichweite kennen es, auf der Straße angesprochen zu werden. Und trotzdem kann das auch lästig werden, wenn man sich einfach mal in Ruhe frei bewegen will. Unter Umständen kann es sogar gefährlich werden, wenn Menschen mit komischen Gedanken hinter dir her sind. Achte also darauf, was du deinen Followern erzählst. Vermeide zum Beispiel genaue Ortsangaben in deinen Stories, oder poste sie zeitversetzt, wenn du an diesen Orten deine Ruhe haben möchtest. Halte auch immer Orte aus deinen Stories heraus, an denen persönliche Daten von dir liegen, die andere mit einfachen Tricks erfragen könnten. Dazu zählen zum Beispiel dein Arzt oder deine Bank.

Unterwegs angesprochen zu werden, mag noch erträglich sein. Aber spätestens, wenn plötzlich Follower ungebeten an deiner Tür klingeln, hört der Spaß auf. Wir möchten dir eindringlich empfehlen, deine Privatadresse aus dem Internet herauszuhalten. Du bist zwar verpflichtet, ein Impressum zu führen, aber auch dort sollte deine private Adresse nicht auftauchen. Schau lieber nach anderen Möglichkeiten wie beispielsweise einer Geschäftsadresse oder der Adresse deines Künstlermanagements. Zur Impressumspflicht findest du in Kapitel 10, »Was musst du rechtlich beachten?«, weitere Hinweise.

Verrückte Dinge

Es gibt verrückte Menschen: Bei bekannten Influencern soll es vorgekommen sein, dass Follower unerlaubten Zutritt zum Mehrfamilienhaus erlangt haben, in dem die Influencer wohnten. Dort sind sie in den Wäschekeller und haben Socken geklaut. In einem anderen Fall haben Follower den Wohnort herausfinden können, indem sie durch intensive Recherchen des auf einem Foto erkennbaren etwas spezielleren Balkongitters den Drehort und damit auch den Wohnort herausfinden konnten. Verrückt? Und das sind nur die harmlosen Geschichten …

Bevor du etwas von deiner Privatsphäre preisgibst, frag dich: Macht es dir etwas aus, wenn diese Information nie wieder aus dem Internet zu bekommen sind? Macht es dir etwas aus, wenn jeder weiß, wo du wohnst, und was könnte die Konsequenz daraus sein (z. B. dass du Tag und Nacht wildfremde Menschen vor deiner Tür stehen hast, die permanent klingeln, auf dich warten und durch die Fenster hereinschauen)? Denke hier auch an deine Mitbewohner, und lies ggf. noch einmal Abschnitt 2.8 zum Thema Privatsphäre.

Bestimmt hast du schon einmal deinen besten Freunden dein Lieblingsrestaurant empfohlen, in dem du jeden Sonntag essen gehst. Die Pizza dort ist einfach extrem lecker. Da liegt es doch nahe, deinen Followern auch von diesem Geheimtipp zu erzählen, oder? Moment mal: Sagten wir Geheimtipp? Willst du wirklich erzählen, welcher dein Lieblingsitaliener ist, bei dem du jeden Sonntag essen gehst? Die Konsequenz könnte sein, dass ab sofort jeden Sonntag fremde Menschen dort auf dich warten und dein Lieblingsitaliener für dich zum Albtraumitaliener wird.

Pass also auf, was du filmst, fotografierst und erzählst. Dazu zählen nicht nur das Haus, in dem du wohnst, und dessen Umgebung, sondern auch, wohin du regelmäßig gehst oder wo dein Partner, deine Kinder oder Mitbewohner regelmäßig hingehen. Schütze auch die Privatsphäre deiner Familie und Freunde.

Wenn du von einem Extremfall mehr erfahren möchtest, empfehlen wir dir das Video »Storytime | Ich habe seit 5 Jahren einen Stalker« von *Ella TheBee*. Sie wird seit einigen Jahren von einer Person verfolgt und bewegt sich deshalb im öffentlichen Raum häufig mit Personenschutz (siehe Abbildung 9.11).

Abbildung 9.11 Ella TheBee berichtet in einem ihrer Videos, dass sie aufgrund ihrer YouTube-Präsenz einen Stalker hat, der ihr das Leben schwer macht. (*https://youtu.be/AOe3eCFbqhw*)

10 Was musst du rechtlich beachten?

Wenn Influencer an das Thema Recht denken, fällt vielen auf Anhieb die Kennzeichnung von Werbung an. Der Grund sind medienwirksame Verfahren gegen Influencer wie Cathy Hummels, Scarlett Gartmann oder Vreni Frost, die sich teilweise wegen ihrer ungekennzeichneten Inhalte schon vor Gericht verantworten mussten. Doch das Thema Werbekennzeichnungen ist keinesfalls der einzige rechtliche Aspekt, den Influencer berücksichtigen müssen.

Vertragsgestaltung, urheberrechtliche Lizenzen, Grundsätze bei der Veranstaltung von Gewinnspielen, Impressum und Datenschutzerklärung sind ebenso wie die Rundfunklizenz Stichworte, die mit Blick auf die rechtlichen Anforderungen für dich enorme Relevanz haben. Was genau sich dahinter verbirgt und wie du die lauernden rechtlichen Stolperfallen umgehen kannst, möchte ich dir in diesem Kapitel näher erläutern.

Autoreninfos zu Christian Solmecke

Rechtsanwalt Christian Solmecke ist Partner der Kanzlei Wilde Beuger Solmecke (*https://wbs-law.de*) und hat in den vergangenen Jahren den Bereich Internet- und E-Commerce-Recht stetig ausgebaut. So betreut er zahlreiche YouTuber, Medienschaffende und Web-2.0-Plattformen bei der rechtssicheren Umsetzung ihrer Vorhaben.

Zum Thema Influencer-Marketing verfasste Solmecke bereits einen umfangreichen Beitrag in seinem Ratgeber »Recht im Online-Marketing«, der ebenfalls im Rheinwerk Verlag erschienen ist. Daneben gehören Videos und Podcasts zu seinem täglichen Geschäft: In seinem YouTube-Kanal (*http://www.youtube.com/kanzleiwbs*), der auch als Podcast abrufbar ist, klärt er wöchentlich über neueste Trends im Online-Recht auf. Dort verfolgen mehr als 480.000 Abonnenten seine Beiträge. Neben seiner Kanzleitätigkeit ist Christian Solmecke auch Geschäftsführer des *Deutschen Instituts für Kommunikation und Recht im Internet* (DIKRI) an der Cologne Business School. Dort beschäftigt er sich insbesondere mit Rechtsfragen in sozialen Netzen. Vor seiner Tätigkeit als Anwalt arbeitete Christian Solmecke mehrere Jahre als Journalist für den Westdeutschen Rundfunk und andere Medien. Über *solmecke@wbs-law.de* ist der Autor per E-Mail zu erreichen.

Das Influencer-Dasein wirkt häufig so leicht und unkompliziert: Ein Video hier, ein Instagram-Post dort ... schöne Menschen, tolle Orte, leckeres Essen ... – doch der Schein trügt. Denn professionelle Influencer müssen viele Dinge beachten, insbesondere wenn es um die rechtlichen Anforderungen geht. Denn während ein einzelner Post dir vielleicht normalerweise nur dann in Erinnerung bleibt, wenn er deinen Followern besonders gefallen hat, kann sich dies schnell ändern, wenn du in der Folge für diesen Beitrag beispielsweise wegen des Vorwurfs der Schleichwerbung von einem Rechtsanwalt oder dem Verband Sozialer Wettbewerb abgemahnt wirst oder gar ein behördliches Bußgeld auferlegt bekommst. Um dies zu vermeiden, musst du ein besonderes Augenmerk auf die Frage der Kennzeichnung von Inhalten als Werbung legen.

Praxisbeispiel

Wenn es um Abmahnungen unter Influencern geht, dann fällt dir vielleicht als Erstes *Cathy Hummels* ein, Ehefrau des Fußballers Mats Hummels. Cathy Hummels verzeichnet derzeit als Celebrity, Mutter und Yogalehrerin fast eine halbe Million Follower. Sie wurde vom Verband Sozialer Wettbewerb abgemahnt, weil sie 15 Posts nicht als Werbung gekennzeichnet hatte, obwohl sie in diesen Produkte angepriesen und/oder Links zu dem Hersteller gesetzt habe (siehe Abbildung 10.1). Hummels verteidigte sich dagegen mit dem Argument, sie habe dafür überwiegend keine Gegenleistung erhalten. Eine Ausnahme bilde nur ein Beitrag mit einem Kinderwagen, den sie nach der Geburt ihres Sohnes vom Hersteller unentgeltlich erhalten habe. Mit diesem Kinderwagen posierte Cathy Hummels auf einem Instagram-Bild, ohne dies als Werbung zu kennzeichnen. Da dies jedoch die Ausnahme war, ging die Influencerin gegen die gegen sie erwirkte einstweilige Verfügung des Verbandes vor. In der mündlichen Verhandlung vor dem Landgericht München I am 9. Juli 2018 (Az. 4 HK O 4985/18) äußerte die Richterin zwar, dass das Influencer-Wesen »überflüssig wie einen Kropf« sei, betonte jedoch, dass dies noch lange nicht bedeute, dass es gesetzlich verboten sei. Sofern Hummels von den betreffenden Firmen keine Gegenleistung für die Nennung der Produkte erhalten habe, sei die Erwähnung dieser Produkte durchaus zulässig, so die Richterin. Damit wurde klar, dass der Verband in diesem Fall keine besonderen Erfolgsaussichten hat. Dies bestätigte sich dann noch einmal in der mündlichen Verhandlung am 11. Februar 2019. Darin ließ die Vorsitzende Richterin bereits eine Tendenz durchblicken, die für die Argumentation von Hummels spricht: Sie verglich dabei die Influencerin mit einer Frauenzeitschrift. Auch in traditionellen Medien seien Hinweise auf Produkte erlaubt, so die Richterin: »Haben Sie schon mal ›Brigitte Online‹ gelesen? Da gibt's Verlinkungen ohne Ende.« Hummels bestätigte dies nach Ende der Verhandlung: »So sehe ich mich, als Frauenzeitschrift.« Zudem sei den Followern klar, dass Hummels Instagram-Account nicht rein privat, sondern kommerziell sei. »Dass Frau Hummels – bei aller Liebe – nicht mit 465.000 Menschen auf der Welt befreundet sein kann, ist ziemlich klar.« Ein Urteil fiel dann Ende April 2019 zugunsten der Influencerin: Cathy Hummels darf auf Instagram auf Marken bzw. Unternehmen verlinken, ohne diese Postings als Werbung zu kennzeichnen. Nicht, weil sie nicht gewerblich handele – sondern weil die Gewerblichkeit ihres Accounts umgekehrt für jedermann offensichtlich sei, so das LG München (Urt. v. 29.04.2019 – Az. 4 HK O 4985/18).

Abbildung 10.1 Auf diesem Bild posiert Cathy Hummels deutlich erkennbar mit einer Handtasche des Designerlabels Chanel.

Inzwischen gehen Cathy Hummels und auch viele andere Influencer deutlich sensibler mit dem Thema Kennzeichnung von Werbung in ihren Beiträgen auf Instagram, YouTube oder anderen Social-Media-Kanälen um. Doch die Kennzeichnung allein reicht nicht aus. Mittlerweile hat der Gesetzgeber ganz klare Vorstellungen dazu, wie und auch wo die Kennzeichnung zu erfolgen hat.

Die Einhaltung dieser Kennzeichnungspflichten sollte nicht nur im eigenen Interesse des Influencers erfolgen, sondern ist oft auch Teil des Vertrages, den Influencer mit Unternehmen oder Agenturen schließen, da natürlich auch die Firmen ein Interesse an der Einhaltung rechtlicher Grundsätze haben. Denn Influencer, die mit dem Vorwurf der Schleichwerbung konfrontiert werden, werfen nicht selten auch ein schlechtes Licht auf das beworbene Produkt bzw. das dahinterstehende Unternehmen. Hier drohen neben rechtlichen Konsequenzen vor allem auch Imageschäden – für beide Seiten!

Doch die Kennzeichnung von Werbung ist nicht der einzige rechtlich relevante Aspekt, mit dem du dich zumindest auseinandersetzen musst, um bewerten zu können, ob auch dich Pflichten treffen. So müssen Influencer gegebenenfalls ein Impressum und eine Datenschutzerklärung bereithalten, was gerade in den sozialen Netzwerken nicht immer einfach zu bewerkstelligen ist. Influencer, die ihre Follower live über Kanäle wie YouTube erreichen, müssen prüfen, ob sie eine Sendelizenz benötigen. Und alle Influencer, die hin und wieder etwas auf ihrem Kanal verlosen, müssen wissen, dass auch Gewinnspiele einem rechtlich vorbestimmten Rahmen entsprechen müssen. Unter Umständen musst du aber auch ein Impressum oder eine Datenschutzerklärung bereithalten. Wie du siehst, gibt es eine Vielzahl von Rechtsbereichen, die du als Influencer beachten musst. Um dir dies aber zu erleichtern, möchte ich dir in diesem Kapitel einen ersten Überblick darüber geben, was für dich besonders von Relevanz ist.

Hinweis!

Dieses Kapitel dient der ersten Orientierung und umfasst die angesprochenen Aspekte nicht in all ihren Details – dies ist in einem Kapitel auch schlicht nicht umsetzbar. Doch wenn du vertiefte Literatur zu rechtlichen Aspekten rund um das Thema Influencer benötigst, dann kann ich dir das Praktiker-Handbuch »Recht im Online-Marketing« empfehlen, das ich gemeinsam mit Sibel Kocatepe verfasst und im Rheinwerk Verlag veröffentlicht habe (*https://www.rheinwerk-verlag.de/recht-im-online-marketing_4793*). Nun aber wünsche ich dir erst einmal viel Spaß beim Lesen!

10.1   Die rechtssichere Vertragsgestaltung

Influencer sind die neue Form der Testimonials. Während früher Celebrities von Unternehmen gebucht wurden, um auf Grundlage ihrer Popularität über klassische Medien wie Print und TV zielgruppenspezifisch eine breite Öffentlichkeit über neue Produkte, Marken oder Projekte informieren zu können, hat diese Aufgabe nun in weiten Teilen der Influencer über soziale Netzwerke übernommen. Daher sind auch die rechtlichen Aspekte bei der Vertragsgestaltung nicht gänzlich neu. Nach wie vor gilt, dass bei langfristiger Zusammenarbeit erhebliches Konfliktpotenzial und negative Meinungsbildung drohen können – insbesondere dann, wenn das Unternehmen einen Imageverlust erleidet. Eine Zusammenarbeit sollte daher aus allen Blickwinkeln zukunftsorientiert betrachtet werden. Dabei solltest auch du Chancen und Risiken der Partnerschaft analysieren und die Rahmenbedingungen der Zusammenarbeit vertraglich festhalten. Von besonderer Relevanz ist zudem, dass der Vertrag rechtssicher und transparent gestaltet wird, um so der Gefahr entstehender Konflikte im Vorfeld bestmöglich begegnen und eine werthaltige Zusammenarbeit sichern zu können. Dies gelingt am besten, wenn bei der Formulierung des Vertrages gedanklich alle Konstellationen der Zusammenarbeit durchgespielt und verschriftlicht werden.

Achtung!

Auch wenn Verträge grundsätzlich auch mündlich geschlossen werden können, kann ich dir dies nicht empfehlen. Denn im Streitfall muss grundsätzlich jeder die für ihn vorteilhaften Umstände darlegen und beweisen. Dies ist auf Grundlage einer mündlichen Vereinbarung allenfalls mit Zeugen möglich, insgesamt aber eine wackelige Sache! Daher sollten vertragliche Vereinbarungen immer schriftlich fixiert werden.

Ein guter Vertrag sollte zunächst damit beginnen, welche Pflichten das Unternehmen dir als Influencer auferlegt und welche Rechte damit für dich einhergehen. Zu deinen Pflichten gehört wahrscheinlich die Bewerbung eines Produkts oder einer Dienstleistung über einen oder mehrere genau zu bestimmende Social-Media-Kanäle wie Instagram, YouTube oder Facebook. Die genaue Bestimmung, welches Produkt wo, wie oft und in welcher Art und Weise beworben werden soll, ist auch in deinem Interesse. Daher solltest du bei zu vagen Formulierungen noch einmal nachhaken und eine Präzisierung vorschlagen. Denn andernfalls ist im Zweifel nicht klar, ob die vereinbarte Leistung nun erbracht wurde oder nicht. Dies ist für dich unter Umständen mit Blick auf die Fälligkeit der vereinbarten Gegenleistung von Relevanz.

Hinweis!

Den Vertragspartnern steht es übrigens frei, ob sie eine Entlohnung (also eine Bezahlung) vereinbaren, und gegebenenfalls welche. Wichtig ist nur, dass überhaupt eine Vereinbarung über den Gegenwert getroffen wird.

Möchtest du deine Reichweite als Influencer nur gegen eine Gegenleistung bereitstellen, so kannst du entweder eine entgeltliche Vergütung verlangen oder dich auf eine Entlohnung über kostenfrei zur Verfügung gestellte Produkte, Rabatte oder anderweitige Vorteile wie Einladungen zu Events oder Produktgutscheine einigen.

Achte darauf, dass auch diese Punkte konkret im Vertrag festgehalten werden, schließlich sind das die Pflichten des Unternehmens dir gegenüber.

Praxistipp!

Allgemein sollten bei der Formulierung dieses Vertragsteils folgende Aspekte berücksichtigt werden:

▸ Art und Höhe der Entlohnung des Influencers

▸ Bereitstellung der zu bewerbenden Produkte und ggf. Rückgabepflicht des Influencers nach Erstellung des Beitrags

▸ Art und Weise der Einbindung des zu bewerbenden Produkts in den Beitrag des Influencers

▸ Anzahl der gesponserten Beiträge

▸ Dauer der Veröffentlichung des Beitrags

▸ konkrete Benennung der sozialen Netzwerke, in denen der Influencer den Beitrag veröffentlichen soll

▸ Vereinbarung über die Art und Weise der Kennzeichnung, insbesondere, an welcher Stelle des Beitrags sie erscheint

▸ Einräumung von Nutzungsrechten an der Verwendung der Bilder zu weiteren Werbezwecken in den sozialen Netzwerken des Unternehmens oder auf dessen Unternehmenswebsite

---

Ein weiteres Augenmerk sollte bei der Vertragsgestaltung auf der Regelung zur ordnungsgemäßen Kennzeichnung des Beitrags als Werbung liegen. Denn dieser Aspekt ist auch für die Wirksamkeit des Vertrags von Relevanz und betrifft insbesondere dich als Influencer.

Achtung!

Werbevereinbarungen können sittenwidrig und damit unwirksam sein, wenn sie die Veröffentlichung ohne Kennzeichnung vorsehen, so das Oberlandesgericht Düsseldorf (Urteil vom 31.10.2006, Az. I-23 U 30/06). Die Konsequenz daraus ist, dass du als Influencer keine Ansprüche auf die Gegenleistung oder Schadensersatzansprüche aus Verträgen gegen das Unternehmen geltend machen kannst. So läufst du beispielsweise Gefahr, im Streitfalle den Anspruch auf Zahlung der vereinbarten Gegenleistung gerichtlich nicht durchsetzen zu können. In diesem Fall hast du kostenlos für ein Unternehmen Werbung gemacht.

Daneben wird das Unternehmen auch ein Interesse an Regelungen zur Haftung im Falle von Vertragsverletzungen haben. Von Haftung spricht man immer dann, wenn jemand die Verantwortung für den Schaden eines anderen tragen muss. Von besonderer Relevanz wird dabei die Frage sein, wer haftet, wenn du gegen

▶ die rechtlichen Kennzeichnungspflichten als Werbung,

▶ die Nutzungsbedingungen der sozialen Netzwerke, die zur Veröffentlichung verwendet werden, oder

▶ sonstige Rechte Dritter, die möglicherweise auf Grundlage des Influencer-Beitrags betroffen sind,

verstößt. Denn denkbar ist, dass Dritte, also beispielsweise Konkurrenten des Unternehmens, Abmahnungen und Ansprüche nicht nur gegen dich als Influencer richten, sondern auch gegen das Unternehmen, dessen Produkt du bewirbst. Dies ist letztlich mit Kosten für das Unternehmen verbunden, weshalb es durch eine Regelung im Vertrag versuchen wird, sich davon freistellen zu lassen. Denn auch wenn der Beitrag von einem Unternehmen in Auftrag gegeben wird, erfolgt die Umsetzung selbst doch weitgehend durch dich allein, weshalb es im Interesse der Unternehmen ist, dich durch diese Regelung dazu zu bringen, ein eigenes Interesse an der Einhaltung der gesetzlichen Standards zu haben. Gegen eine solche Vereinbarung ist letztlich auch nichts einzuwenden, da du schon ein ureigenes Interesse an der Rechtmäßigkeit deines Handelns haben solltest. Denn bei Rechtsverstößen bist schließlich du die erste Adresse, an die Abmahnungen und Bußgelder verschickt werden – das Unternehmen ist da nur zweitrangig.

Darüber hinaus sehen Verträge zwischen Influencern und Unternehmen zuweilen auch *Exklusivitätsvereinbarungen* vor. Das bedeutet, dass das Unternehmen möchte, dass du innerhalb der beworbenen Produktkategorie keine Konkurrenzprodukte oder Konkurrenzdienstleistungen bewirbst. Der Hintergrund besteht oftmals darin, dass die Bewerbung der eigenen Produkte durch einen Influencer für Unternehmen häufig nur dort Sinn macht, wo sie von dem Betrachter nicht aufgrund ihrer plakativen Darstellung auf den ersten Blick als Werbung enttarnt wird. Dies ist insbesondere dann der Fall, wenn der Influencer nur ein Produkt aus einer Produktkategorie bewirbt.

Hinweis!

Sofern du dich mit Exklusivitätsvereinbarungen zufrieden erklärst, solltest du darauf achten, dass du dich nur innerhalb einer Produktsparte einschränken lässt, und dies zeitlich begrenzt. Konkret bedeutet das, dass du dich in Bezug auf die Werbung für einen Uhrenhersteller auch nur exklusiv für das Produkt Uhr buchen lässt, nicht hingegen auch für andere Produkte, wie zum Beispiel Lebensmittel oder Bekleidung. Auch sollte klar geregelt sein, für wie viele Monate oder Jahre diese Vereinbarung gilt. Exklusivität ist zwar eine Einschränkung für dich, die du dir gut überlegen solltest, jedoch kannst du dir diese Einschränkung auch gut bezahlen lassen. Denn je exklusiver du gebucht wirst, umso höher fällt in der Regel deine Entlohnung aus.

10.2   Das Urheberrecht

Das Urheberrecht spielt für Influencer in zweierlei Richtung eine Rolle: Einerseits schützt das Urheberrecht den Influencer selbst vor der Nutzung seiner Inhalte wie Fotos oder Videos durch Dritte, da er dessen Urheber ist. Andererseits verbietet es ihm aber auch die unautorisierte Verbreitung fremder urheberrechtlich geschützter Materialien wie Bilder, Videos oder Musik über seine sozialen Netzwerke. Sprich: Niemand darf deine Inhalte benutzen, aber du darfst auch nicht die Inhalte anderer für deine Zwecke verwenden.

> **Achtung!**
>
> Der Umstand, dass ein Werk im Internet frei zugänglich ist, bedeutet grundsätzlich nicht, dass es ohne die Einwilligung des Urhebers genutzt werden darf!

Grundvoraussetzung für den Schutz durch das Urheberrecht ist, dass es sich bei dem Inhalt um eine schöpferische, kreative Leistung eines Menschen handelt. Ist dies der Fall, dann schützt das Urheberrecht die Rechte des Urhebers an seinem Werk vor Verunstaltung, Missbrauch oder Anmaßung durch einen Dritten als eigenes Werk. Denn der Urheber soll von seiner Arbeit wirtschaftlich profitieren können und gleichzeitig für seine Mühen Anerkennung bekommen. Will ein Dritter das Werk nutzen, muss er sich ein Nutzungsrecht – auch Lizenz genannt – einräumen lassen. Dies gilt sowohl dann, wenn jemand Drittes ein von dir geschaffenes Werk nutzen möchte, als auch dann, wenn du das Werk eines Dritten nutzen möchtest. Dies betrifft beispielsweise Musikstücke, Fotos oder Videos.

Möchte also jemand dein Werk nutzen, dann muss er dich um Erlaubnis fragen, und umgekehrt musst du fragen, wenn du Inhalte anderer Personen nutzen möchtest. Die Einholung einer Einwilligung betrifft dich beispielsweise dann, wenn du dein YouTube-Video gerne mit Musik unterlegen möchtest. Denn du musst bedenken, dass auch Musik urheberrechtlich geschützt sein kann.

> **Praxisbeispiel!**
>
> Erfolgreiche Reise-Influencer wie *Murad Osmann* erreichen Follower-Zahlen in Höhe mehrerer Millionen, weil sie atemberaubende Fotos überall auf der Welt aufnehmen (siehe Abbildung 10.2). In die Aufnahme dieser Bilder haben die Influencer nicht nur Arbeit, sondern unter Umständen auch viel Geld gesteckt und werden durch das Urheberrecht geschützt. Möchte also ein Dritter diese Aufnahmen beispielsweise auf seinem eigenen Instagram-Account teilen, dann muss er dazu die Einwilligung des Urhebers einholen. Dieser entscheidet dann, wer sein Werk wo, wie und in welchem Umfang benutzen darf und wer nicht sowie ob dies entgeltlich oder unentgeltlich geschieht.

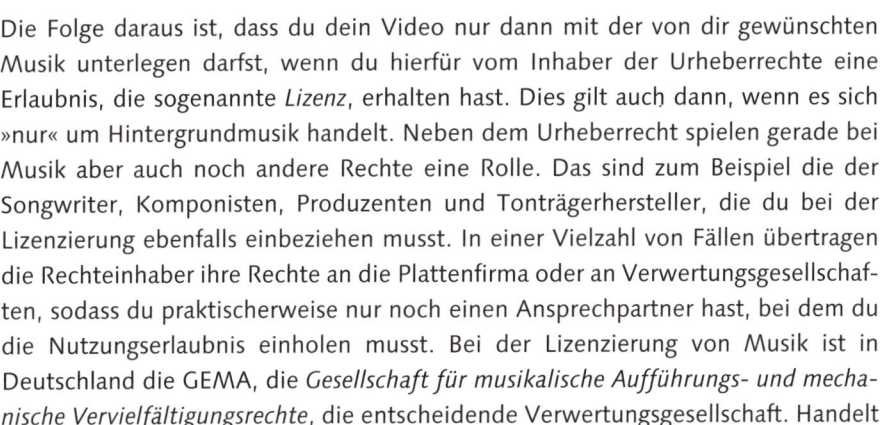

Abbildung 10.2 Die Motive von Murad Osmann sind seit Jahren weltweit berühmt.

Die Folge daraus ist, dass du dein Video nur dann mit der von dir gewünschten Musik unterlegen darfst, wenn du hierfür vom Inhaber der Urheberrechte eine Erlaubnis, die sogenannte *Lizenz*, erhalten hast. Dies gilt auch dann, wenn es sich »nur« um Hintergrundmusik handelt. Neben dem Urheberrecht spielen gerade bei Musik aber auch noch andere Rechte eine Rolle. Das sind zum Beispiel die der Songwriter, Komponisten, Produzenten und Tonträgerhersteller, die du bei der Lizenzierung ebenfalls einbeziehen musst. In einer Vielzahl von Fällen übertragen die Rechteinhaber ihre Rechte an die Plattenfirma oder an Verwertungsgesellschaften, sodass du praktischerweise nur noch einen Ansprechpartner hast, bei dem du die Nutzungserlaubnis einholen musst. Bei der Lizenzierung von Musik ist in Deutschland die GEMA, die *Gesellschaft für musikalische Aufführungs- und mechanische Vervielfältigungsrechte*, die entscheidende Verwertungsgesellschaft. Handelt es sich um ein Musikstück, dessen Rechte nicht von der GEMA wahrgenommen werden, musst du mit dem Rechteinhaber einen Vertrag über das Recht zur Nutzung des Musikstücks in deinem Video abschließen.

> **Hinweis!**
>
> Für eine nicht lizenzierte Verwendung der Musik auf Plattformen wie YouTube kann der Rechteinhaber dich abmahnen oder auf Schadensersatz, Unterlassung und Beseitigung in Anspruch nehmen. Daneben kann er sich auch direkt an die Plattform wenden und eine Urheberrechtsbeschwerde einreichen, womit er die Löschung deines Videos erreichen kann.

Findet eine Einigung statt, dann sollte dies in einem *Lizenzvertrag* festgehalten werden. Grundsätzlich sollten Lizenzverträge schriftlich fixiert werden und Aufschluss darüber geben, welchen Inhalt die Lizenz umfasst und welche Nutzungsrechte eingeräumt werden sollen. Diese können hinsichtlich des Gebiets, der Zeit und der Menge der Nutzung eingeschränkt werden – ist dies der Fall, solltest du darauf achten, dass dies genau beschrieben wird. Ebenso sollte festgelegt werden, ob du als Lizenznehmer ein einfaches Nutzungsrecht hast, sodass der Urheber daneben auch noch anderen Nutzern die Rechte an dem Werk einräumen darf. Die Alternative ist eine ausschließliche Lizenz, bei der du die Nutzungsrechte an dem Werk exklusiv erwirbst. Das ist aber meistens sehr viel teurer und im Fall einer einfachen Melodie im Hintergrund wahrscheinlich nicht nötig. Schließlich sollten Regelungen zur Höhe der Lizenzgebühr, zu Geheimhaltungspflichten und zu möglichen Ausübungspflichten in den Vertrag aufgenommen werden.

> **Hinweis!**
>
> Lizenzen werden je nach Bedürfnis, Werk und Vertragspartei andere Inhalte haben. Selten jedoch räumt der Urheber mit einer Lizenz ein unbegrenztes Nutzungsrecht an einem Werk ein. So kannst du als Urheber deiner Beiträge zum Beispiel bestimmen, ob der Lizenznehmer dein Werk kommerziell nutzen oder bearbeiten darf und ob er deinen Namen nennen muss.

Wer sich als Nutzer eines fremden Inhalts nicht an das Urheberrecht hält, der muss mit Konsequenzen rechnen. Denn dies ist – insbesondere dann, wenn es sich um eine kommerzielle Nutzung handelt – grundsätzlich eine Urheberrechtsverletzung, die teure Abmahnungen und Klagen nach sich ziehen kann.

Daneben gibt es aber auch Werke, die vom Urheber ohne die Zahlung eines Entgelts zur freien Verwendung jedem zur Verfügung gestellt werden. Dabei handelt es sich um sogenannte *Creative-Commons-Inhalte* (CC = kostenfreie Lizenz). Abseits von wirtschaftlicher Gewinnmaximierung stellt Creative Commons eine starke

Alternative zu herkömmlichen Lizenzsystemen dar. In Abbildung 10.3 siehst du ein Beispiel für ein Bild, das mit einer CC-Lizenz ins Netz gestellt wurde.

Abbildung 10.3 Auf der Plattform www.flickr.com findest du eine Vielzahl von CC-lizenzierten Bildern.

Diese sogenannten *Jedermann-Lizenzen* richten sich als Gemeingut an alle Betrachter gleichermaßen und erlauben, dass jeder mit einem CC-lizenzierten Inhalt mehr machen darf, als das Urheberrechtsgesetz ihm eigentlich gestattet. So kannst du beispielsweise Musik über Anbieter wie *Free Stock Music* herunterladen und verwenden – und zwar kostenlos. Denn die Plattform überträgt dir ein beschränktes, nicht exklusives, nicht übertragbares, zeitlich unbegrenztes weltweites Nutzungsrecht. Neben Stockmusik gibt es im Internet auch unzählige Anbieter von Videos, die unter einer sogenannten Creative-Commons-Lizenz (CC-Lizenz) stehen. Dazu gehört beispielsweise auch die Plattform Vimeo (*www.vimeo.com*).

Achtung!

Ganz bedenkenlos kannst du aber auch diese CC-Inhalte nicht benutzen. Denn um die Inhalte nutzen zu können, ist die Zustimmung zu den jeweiligen Lizenzbedingungen nötig. Dies hat zur Folge, dass unter Umständen weitere Bedingungen beachtet werden müssen, zum Beispiel die Namensnennung sowie das Verbot der Bearbeitung und kommerziellen Nutzung. Eine Übersicht zu den verschiedenen CC-Lizenztypen findest du in Abbildung 10.4.

Wenn es Einschränkungen für die Verwendung gibt, achte unbedingt darauf, sie einzuhalten. Die Tatsache, dass du die Bilder oder Videos kostenlos verwenden darfst, bedeutet nicht, dass automatisch alles damit erlaubt ist.

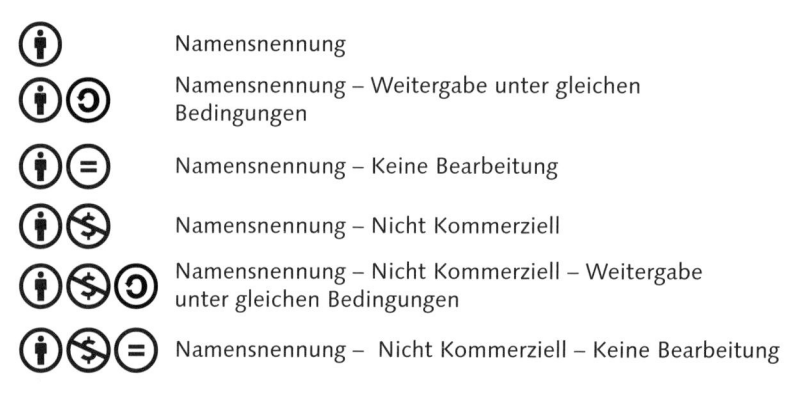

Abbildung 10.4 Auf ihrer Website erklärt die Organisation Creative Commons, was sich hinter den Symbolen der Lizenzbedingungen verbirgt.

10.3   Die Kennzeichnung von Werbung

Sind die Vertragsmodalitäten erledigt und wurde ein Beitrag erstellt, so geht es im Rahmen des Veröffentlichungsprozesses rechtlich in erster Linie um die ganz entscheidende Frage der Kennzeichnung des Beitrags: Warum, wann und wie muss ein Beitrag als Werbung gekennzeichnet werden? Auf diese Frage gebe ich dir in diesem Abschnitt eine Antwort.

> **Achtung!**
> Influencern, die hier Fehler machen, drohen Rechtsstreitigkeiten oder Bußgelder. Auch gehen die Medienanstalten verstärkt gegen Rechtsverstöße vor, versenden Hinweisschreiben und drohen mit aufsichtsrechtlichen Verfahren.

Das Trennungsgebot

Gerade bei Inhalten von Influencern kann der Nutzer nicht immer erkennen, welche Beiträge tatsächlich zu Werbezwecken angefertigt wurden und welche nicht – die Grenze zwischen Schein und Sein ist fließend, genau wie die zwischen geschäftlich und privat. Denn nicht selten versuchen Influencer und Unternehmen den werbenden Charakter eines kommerziellen Beitrags zu verschleiern, da sie sich so eine höhere Effektivität versprechen. Unternehmen haben oftmals die Sorge, dass eine Werbebotschaft weniger Wert hat, wenn der Betrachter erkennt, dass der Influencer Produkte oder Marken nicht aus persönlicher Überzeugung bewirbt, sondern primär aufgrund einer Gegenleistung, die ihm das dahinterstehende Unternehmen

bietet. Um den Verbraucher davor zu schützen, hat der Gesetzgeber das sogenannte *Trennungsgebot* normiert. Dies ist in verschiedenen, nebeneinanderstehen-
den Gesetzen wie § 5a Abs. 6 des Gesetzes gegen den unlauteren Wettbewerb
(UWG), § 6 Abs. 1 Nr. 1 des Telemediengesetzes (TMG) und § 58 Abs. 3 Rundfunkstaatsvertrag der Länder (RStV) geregelt. Danach müssen kommerzielle Inhalte
klar und leicht erkennbar als solche gekennzeichnet werden und vom redaktionellen Inhalt unterscheidbar sein. Wie diese Unterscheidbarkeit genau aussehen soll,
regelt nur der Rundfunkstaatsvertrag in § 8 Abs. 1. So muss in Videos, die ganz
oder teilweise Werbung enthalten, »zu Beginn oder am Ende auf die Finanzierung
durch den Sponsor in vertretbarer Kürze und in angemessener Weise deutlich hingewiesen werden.« Auch beim Einsatz neuer Werbetechniken, wozu das Influencer-Marketing wohl zu zählen ist, muss die Werbung »dem Medium angemessen
durch optische oder akustische Mittel oder räumlich eindeutig von anderen Sen-
dungsteilen abgesetzt sein.«

Hinweis!

Von allen Influencern einzuhalten sind die Regelungen des UWG und des TMG. Daneben sollten Influencer, die Werbung in Videos (zum Beispiel auf Plattformen wie You-
Tube) schalten, auch die Vorgaben des Rundfunkstaatsvertrages der Länder beachten.
Denn es gibt noch keine Rechtsprechung dazu, ob YouTube-Videos fernsehähnliche
Medien sind, auf die dann die Regeln des Rundfunkstaatsvertrags anzuwenden wären
– viel spricht jedoch dafür, wie der Fall des YouTubers *Flying Uwe* zeigt. Gegen diesen
setzte der Medienrat der Medienanstalt Hamburg/Schleswig-Holstein im Juni 2017 ein
Bußgeld in Höhe von 10.500 € fest, nachdem der YouTuber sich geweigert hatte, seine
Videos als Dauerwerbesendung zu kennzeichnen. Darauf bestand der Medienrat aber,
da der Influencer in den Beiträgen Fitnessprodukte der drei Firmen vorstellte, deren Geschäftsführer er selbst ist. Dies ist deshalb problematisch, weil er auf seine Tätigkeit als
Geschäftsführer für die beworbenen Unternehmen nicht hingewiesen hat. Dadurch
wusste der Zuschauer nicht, dass Flying Uwe den Produkten keinesfalls neutral gegen-
überstand.

Werbung vs. Schleichwerbung

Werbung von redaktionellen Inhalten trennen kannst du nur, wenn du auch weißt,
was Werbung ist. Denn nur dann ist dir auch klar, welche Beiträge du kennzeichnen
musst.

Achtung!

Es ist nicht zulässig, vorsichtshalber alle Beiträge als Werbung zu kennzeichnen. Denn
dies würde die Wirkung der Kennzeichnung verwässern und hätte zur Folge, dass der
Betrachter wieder nicht weiß, was Werbung ist, da alles aussieht wie Werbung.

Eine gesetzliche Definition der Begriffe »Werbung« und »Schleichwerbung« findet sich nur im Rundfunkstaatsvertrag der Länder und wird daher an dieser Stelle zugrunde gelegt.

Danach ist *Werbung »jede Äußerung (im Geschäftsverkehr), die entweder gegen Entgelt oder eine ähnliche Gegenleistung oder als Eigenwerbung gesendet wird, mit dem Ziel, den Absatz von Waren oder die Erbringung von Dienstleistungen (…) gegen Entgelt zu fördern«* (§ 2 Nr. 7 RStV).

Schleichwerbung ist dagegen gemäß § 2 Nr. 8 RStV *»die Erwähnung oder Darstellung von Waren, Dienstleistungen, Namen, Marken oder Tätigkeiten eines Herstellers von Waren oder eines Erbringers von Dienstleistungen in Sendungen, wenn sie vom Veranstalter absichtlich zu Werbezwecken vorgesehen ist und mangels Kennzeichnung die Allgemeinheit hinsichtlich des eigentlichen Zweckes dieser Erwähnung oder Darstellung irreführen kann«.*

Aus dem Trennungsgebot folgt daher, dass jegliche Form von Werbung ohne entsprechende Kennzeichnung Schleichwerbung ist, wenn der Zuschauer über die werblichen Zwecke getäuscht werden kann. Von einem Werbezweck ist nach der gesetzlichen Regelung insbesondere dann auszugehen, wenn du die Erwähnung oder Darstellung gegen ein Entgelt oder eine ähnliche Gegenleistung vornimmst.

Ein Entgelt oder eine Gegenleistung für einen ungekennzeichneten Beitrag ist jedoch nur ein Indiz und keinesfalls eine Voraussetzung für die Annahme von Schleichwerbung. Weitere gewichtige Indizien sind die reklamehafte Beschreibung des präsentierten Produkts, die Übernahme von Produkt- und Markenslogans oder von Bildern des Produktherstellers, Kaufempfehlungen oder die Präsentation des Produkts als zentraler Inhalt des Beitrags. Dies kann Konsequenzen haben!

Praxisbeispiel!

Scarlett Gartmann, Model und Freundin von BVB-Star Marco Reus, postete private Fotos auf ihrem Instagram-Account, der mehr als 220.000 Abonnenten hat. Auffällig war nur, dass dort ganz zufällig teure Uhren und Taschen auftauchten. Dieser »Zufall« entpuppte sich als Schleichwerbung und wurde abgemahnt: Mitte des Jahres 2017 erließ das Landgericht Hagen auf Antrag eines Wettbewerbsverbandes eine einstweilige Verfügung gegen die Influencerin, da in den streitgegenständlichen Posts auf Instagram die erforderliche Kennzeichnung als Werbung oder Anzeige fehle und dies gegen das Wettbewerbsrecht verstoße.

Nachdem die Influencerin dagegen Widerspruch eingelegt hat, hat das Landgericht Hagen die getroffene Entscheidung per Urteil bestätigt (Urteil vom 13.09.2017, Az. 23 O 30/17). Inzwischen hält sich die Influencerin an die gesetzlichen Regeln und kennzeichnet Werbung auch als solche (siehe Abbildung 10.5).

Abbildung 10.5 Instagram-Profil der Influencerin Scarlett Gartmann

Aber was bedeutet das Ganze nun in der Praxis – muss der einzelne Beitrag gekennzeichnet werden oder nicht?

Leider muss ich sagen, dass diese Frage nicht pauschal beantwortet werden kann, sondern vielmehr eine Entscheidung im Einzelfall erforderlich ist. Denn die Ausgestaltung von Influencer-Beiträgen ist so facettenreich, dass es sogar im konkreten Einzelfall teils schwerfällt zu entscheiden, ob ein Beitrag schon Werbung ist – die Grenze zur Schleichwerbung ist letztlich fließend.

Damit du dir aber eine Vorstellung davon machen kannst, welche Influencer-Beiträge als Werbung zu kennzeichnen sind, möchte ich im Folgenden ein paar typische Praxisbeispiele analysieren und dich so für die entscheidenden Faktoren sensibilisieren. So wird es dir leichter fallen, deine Beiträge besser einzuordnen.

Eigene Produkte bewerben

Zunächst einmal widme ich mich den Influencern, die auch in ihrem »realen Leben« unternehmerisch tätig sind. Manche von ihnen waren das auch schon vor ihrer Medienpräsenz auf YouTube, Facebook oder Instagram; andere haben ihre Medienpräsenz dazu genutzt, eigene Produkte auf den Markt zu bringen. Nichts ist dabei naheliegender, als diese *eigenen Produkte* auch über die eigenen Kanäle als Influencer zu bewerben.

Praxisbeispiel

Die Food-Influencerin *Sally* postet auf ihrer Instagram-Seite *@sallyswelt* Bilder von Torten und Kuchen. Seit einiger Zeit vertreibt sie nun auch Backutensilien über ihren eigenen Onlineshop und verfasst zu den einzelnen Produkten Beiträge auf Instagram (siehe Abbildung 10.6).

Abbildung 10.6 Die Food-Bloggerin Sally präsentiert auf ihrem Instagram-Profil ihren neuen Keramikständer.

Ob diese Art der Bewerbung der eigenen Produkte zulässig ist oder nicht, hängt davon ab, wie transparent Sally damit umgeht, dass es sich um ihre eigenen Produkte handelt. Denn weiß der Zuschauer klar, dass der Influencer selbst hinter dem dargestellten Produkt steht, dann ist ihm auch klar, dass die Darstellung keineswegs rein objektiv und neutral ist, und er geht kritisch mit den Aussagen in Bezug auf das Produkt um. Es handelt sich dann um *zulässige Eigenwerbung*, für die keine Kennzeichnung als Werbung notwendig ist. Im Beispiel weiß jeder von Sallys Followern, dass es sich bei dem Tortenständer um ihr eigenes Produkt handelt, weshalb sie dieses auch nicht kennzeichnen muss.

Anders sieht die Rechtslage hingegen aus, wenn der Influencer seine Beziehung nicht offenlegt und der Zuschauer daher davon ausgeht, dass der Influencer mit einem Mindestmaß an Neutralität über das Produkt berichtet. Denn die ungekennzeichnete Werbung ist nicht nur dann unzulässig, wenn es sich um die Produkte und Dienstleistungen anderer Unternehmen handelt, sondern auch bei der werblichen Hervorhebung der Produkte, die der Influencer selbst hergestellt hat bzw. an deren Absatz er ein eigenes Interesse hat: Sobald die Zielgruppe des Beitrags nicht weiß, dass ein kommerzielles Interesse an dem Absatz des Produkts besteht, wird sie getäuscht, und es liegt ein Verstoß gegen den Trennungsgrundsatz vor.

Praxisbeispiel

Dies war beispielsweise bei dem bereits erwähnten YouTuber Flying Uwe der Fall und der Grund, warum ihm die Landesmedienanstalt ein Bußgeld in Höhe von 10.500 € auferlegte.

Selbst gekaufte Produkte kennzeichnen

Daneben finden sich häufig auch Posts von Influencern, in denen die abgebildeten Produkte *eigene Einkäufe* des Influencers darstellen und gerade nicht von dem Hersteller bzw. der Marke zur Verfügung gestellt wurden. Hat der Influencer das Produkt selbst gekauft und preist er freiwillig dessen positive Eigenschaften an, ist dies nicht als Werbung zu kategorisieren, da hier seine Meinungsfreiheit überwiegt. Diese Beiträge muss der Influencer also grundsätzlich nicht kennzeichnen.

Allerdings kann es trotzdem zumindest so aussehen, als würde der Influencer Werbung betreiben. Daher sollte man also zumindest vorsichtig sein, wenn man ein Produkt zu undifferenziert positiv bewertet. In diesen Fällen ist es durchaus möglich, ins Visier der örtlichen Landesmedienanstalt zu geraten. Diese Gefahr besteht insbesondere dann, wenn du auf deinem Foto Produkte abbildest und die entsprechende Marke dann noch per @-Erwähnung verlinkst – das Bild also mit dem Instagram-Account der Marke verbindest –, ohne dies als Werbung zu kennzeichnen. Ob diese Vorgehensweise rechtmäßig ist oder nicht, beschäftigte in den letzten Jahren die Gerichte – bis heute!

Praxisbeispiel!

Auch die Bloggerin und Influencerin Vreni Frost (siehe Abbildung 10.7) traf eine Abmahnung des Verbands Sozialer Wettbewerb wegen des Vorwurfs der Schleichwerbung auf Instagram – und das, obwohl sie niemals eine Gegenleistung für die Verlinkung der Marken bekommen hatte, die sie in ihren Instagram-Posts trug oder zeigte. Lies hierzu auch das Interview mit Vreni in Kapitel 2 noch einmal.

Auf Instagram postete sie aber u. a. Bilder von sich und verlinkte diese per @-Erwähnung mit den offiziellen Instagram-Accounts von Modehändlern und Herstellern. Als Werbung sah sie das Ganze nicht an, da es ihrer Ansicht nach ihre freie Entscheidung sei, ihre persönlichen Vorlieben in dem Netzwerk mit ihren Fans zu teilen. Die Verlinkungen auf die jeweiligen Unternehmen würde sie nur vornehmen, um häufigen Fragen ihrer Follower nach der Herkunft der abgebildeten Produkte und Bekleidungsteile vorzubeugen. Zudem habe sie die Produkte selbst gekauft und die Rechnungen als Beweis aufgehoben. Auch habe sie bisher alle bezahlten Posts immer ordnungsgemäß als Werbung gekennzeichnet. Dass dies alles keine Rolle spiele, entschied dann das Landgericht

---

Berlin (Urteil vom 24.5.2018, Az. 52 O 101/18) und erließ daraufhin eine einstweilige Verfügung mit der Begründung, dass eine geschäftliche Handlung schon darin liege, dass sie mit (damals) mehr als 50.000 Followern eine besondere Aufmerksamkeit errege. Dagegen wehrte sich die Instagrammerin teilweise erfolgreich: Das Kammergericht Berlin hob in einem Fall die einstweilige Verfügung gegen die Influencerin Vreni Frost auf (Urteil vom 08.01.2019, Az. 5 U 83/18). Das Gericht betonte dabei, dass nicht jede Verlinkung durch einen Influencer auf ein Unternehmen als Werbung zu qualifizieren sei. Vielmehr müsse danach differenziert werden, welchen Informationsgehalt die Posts und die dazugehörigen Verlinkungen hätten und ob die Verlinkungen in einem redaktionellen Zusammenhang mit dem Inhalt des Postings stünden. Denn nach Auffassung des KG Berlin sei es kein Verstoß gegen das Wettbewerbsrecht, wenn ein Influencer oder ein Unternehmen nur weltanschauliche, wissenschaftliche, redaktionelle oder verbraucherpolitische Äußerungen von sich gäbe, ohne damit gezielt den Absatz von Waren zu befördern.

Abbildung 10.7 Vreni Frost trägt Schmuck der Marke Swarovski und kennzeichnet den Beitrag als Werbung.

Diese jüngste Influencer-Rechtsprechung und auch das bereits erläuterte Urteil um Cathy Hummels zeigen demnach, dass Links auf Seiten anderer Unternehmen nicht generell als kennzeichnungspflichtige Werbung anzusehen sind. Es kommt vielmehr im Ergebnis darauf an, ob es einen Grund dafür gibt, dass der Influencer auf eine Marke verlinkt bzw. ob das gewerbliche Handeln des Influencers im Einzelfall erkennbar ist. Damit ist klar, dass auch weiterhin trotz fehlender Gegenleistung unter Umständen eine Kennzeichnungspflicht erforderlich ist.

Achtung!

Die Entscheidung des KG Berlin ist keinesfalls letztverbindlich. Und auch wenn das Landgericht München I im Fall von Cathy Hummels eine Entscheidung zu Gunsten der Influencerin getroffen hat, ist dies noch keine Garantie, da es an der dafür erforderlichen höchstrichterlichen Entscheidung des Bundesgerichtshofs fehlt. Solange der Bundesgerichtshof sich nicht in der Sache äußern kann, könnte ein drittes Gericht auch gänzlich anders entscheiden und unter Umständen wieder eine generelle Kennzeichnungspflicht für Verlinkungen vorsehen. Daher ist es nun für dich besonders wichtig, die weiteren Entwicklungen auch in dem bereits erläuterten, noch ausstehenden Verfahren gegen Cathy Hummels zu verfolgen. Unter Umständen kommt in Zukunft aber auch Hilfe vom Gesetzgeber: Beim »Runden Tisch«, ausgerichtet von der Staatsministerin für Digitales, Dorothee Bär, mit 25 Influencern im November 2018 drehte sich alles um die Frage: »Welche Beiträge sind als Werbung zu kennzeichnen?«. Hierbei ging es vorrangig um Beiträge, in denen Influencer auf Marken oder Unternehmen verlinken, von Waren oder Dienstleistungen, die sie selber bezahlt haben. Man kann also nur hoffen, dass entweder die Gerichte oder der Gesetzgeber hier zeitnah Klarheit schaffen. Bis dahin solltest du vorsichtig sein und im Zweifel lieber kennzeichnen.

Für eine Gegenleistung fremde Produkte bewerben

Dagegen sehr eindeutig lassen sich die Fälle beurteilen, in denen die Zusammenarbeit zwischen Unternehmer und Influencer darin besteht, das Produkt oder die Dienstleitung des Unternehmens in einer positiven Art und Weise in den Fokus eines seiner Beiträge zu stellen und dafür eine *Gegenleistung* zu erhalten. Diese Gegenleistung muss nicht in Geld erfolgen, sondern kann auch aus Sachmitteln oder anderen Vorteilen bestehen, wie in Eintrittskarten zu exklusiven Veranstaltungen. Eine Gegenleistung kann auch darin bestehen, dass der Influencer das Werbeprodukt im Anschluss behalten darf. Diese Fälle stellen ganz klassische Werbung dar und sind daher immer kennzeichnungspflichtig.

Praxisbeispiel

Mitte 2017 war die Werbekampagne des Waschmittelherstellers Coral auf Instagram sehr präsent. Dabei haben zahlreiche deutsche Influencer wie *Jörn Schlönvoigt*, *Shanti Joan Tan* oder *Sebastian Panneck* Fotos auf Instagram veröffentlicht, in denen sie das Waschmittel in den Mittelpunkt gestellt und mit den Hashtags #coralliebtdeinekleidung und #coralcares versehen haben. Diese Beiträge haben die Influencer auch mit dem Hinweis #Werbung, #advertisement oder Anzeige gekennzeichnet. Es ist also sehr wahrscheinlich, dass sie für diesen Content eine Gegenleistung erhalten haben.

Differenziert müssen hingegen die Fälle der *Produkttestung* beurteilt werden. Das sind die Fälle, in denen neue Produkte, zum Beispiel aus den Bereichen Technik und Kosmetik, auf den Markt kommen und von Influencern getestet werden.

Während man in den Fällen, in denen der Influencer das Produkt selbst gekauft hat und in seinen Videos testet, davon ausgehen muss, dass das ganz klar unter seine Meinungsfreiheit fällt und schlichtweg keine Werbung ist, ist dies in den Fällen, in denen das Produkt dem Influencer kostenlos vom Hersteller zugeschickt wurde, nicht ganz so klar. Hier kommt es im Wesentlichen darauf an, ob der Influencer sich zu etwas verpflichtet.

Sendet ein Unternehmen einem Influencer ein neues Produkt zu und bietet es ihm an, dieses Produkt behalten zu dürfen, wenn er es testet und innerhalb des Beitrags nur die positiven Aspekte des Produktes herausstellt, dann handelt es sich dabei nicht um einen objektiven Warentest, sondern um Werbung, die auch als solche gekennzeichnet werden muss. Denn gerade bei Produkttestungen geht der Zuschauer davon aus, dass es sich um eine objektive Berichterstattung handelt. Da dies jedoch aufgrund der vertraglichen Verpflichtung gerade nicht der Fall ist, ist die ungekennzeichnete Sendung ein klarer Fall von Schleichwerbung und kann Abmahnungen sowie Unterlassungsklagen zur Folge haben.

Praxisbeispiel

Ein neu auf den Markt gekommener Uhrenhersteller bietet 20 Influencern aus dem Bereich »Fashion und Lifestyle« an, ihnen je eine Uhr im Wert von 150 € zuzusenden, damit sie sich diese einmal näher anschauen können. Die Uhr dürfen die Influencer auch behalten, wenn sie sie auf einem ihrer nächsten Bilder auf Instagram tragen, in einer Nahaufnahme besonders positiv hervorheben und im Begleittext ihre Begeisterung dafür ausdrücken.

Hat das Unternehmen dem Influencer das Produkt *völlig unverbindlich* zugeschickt, ohne dass damit irgendwelche Verpflichtungen oder Gegenleistungen einhergehen – der Influencer entscheidet also selbst vollkommen eigenständig über das Ob und vor allem das Wie der Darstellung –, dann muss auch dieser Beitrag grundsätzlich nicht als Werbung gekennzeichnet werden. Denn auch in diesen Fällen handelt es sich grundsätzlich nur um eine *freie Meinungskundgabe* des Influencers, wenn er sich zu einem Produkttest entschließt. Dies ist jedoch nur dann der Fall, wenn der Influencer sich auch dazu entscheiden kann, gar keinen Beitrag über das Produkt zu machen.

Zwar gilt der Grundsatz der freien Meinungskundgabe unabhängig davon, ob der Influencer das zugeschickte Produkt auch behalten kann, jedoch stellt sich mit steigendem Wert der Produkte oder auch der Dienstleistungen die Frage, inwieweit der Influencer tatsächlich neutral berichtet, wenn er von dem Produkt oder der Dienstleistung in erheblichem Maße profitiert. Dies betrifft insbesondere Influencer, denen nicht selten namhafte Reiseveranstalter wie NeckermannReisen oder ThomasCook ihre teuren Reisen bezahlen, damit sie dann während des Trips darüber berichten – so auch im Fall von Bianca »Bibi« Heinicke und ihrer Kooperation mit NeckermannReisen (siehe Abbildung 10.8).

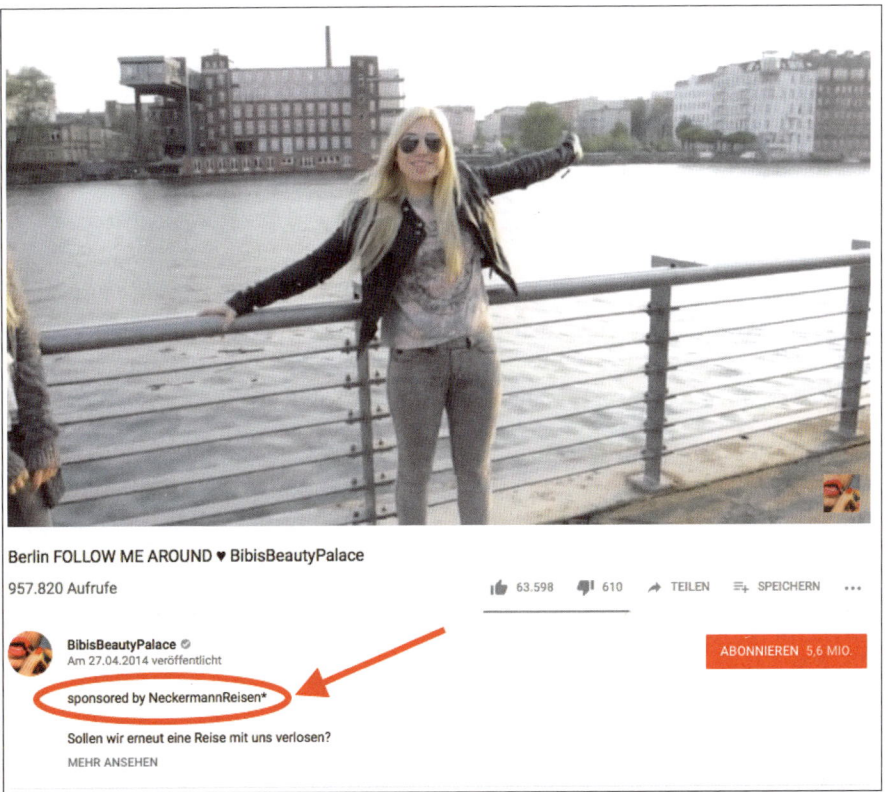

Abbildung 10.8 Bibi hat sich ihre Reise nach Berlin von NeckermannReisen sponsern lassen (*https://www.youtube.com/watch?v=zcpYByZln6A*).

In diesen Fällen stellt sich die Frage, ob der Influencer tatsächlich umfassend seine subjektive Meinung darstellt und daher nicht kennzeichnen muss. Schließlich hat auch er ein Interesse daran, weiterhin von dem Veranstalter als Tester eingesetzt zu werden, und wird deshalb womöglich eher dazu tendieren, einen positiven Bericht abzugeben. Es könnte also eine Beeinflussung der Influencer durch die Unternehmen vorliegen, die dann streng genommen gekennzeichnet werden müsste.

Zwar gibt es zu dieser Thematik noch keine Rechtsprechung, ich bin jedoch der Meinung, dass die Fälle, in denen der Influencer Produkte oder Dienstleistungen im hohen Preissegment erhält, auch dann kennzeichnungspflichtig sind, wenn vertraglich weder eine Berichterstattungspflicht noch eine Pflicht zur positiven Bewertung besteht.

Produkthilfe

Von der Werbung – nicht jedoch von der Kennzeichnungspflicht – zu trennen ist die *Produkthilfe*. Dies betrifft Fälle, in denen du das verwendete Produkt für die Herstellung des Beitrags benötigst und vom Hersteller kostenlos bereitgestellt bekommst. Das können zum Beispiel Möbelstücke, Küchengeräte oder Dekorationsartikel sein, aber auch Equipment oder Software. Eine Kennzeichnung ist bei Produkthilfen dann nicht erforderlich, wenn sie nur zur Produktion des Beitrags verwendet werden, nicht aber im Vordergrund des Beitrags stehen und weniger als 1.000 € wert sind.

Gerade bei den Food-Bloggern stehen nicht die Küchengeräte im Vordergrund, sondern die Darstellung der Koch- oder Backanleitung, für deren Produktion das Produkt nur Hilfe leistet. Das Küchengerät wird weder in den Vordergrund gestellt – anders wäre es, wenn zum Beispiel genau dieses Gerät getestet würde –, noch wird es von dem Influencer erwähnt.

Praxisbeispiel

Food-Influencer wie die YouTuberin *Downshiftology* verfügen auf ihrem Profil über Videos, in denen sie gesundes Essen kochen oder backen. Dabei verwenden sie nicht selten namhafte Küchenmaschinen, zum Beispiel die der Marke KitchenAid (siehe Abbildung 10.9), und kennzeichnen den Beitrag nicht als Werbung, obwohl die Marke klar erkennbar ist.

AMAZING PALEO CHOCOLATE CAKE | gluten-free, grain-free, dairy-free

145.386 Aufrufe   👍 4903   👎 72   ↗ TEILEN   ≡+ SPEICHERN   ...

Downshiftology
Am 02.08.2017 veröffentlicht   ABONNIEREN 473.103

Abbildung 10.9 Die Influencerin Downshiftology backt ihre Torte mit einem KitchenAid-Mixer (*https://www.youtube.com/watch?v=0KE4ptWCqMA*).

Werden dir von einem Unternehmen mehrere Produkte für einen Beitrag überlassen, so wird deren Wert addiert. Stammen hingegen mehrere Artikel von mehreren Unternehmen, so wird jedes Produkt einzeln gewertet. Liegt der Wert der Produkte über dem Betrag von 1.000 €, ist grundsätzlich eine Kennzeichnung erforderlich. Eine Ausnahme davon besteht jedoch wiederum dann, wenn der Wert zumindest nicht 1 % der Produktionskosten überschreitet, was insbesondere bei sehr teuren Produktionen der Fall ist.

Achtung!

Dies waren letztlich nur Beispiele, die Standardsituationen gezeigt haben. Deine eigene Influencer-Praxis stellt jedoch unter Umständen eine Mischung aus den verschiedenen Bereichen dar und bedarf einer Entscheidung im Einzelfall. Wenn du also unsicher bist, welche deiner Beiträge du kennzeichnen musst, solltest du dich rechtlich beraten lassen. Denn alternativ einfach alle Beiträge »vorsorglich« als Werbung zu kennzeichnen, läuft dem Zweck des Gesetzes zuwider und ist daher verboten.

Rechtliche Rahmenbedingungen der Produktplatzierung in Videos

Produkte in Videobeiträgen zu platzieren – auch *Produktplatzierung* oder *Product Placement* genannt –, ist grundsätzlich verboten. Jedoch sieht der Rundfunkstaatsvertrag in § 7 Abs. 7 und § 44 Voraussetzungen vor, unter denen eine Produktplatzierung für Influencer als Privatpersonen in Videos zulässig ist.

Hinweis

Die Regelungen des Rundfunkstaatsvertrags betreffen nur Influencer, die Videos veröffentlichen; sie gelten aber nicht für Foto- oder Textbeiträge von Influencern. Zudem muss es sich bei den Videos, die von Influencern zum Beispiel auf Plattformen wie YouTube verbreitet werden, um Sendungen »der leichten Unterhaltung« handeln.

Ob Influencer-Beiträge tatsächlich einen Fall der »leichten Unterhaltung« darstellen, wird sich nicht allgemein beantworten lassen, sondern muss im konkreten Einzelfall beurteilt werden. Denn Influencer gestalten ihre Beiträge inhaltlich sehr unterschiedlich. Festhalten lässt sich jedoch, dass wohl der Großteil der klassischen Influencer-Beiträge dieser Art der Sendung zugeordnet werden kann, da der Zuschauer in der Regel keine objektiven Informationen erwartet. Wäre dies der Fall, läge nämlich kein Fall der »leichten Unterhaltung« vor.

Du darfst also Produktplatzierungen in deinen Videos vornehmen, wenn bestimmte Voraussetzungen auf dich zutreffen, die ich gleich noch ansprechen werde.

Doch was ist eigentlich eine Produktplatzierung? Eine Produktplatzierung ist gemäß § 2 Nr. 11 S. 1 Rundfunkstaatsvertrag *»die gekennzeichnete Erwähnung oder*

Darstellung von Waren, Dienstleistungen, Namen, Marken, Tätigkeiten eines Herstellers von Waren oder eines Erbringers von Dienstleistungen in Sendungen gegen Entgelt oder eine ähnliche Gegenleistung mit dem Ziel der Absatzförderung. Die kostenlose Bereitstellung von Waren oder Dienstleistungen ist Produktplatzierung, sofern die betreffende Ware oder Dienstleistung von bedeutendem Wert ist«.

Der entscheidende Unterschied zwischen Schleichwerbung und Produktplatzierung liegt demnach in der Kennzeichnung des Werbeinhalts und in der Tatsache, dass bei einer Produktplatzierung die Vereinbarung einer Gegenleistung eine Voraussetzung ist, bei Schleichwerbung jedoch nur ein Indiz.

Daneben liegt eine Produktplatzierung gemäß § 2 Nr. 11 S. 2 RStV auch dann vor, wenn Unternehmen Dritten Waren oder Dienstleistungen von bedeutendem Wert mit dem Ziel der Absatzförderung kostenlos bereitstellen.

Dies ist jedoch gemäß Ziffer 4 Abs. 3 Nr. 2 der Werberichtlinie der Landesmedienanstalten dann nicht kennzeichnungspflichtig, wenn die bereitgestellten Produkte nicht mehr als 1.000 € wert sind, dem Influencer keine Vorgaben zu deren Verwendung gemacht werden und sie nicht im Vordergrund des Beitrags stehen – diese Voraussetzungen müssen alle gleichzeitig erfüllt sein. Denn dann handelt es sich um die bereits erwähnte *kennzeichnungsfreie Produkthilfe*.

Produktplatzierungen sind weiterhin gemäß § 7 Abs. 7 RStV nur dann zulässig, wenn du in dem Beitrag nicht unmittelbar zum Kauf des Produkts aufforderst und das Produkt nicht zu stark herausstellst. Das gilt auch dann, wenn es sich um Produkte aus dem Niedrigpreissegment handelt. Denn dass ein Produkt kostengünstig ist, entbindet dich nicht grundsätzlich von der Kennzeichnungspflicht, wenn es im Mittelpunkt des Beitrags steht und du eine Gegenleistung für die Präsentation erhalten hast. Denn in diesen Fällen handelt es sich weder um eine Produkthilfe noch um eine Produktplatzierung, sondern um klassische Werbung, die auch als solche gekennzeichnet werden muss.

Praxisbeispiel

Die Niedersächsische Landesmedienanstalt hatte die Produktplatzierung des Kekses *Pick up!* der Marke Leibniz in der TV-Sendung *Das Dschungelcamp* als unzulässig beanstandet und Klage erhoben. In der TV-Sendung war der Keks der Preis für eine Aufgabe und wurde von den Teilnehmern deutlich sichtbar in die Höhe gehalten (siehe Abbildung 10.10), woraufhin die Akteure mit Jubel reagierten. In Einzeleinstellungen wurde gezeigt, wie die Teilnehmer lustvoll das Gebäck verzehrten. Das Verwaltungsgericht Hannover (Urteil vom 18.02.2016, Az. 7 A 13293/15) entschied, dass der Keks zu stark hervorgehoben würde und damit nicht mehr von Werbung abgegrenzt werden könne. Die Grenze zur unzulässigen Produktplatzierung sei allerdings erst mit Äußerungen wie »Das hat wirklich alles: Karamell, Schokolade und Keks. Was will man mehr?« oder »Das ist eine Geschmacksbombe« in der Interviewkabine und aus dem Off überschritten worden; die vorherigen Präsentationen waren also noch in Ordnung.

Abbildung 10.10 Die Teilnehmer der TV-Sendung »Das Dschungelcamp« werben für Pick Up!, ohne dass dies gekennzeichnet wird.

Unzulässig sind Produktplatzierungen weiterhin in Kindersendungen, informierenden Magazinen, Ratgebern und Verbrauchersendungen, Übertragungen von Gottesdiensten, Sendungen zum politischen Zeitgeschehen und vor allem in Nachrichtensendungen. Das Verbot von Produktplatzierungen in diesen einzelnen Genres wird vor allem damit begründet, dass diese Zuschauergruppen leichter zu beeinflussen sind und daher bestimmte Informationsquellen wie Informations- und Nachrichtensendungen vor jeglicher möglichen Beeinflussung durch Werbepartner geschützt sein müssen. Auf dich als Influencer werden diese Fälle eher weniger zutreffen, aber es ist sicher gut zu wissen.

Außer über die rechtliche Zulässigkeit von Produktplatzierungen müssen Influencer sich zudem darüber informieren, ob Produktplatzierungen auch in den jeweiligen Kanälen der sozialen Netzwerke erlaubt sind. Eine Vielzahl von sozialen Netzwerken macht zwar keine konkrete Angabe zu Produktplatzierungen, dies bedeutet jedoch nicht, dass sie Produktplatzierungen grundsätzlich erlauben.

Hinweis!

Auskunft geben dabei die Nutzungsbedingungen oder die speziellen Werberichtlinien der jeweiligen Plattform. Die Videoplattform YouTube beispielsweise gestattet ausdrücklich die Integration bezahlter Produktplatzierungen und Empfehlungen in Videoinhalten. Dabei werden dem YouTuber jedoch Regeln auferlegt, die Influencer auf der Website der Videoplattform einsehen können (*http://wbs.is/rom93*).

Die richtige Begrifflichkeit bei der Kennzeichnung

Wenn dir nun grundsätzlich klar ist, welche Beiträge Werbecharakter haben und gekennzeichnet werden müssen, wirst du dir wahrscheinlich gleich die Anschlussfrage stellen, wie diese Kennzeichnung nun in der Praxis zu erfolgen hat. Denn gesehen hast du sicherlich schon die verschiedensten Varianten und hast dich unter Umständen schon gefragt, welche die richtige ist. Diese Frage ist durchaus berechtigt. Denn Kennzeichnung ist nicht gleich Kennzeichnung! Vielmehr haben der Gesetzgeber und darauf basierend die Rechtsprechung ganz konkrete Vorstellungen davon, an welcher Stelle und mit welchen Begriffen Influencer Werbung als solche kennzeichnen müssen.

Influencer verwenden bei der Kennzeichnung gern englische Begriffe wie *Advertisement*, *Ad*, *sponsored* oder *sponsored by* sowie *promotion* und versehen diese Begriffe je nach Verbreitungsmedium noch mit einem Hashtag.

Während die Begriffe im englischsprachigen Raum natürlich üblich und auch richtig sind, werden diese Kennzeichnungsarten auch von deutschen Influencern vermehrt verwendet. Denn im Vergleich zu deutschen Begriffen wie *Werbung* tritt der Werbecharakter bei der Verwendung englischer Wörter nicht zu sehr in den Vordergrund. Dies liegt zum Teil auch daran, dass so mancher Nutzer der englischen Sprache gar nicht oder nur unzureichend mächtig ist und daher nicht weiß, was sich hinter diesen Begriffen verbirgt. Genau diese Unwissenheit ist jedoch der Grund, warum englischsprachige Kennzeichen in der deutschen Rechtsprechung keine Anerkennung finden.

> **Praxisbeispiel!**
>
> Dies zeigt sich insbesondere mit Blick auf die Entscheidung des Bundesgerichtshofs in dem sogenannten »GOOD NEWS II«-Verfahren (Urteil vom 06.02.2014, Az. I ZR 2/11), in dem das Gericht entschied, dass die im streitgegenständlichen Fall verwendete Bezeichnung *sponsored by* den gesetzlichen Anforderungen nicht gerecht wird.
>
> Zwar basierte diese Entscheidung einerseits auf dem Baden-Württembergischen Landespressegesetz, das ausdrücklich die Bezeichnung als *Anzeige* verlangte, jedoch hat auch das Landgericht München I (Urteil vom 31.07.2015, Az. 4 HK O 21172/14) entschieden, dass der englischsprachige Hinweis *sponsored* zur Kennzeichnung kommerzieller Inhalte auch aus wettbewerbsrechtlicher Sicht unzureichend sei. Denn da der Hinweis nicht in deutscher Sprache erfolge, könnten ihn manche Leser schlicht nicht verstehen. Außerdem könne der Zusatz nicht zwingend so verstanden werden, dass es sich um eine Anzeige handle.

Auch die Landesmedienanstalten weisen in ihrer Infobroschüre »FAQs – Antworten auf Werbefragen in sozialen Medien« darauf hin, dass englischsprachige Kennzeichnungen nicht vorzugswürdig sind! Juristisch sicherer ist die Verwendung deutschsprachiger Hinweise wie *Anzeige* oder *Werbung* (siehe Abbildung 10.11). Da es letztlich auch die Medienanstalten sind, die deine Beiträge auf Rechtsverstöße kontrollieren oder Hinweisen nachgehen, solltest du deren Empfehlungen ernst nehmen! Einen PDF-Download findest du auf meiner Website unter *https://wbs.is/rom106*.

Abbildung 10.11 Jörn Schlönvoigt kennzeichnet seinen Beitrag zu einem Tee mit dem Begriff »Anzeige« und handelt damit rechtssicher.

Wie bereits mehrfach angesprochen ist neben der Werbung auch die Produktplatzierung kennzeichnungspflichtig. Eine Produktplatzierung muss für den Nutzer erkennbar zu Beginn und zum Ende der Sendung sowie nach einer Werbeunterbrechung für mindestens 3 Sekunden mit der Abkürzung *P* als senderübergreifendes Logo gekennzeichnet werden. Ergänzend empfehlen die Medienanstalten die Verwendung von Hinweisen wie *Produktplatzierung* oder *Unterstützt durch Produktplatzierung* (siehe Abbildung 10.12) bzw. *unterstützt durch (Produktname)*.

Grundsätzlich spricht aus juristischer Sicht nichts dagegen, seinen Beitrag mit deutschen Begriffen wie *Produktplatzierung* oder *Unterstützt durch Produktplatzierungen* zu versehen und dies im späteren Verlauf des Videos auf ein einfaches *P* herunterzukürzen.

Neben den bereits erwähnten Hinweisen hast du sicher in Sendungen auch schon die Kennzeichnung *Dauerwerbesendung* oder *Werbevideo* gesehen. Diese musst du immer dann anzubringen, wenn der werbliche Teil deines Beitrags nicht klar vom redaktionellen Teil zu trennen ist, weil das Produkt und der Werbecharakter der Sendung erkennbar im Vordergrund stehen und die Werbung einen wesentlichen

Bestandteil der Sendung darstellt. Wie der Begriff schon erkennen lässt, handelt es sich also um eine Sendung, in der dauerhaft Werbung geschaltet wird.

Abbildung 10.12 Die YouTuberin LadyLandrand verwendet in ihrem Video die Kennzeichnung »Unterstützt durch Produktplatzierung« und weist auch im Titel des Videos darauf hin (*https://www.youtube.com/watch?v=N2RBiIi1fJA*).

> **Achtung!**
>
> Grundvoraussetzung für die Kennzeichnung als Produktplatzierung ist, dass es sich bei dem Beitrag auch tatsächlich um eine Produktplatzierung handelt und gerade nicht um Werbung, die auch ausdrücklich nur mit den Begriffen *Werbung* oder *Anzeige* gekennzeichnet werden darf. Zwar liegt in beiden Fällen eine Kennzeichnung vor, wer jedoch Werbung irrtümlich als Produktplatzierung kennzeichnet, der hat die Anforderungen an eine richtige Kennzeichnung nicht erfüllt und muss mit Abmahnungen und Unterlassungsklagen rechnen! Um auf der sicheren Seite zu sein, empfehle daher auch ich – jedenfalls dann, wenn eine vertragliche Verpflichtung zur Anpreisung des Produktes besteht –, den Beitrag als *Werbung* oder *Anzeige* zu kennzeichnen.

Die richtige Platzierung der Kennzeichnung

Dass auch der Ort der Kennzeichnung klar geregelt ist, verwundert nicht, da Unternehmen insbesondere beim Influencer-Marketing den Werbecharakter nicht in den

Vordergrund stellen möchten und daher in Versuchung geraten könnten, das Kennzeichen an einer etwas unauffälligeren Stelle zu platzieren.

Dies ist jedoch nicht im Sinne des Gesetzgebers. Denn der sieht vor, dass der Betrachter des Beitrags ohne Mühe leicht erkennbar über den Umstand aufgeklärt werden muss, dass der konkrete Inhalt Werbung darstellt bzw. eine Produktplatzierung enthält. Dazu müssen die Hinweise ohne großes Scrollen erreichbar und auf allen Endgeräten verfügbar sein. Wo nun genau gekennzeichnet werden muss, hängt vom konkreten Einzelfall und dem genutzten Kommunikationsmedium ab.

In Videos soll der Influencer laut Empfehlung der Medienanstalten entweder am Anfang eines Videos mündlich und schriftlich auf den Werbeinhalt hinweisen oder während des Videos klar und deutlich *Werbung* oder *Anzeige* einblenden. Dazu bietet sich die linke oder rechte Ecke im oberen Teil des Bildes an, da Schriftzüge dort meist einfacher erkennbar sind als im unteren Teil des Bildes.

> **Hinweis**
>
> Ich empfehle, einerseits am Anfang des Videos auf den Werbecharakter hinzuweisen und andererseits auch während der gesamten Sendung einen textlichen Hinweis einzublenden. Weiterhin muss auch bei der Fortsetzung des Videos nach einer Werbeunterbrechung erneut die Kennzeichnung erfolgen.

Zusätzlich – jedoch keinesfalls alternativ – sollte der Hinweis auch in der textlichen Videobeschreibung auftauchen. Manche Influencer nehmen den Hinweis zudem auch in den Titel des Videos auf. Eine Pflicht dazu besteht zwar nicht, schaden wird ein zusätzlicher Hinweis jedoch auch nicht.

Veröffentlichst du deine Beiträge in sozialen Medien, reicht das Hashtag bzw. die Kennzeichnung im Begleittext, solange der Hinweis leicht erkennbar ist. Diese Kennzeichnung muss jedoch in ausreichender Größe gehalten sein und sich nahe der Überschrift befinden. Nutzt der Influencer zur Kennzeichnung ein Hashtag (z. B. *#werbung*), empfehle ich, die erste Stelle zu verwenden. Zwar gibt es noch keine dahin gehende Rechtsprechung, dass das Hashtag an erster Stelle stehen muss, jedoch hat die Rechtsprechung bereits entschieden, dass in manchen Konstellationen bereits die zweite Stelle nicht ausreichend ist. Dass eine noch weiter hinten platzierte Kennzeichnung den Anforderungen erst recht nicht gerecht wird, versteht sich dann von selbst. Auch den Hinweis in einer *Hashtag-Wolke* – also inmitten einer Vielzahl von Hashtags – zu verstecken (siehe Abbildung 10.13), entspricht nicht dem Sinn der Kennzeichnungspflicht. Am sichersten fährst du also, wenn du die Kennzeichnung als Werbung direkt im ersten Hashtag vornimmst.

traeumelli • Folgen

leider bleibt im Moment wenig
Zeit für mich zu nähen....aber es
ist das eine oder andere in
Arbeit und das zeig ich euch die
Tage 💕 am Freitag geht's auf
die #creativa 🤗 da freu ich
mich schon besonders drauf.
Vielleicht sieht man sich 🙈
Habt einen schönen Tag ihr
lieben 💕🙈 #nähzimmer
#sewingroom #myroom
#brotherv5 #ilovemyjob
#ilovetilda #werbung
#pastellliebe #pastell#traeumelli
#kreativtraeume
#white#ilovemyroom
#sewing#sew#nähenmachtglück
lich #nähgarn #nähglas
#nähenmachtspass
#embroidery #embroideryart
#miniature

♡ ◯ ⬆   🔖

Gefällt 556 Mal
VOR 4 STUNDEN

Kommentar hinzufügen ...   ···

Abbildung 10.13 In diesem Beitrag erfolgt der Hinweis auf den Werbeinhalt mittels
»#werbung« in der Mitte einer Vielzahl von Hashtags, was problematisch werden kann.

Praxisbeispiel

Die nicht ausreichende Kennzeichnung eines Influencer-Beitrags war im Jahr 2017 Ge-
genstand eines Verfahrens vor dem Oberlandesgericht Celle (Urteil vom 8.6.2017, Az.
13 U 53/17). Dem Verfahren lag das Verhalten eines Influencers zugrunde, der in einem
seiner Instagram-Posts auf eine Angebotsaktion der Drogeriemarktkette Rossmann hingewiesen und hierfür von Rossmann eine Gegenleistung erhalten hatte. Diesen Beitrag
hatte der Influencer nur mittels *#ad* an zweiter Stelle von insgesamt sechs verschiedenen Hashtags gekennzeichnet. Er wurde daraufhin von einem Verein, der die Rechte
eines Mitbewerbers vertrat, wegen eines Verstoßes gegen das Gesetz gegen den unlauteren Wettbewerb auf Unterlassung verklagt – zu Recht!

Die Richter waren der Auffassung, dass gewerbliche Instagram-Posts »*auf den ersten
Blick und ohne jeden Zweifel*« als solche erkennbar sein müssen, da nicht damit zu rechnen sei, dass ein durchschnittliches Mitglied der entsprechenden Zielgruppe das verwendete Hashtag – zumindest an der platzierten Stelle – zur Kenntnis nehme. Zweifel-
haft könne schon sein, ob Hashtags, die am Ende eines Beitrags stehen, überhaupt zur
Kenntnis genommen werden oder ob sich der Leser des Beitrags auf den eigentlichen
Text beschränke. Jedenfalls werde sich die überwiegende Zahl der Beitragsleser nicht
beim ersten Betrachten der Seite die hier vorhandene Vielzahl an Hashtags ansehen und
insofern auch nicht auf das Hashtag *#ad* aufmerksam werden. Auch wenn sich der kommerzielle Zweck womöglich unmittelbar aus den Umständen des Posts ergebe, sei eine
Kennzeichnung des kommerziellen Zwecks dennoch nicht entbehrlich. Es genüge nicht,
wenn der durchschnittliche Leser erst nach einer analysierenden Lektüre des Beitrags
dessen werbliche Wirkung erkennen könne.

Als Reaktion auf die steigende Bedeutung des Influencer-Marketings bieten soziale Netzwerke zunehmend eigene Möglichkeiten der Kennzeichnung. Denn Plattformbetreiber wissen um die Problematik der Umsetzung der Kennzeichnungspflichten innerhalb des beschränkten Designs von Plattformen. Aus diesem Grund haben soziale Netzwerke selbst in der letzten Zeit Tools entwickelt, mittels derer Werbekooperationen zwischen Influencern und Unternehmen einheitlich und transparent gekennzeichnet werden können. Damit kommen die Plattformen nicht nur rechtlichen Vorgaben nach, sondern auch dem Wunsch zahlreicher Influencer und werbender Unternehmen nach einer einfachen Möglichkeit der Kennzeichnung.

Praxisbeispiel!

Ein Beispiel dafür ist die Kennzeichnung von Markeninhalten – sogenannter *Branded Content* – auf Instagram. Dabei wird die hinter einem Beitrag stehende Geschäftsbeziehung zwischen dem Influencer und dem Unternehmen transparent gemacht, indem diese Beiträge mit den jeweiligen Kooperationspartnern verbunden und beispielsweise im Fall von Instagram in den Metadaten mit dem Hinweis *bezahlte Partnerschaft mit* (siehe Abbildung 10.14) versehen werden. So soll es Influencern erleichtert werden, ihr bezahltes Engagement in ihren Beiträgen und Stories transparent darzustellen und so den rechtlichen Anforderungen gerecht zu werden.

Abbildung 10.14 Die Influencerin Pamela Reif bewirbt in diesem Beitrag Produkte des Unternehmens Douglas und weist auf diese »bezahlte Partnerschaft« hin, was als Kennzeichnung ausreicht.

269

Verstoßen Influencer gegen die sich aus dem Gesetz oder aus Branchenvereinbarungen ergebenden Kennzeichnungspflichten, können sowohl sie selbst als auch die mit ihnen kooperierenden Unternehmen abgemahnt oder mit einem Bußgeld sanktioniert werden. Hier drohen Bußgelder von bis zu 500.000 €. Auch nach dem Telemediengesetz können bei Rechtsverstößen Bußgelder in Höhe von bis zu 50.000 € verhängt werden. Du siehst, es lohnt sich nicht. Achtest du dagegen auf die korrekte Kennzeichnung deiner Beiträge, bist du nicht nur rechtlich abgesichert, sondern signalisierst auch Unternehmen, dass du verantwortlich und seriös arbeitest.

10.4   Live-Videos

Viele Influencer versorgen ihre Follower auch gerne mit Live-Aufnahmen, zum Beispiel über Instagram oder Facebook. Dies ist eine tatsächliche Bereicherung, da sie für Abwechslung zu den üblichen Text- und Foto-Beiträgen sorgen und deinen Followern das Gefühl vermitteln, hautnah dabei zu sein (siehe Abbildung 10.15).

Abbildung 10.15 Die Schauspielerin Janina Uhse nutzt Instagram Live.

Doch bei den Live-Schaltungen solltest du keinesfalls einfach loslegen. Denn auch Live-Videos sind kein rechtsfreier Raum. Vielmehr muss sich auch dort jeder nicht nur an die Vorgaben des verwendeten Dienstes, sondern unter anderem auch möglicherweise an das Rundfunkrecht halten. Dies mag vielleicht auf den ersten Eindruck verwundern, hat seinen Grund jedoch darin, dass du die Apps, die ein Live-Streaming ermöglichen, mit einem Klick auf dein Handy laden und so dein eigenes Programm als Live-Stream ins Internet übertragen kannst. Theoretisch kannst du damit sogar genauso viele Zuschauer wie reguläre TV-Programme erreichen. Jedoch werden diese Live-Programme von den Landesmedienanstalten weder kontrolliert, noch sind sie lizenziert.

Hinweis

Die Landesmedienanstalten fordern neue Regeln, um besser mit den dynamischen Entwicklungen umgehen zu können, die insbesondere das Internet mit sich bringt. Denn generell muss alles geprüft werden, was dem traditionellen Rundfunk ähnlich ist. Die aktuell geltenden Gesetze sind jedoch auf die neuen technischen Entwicklungen wie Live-Streams nicht ausgerichtet.

Daher haben die Landesmedienanstalten eine sogenannte *qualifizierte Anzeigepflicht* vorgeschlagen, wie sie für Internetradios bereits existiert. Auf diese Weise wäre dann keine vorherige Genehmigung mehr nötig, eine Kontrolle würde aber dennoch durchgeführt werden. Die neue Regierung in Nordrhein-Westfalen beispielsweise will die Lizenzpflicht im Internet laut Koalitionsvertrag generell abschaffen. Wie neue Regelungen künftig aussehen werden und wie sie umgesetzt werden sollen, bleibt abzuwarten. Bis dahin müssen sich die Landesmedienanstalten an den geltenden Regelungen orientieren, auch wenn die Konsequenzen daraus nicht immer ganz zeitgemäß sind. Auf dem Laufenden halten kannst du dich über die Website der für dich zuständigen Landesmedienanstalt.

Das Rundfunkrecht hat eine ganz entscheidende und nicht zu unterschätzende Vorgabe für bestimmte Arten von Sendungen: die *Sendelizenz*. Diese ist nach den Vorgaben des Rundfunkstaatsvertrages der Bundesländer unter bestimmten Bedingungen für Rundfunkkanäle erforderlich. Zunächst muss es sich bei deiner Live-Sendung um Rundfunk handeln. Darunter versteht man einen linearen Informations- und Kommunikationsdienst, der sich an die Allgemeinheit richtet. Er verbreitet ausgewählte Angebote, die Nutzer weder zeitlich noch inhaltlich beeinflussen können, entlang eines Sendeplans in Wort, Ton und Bild unter Benutzung elektromagnetischer Schwingungen. Dabei zeichnen sich Rundfunkprogramme durch eine nach einem Sendeplan zeitlich geordnete Folge von Inhalten aus. Eine sehr klare Definition also … oder?

Hinweis

Vom zulassungspflichtigen Rundfunk abzugrenzen sind audiovisuelle, elektronisch verbreitete Angebote, insbesondere aus dem Online-Bereich, die auch als *Telemedien* bezeichnet werden. Die Verbreitung von Telemedien-Angeboten ist zulassungs- und anmeldefrei. Hierzu gehören vor allem Podcasts oder Videos in Mediatheken oder Texte, die online von Servern heruntergeladen werden können, aber nicht live verbreitet werden.

Bei Live-Streams im Internet ist die Abgrenzung zwischen Rundfunk und nicht zulassungspflichtigen Telemedien nicht immer leicht. Grundsätzlich gilt: Jedes Internet-Angebot muss einzeln geprüft werden – hier empfiehlt es sich, zur genauen Prüfung einen auf das Rundfunkrecht spezialisierten Anwalt zu beauftragen. Dieser kann dann auch die bürokratischen Hürden für dich nehmen, wenn du tatsächlich eine Sendelizenz benötigst.

Praxisbeispiel

Die *Kommission für Zulassung und Aufsicht* (ZAK) der Medienanstalten hat in ihrer Sitzung vom 21. März 2017 in Berlin entschieden, den Internet-Kanal *PietSmietTV* auf *www.Twitch.tv* als zulassungspflichtiges Rundfunkangebot ohne Zulassung einzustufen. PietSmietTV war ein Streaming-Kanal, der an sieben Tagen pro Woche über 24 Stunden überwiegend Let's Play-Videos verbreitete. In der Folge hat die Kommission für Zulassung und Aufsicht das Format offiziell beanstandet und dem Betreiber die Alternativen »Beantragung einer Rundfunklizenz« oder »Einstellung des Dienstes« aufgezeigt. Im Mai 2017 hat PietSmietTV den Kanal dann offline gestellt und sich gegen die Beantragung einer Lizenz entschieden. Der bekannte deutsche Channel ist jedoch weiterhin bei YouTube erreichbar.

Ob du nun eine Sendelizenz benötigst oder nicht, muss im konkreten Einzelfall von Rundfunkrechtsexperten beurteilt werden. Für deine eigene Selbsteinschätzung dienen jedoch schon einmal folgende Fragen:

▶ **Verbreitest du dein Angebot live (linear)?** – Linear ist ein Angebot immer dann, wenn die Nutzer den Start oder das Ende des Programms nicht selbst bestimmen können. Da Live-Streams immer linear sind – sie werden beinahe simultan an den Zuschauer übermittelt –, wird diese Voraussetzung bei dir immer gegeben sein, wenn du *Facebook Live*, *Instagram Live* oder den Live-Streaming-Dienst *Twitch* nutzt, da dann nur du über Start und Ende der »Sendezeit« bestimmst und nicht der Zuschauer.

▶ **Richtet sich dein Angebot an mindestens 500 potenzielle Nutzer gleichzeitig?** – Hier kommt es nicht darauf an, wie viele Personen am Ende tatsächlich das Angebot konsumieren, sondern nur darauf, ob theoretisch diese Personenzahl erreicht werden kann, weil der Server mindestens 500 Zugriffe gleichzeitig erlaubt. Diese Voraussetzung wird ebenfalls erfüllt sein, wenn du die gängigen Live-Streaming-Dienste sozialer Netzwerke wie YouTube, Facebook oder Instagram nutzt.

▶ **Sind die Inhalte in ihrer Ausstrahlung zeitlich vorhersehbar?** – Je regelmäßiger ein Angebot ausgestrahlt werden soll, desto eher wird es als erlaubnispflichtiger Rundfunk zu qualifizieren sein. Wenn dein Live-Stream jeden Donnerstag um 18 Uhr läuft, ist das zeitlich vorhersehbar. Stets ist dies auch der Fall, wenn es einen umfangreichen Sendeplan dafür gibt oder die Sendung ohne nennenswerte Unterbrechungen läuft. Ein lediglich sporadischer, unregelmäßiger und/oder anlassbezogener Live-Stream auf deinem Social-Media-Profil ist hingegen kein Rundfunk.

▶ **Ist dein Angebot journalistisch-redaktionell gestaltet?** – Das Verbreiten von Bildern ohne jegliche weitere Bearbeitung (wie etwa das 1:1-Abfilmen von Live-Events ohne redaktionelle Gestaltung) ist keine journalistisch-redaktionelle Gestaltung. Eindeutig ist dieses Kriterium hingegen erfüllt, wenn das Angebot tatsächlich von einem Journalisten aufbereitet wurde oder von einem Presseunternehmen stammt.

▶ **Ist dein Angebot umfangreich und ausdifferenziert gestaltet?** – Je geplanter, umfangreicher und ausdifferenzierter das Angebot ist, desto eher fällt es unter den Rundfunkbegriff. Davon ist beispielsweise auszugehen, wenn du verschiedene Sendungen oder Sendungsbestandteile bereithältst.

Wenn du alle Fragen mit einem »Ja« beantworten musst, dann ist deine Art der Sendung sehr wahrscheinlich als Rundfunk einzustufen und benötigt eine Sendelizenz. Beantragst du diese jedoch nicht und stellt die zuständige Landesmedienanstalt offiziell fest, dass dein Angebot als Rundfunk zu qualifizieren ist, so wird sie dich vor die Wahl stellen: Entweder du stellst innerhalb von 6 Monaten einen Zulassungsantrag auf eine Sendelizenz, oder aber du passt dein Angebot innerhalb von drei Monaten dergestalt an, dass es keiner Zulassung mehr bedarf.

Praxisbeispiele

Erfolgreich Rundfunklizenzen beantragt haben bereits zahlreiche Web-TV-Streaming-Angebote wie *#heiseshow, rocketbeans.tv, schoenstatt.de, Isarrunde/Spreerunde, Sport1 Livestream, Latizon TV, amazing discoveries, dctp.tv, promiflash.tv* (siehe Abbildung 10.16) und *blabla.cafe*.

Schau dir am besten ein paar dieser Angebote genau an, und überlege, ob dein eigenes Angebot ähnlich aufgebaut ist. Wenn ja, benötigst du wahrscheinlich eine Lizenz.

Abbildung 10.16 Ein Überblick über die Sendungen auf »Promiflash TV«

Entscheidest du dich dafür, eine Zulassung zu beantragen, so musst du einige juristische Hürden nehmen. Zunächst solltest du den schriftlichen Antrag bei der Landesmedienanstalt des Bundeslandes stellen, in deren Gebiet du deinen Wohnsitz bzw. Geschäftssitz hast. In dem Antrag musst du zunächst beschreiben, was für ein Programm du planst. Zusätzlich musst du bestimmte Unterlagen beibringen und einige formale Erklärungen einreichen, damit das Zulassungsverfahren beginnen kann.

Dabei gibt es auch einige persönliche Voraussetzungen, die du als Anmelder erfüllen musst. Dazu gehören unter anderem deine unbeschränkte Geschäftsfähigkeit, ein Sitz innerhalb der EU bzw. des EWR oder die Vorlage eines Führungszeugnisses. Auch musst du Gewähr dafür bieten, dass du den Rundfunk unter Beachtung der gesetzlichen Vorschriften veranstalten und die auf dieser Grundlage erlassenen Verwaltungsakte einhalten wirst (wie allgemeine Programmgrundsätze, Werbe- und Sponsoringregelungen, Vorschriften über den Schutz der Menschenwürde und der Jugend sowie Gewinnspielregelungen).

In sachlicher Hinsicht musst du einen Jugendschutzbeauftragten festlegen und vorweisen, dass du das Programm wirtschaftlich stemmen kannst. Dazu musst du auch angeben, mit wie viel Personal du es betreiben willst.

Wenn der Antrag eingegangen ist, prüft die Zentrale der Landesmedienanstalt, ob die Genehmigungsvoraussetzungen erfüllt sind. Dann wird der Antrag an die Kommission für Zulassung und Aufsicht weitergegeben. Zudem wird er der *Kommission zur Ermittlung der Konzentration im Medienbereich* (KEK) zugeleitet, die prüft, ob die Meinungsvielfalt gesichert ist. Anschließend geht der Antrag wieder zurück an die Kommission für Zulassung und Aufsicht und abschließend wieder in die Landesmedienanstalt, die über die Zulassung entscheidet.

Das ganze Zulassungsverfahren dauert maximal drei Monate und ist mit Kosten verbunden, die laut dem festgelegten Gebührenrahmen einmalig zwischen 1.000 und 10.000 € liegen. Die konkreten Gebühren richten sich nach dem Verwaltungsaufwand und dem wirtschaftlichen Wert der Firma im Einzelfall.

Erhältst du dann eine positive Entscheidung, so gilt diese als bundesweite Zulassung. Die Dauer der Zulassung ist in jedem Bundesland anders geregelt und beträgt beispielsweise in Nordrhein-Westfalen mindestens vier und höchstens zehn Jahre. Danach muss sie neu beantragt werden.

Hinweis

Solltest du fälschlicherweise zu dem Ergebnis kommen, dass du keine Sendelizenz benötigst, so kann es passieren, dass Dritte eine Beschwerde bei der Landesmedienanstalt einreichen und diese dann ein förmliches Verfahren gegen dich bzw. dein Unternehmen einleitet. Hier kann anwaltliche Beratung im Voraus daher durchaus sinnvoll sein.

10.5 Gewinnspiele in sozialen Netzwerken

Vielleicht hast auch du schon einmal über deinen Social-Media-Kanal etwas verlost. Aber hast du dir dabei auch Gedanken darüber gemacht, welche rechtlichen Vorgaben damit verbunden sind? Wenn ja, dann ist dies natürlich löblich – dennoch solltest du an dieser Stelle die Gelegenheit nutzen und kontrollieren, ob du auch wirklich an alles gedacht hast. Wenn du dir über gesetzliche Gewinnspielregelungen bisher noch keine Gedanken gemacht hast, dann ist der folgende Abschnitt genau das Richtige für dich!

Zuerst einmal eine Definition: Ein *Gewinnspiel* liegt immer dann vor, wenn du ohne Leistung eines Einsatzes zur Teilnahme an einem Spiel aufforderst. Der Gewinner wird dabei durch irgendein Zufallselement wie zum Beispiel die Ziehung eines Loses bestimmt.

Bei der Veranstaltung eines Gewinnspiels solltest du beachten, dass du die Teilnahmebedingungen klar und eindeutig angeben musst. Diese müssen zudem leicht einsehbar und ständig verfügbar sein. Ein bloßer Verweis auf eine andere Quelle reicht in der Regel nicht aus.

Im Detail muss das Gewinnspiel dabei folgende Informationen umfassen:

▶ genaue Angabe des Beginns und der Dauer des Gewinnspiels

▶ Teilnahmeberechtigungen, z. B. Altersbeschränkung

▶ Teilnahmebedingungen

▶ Gewinnspielverfahren

▶ genaue Angabe der möglichen Gewinngegenstände

▶ Angaben zur Auslosung

▶ Termin für die Verkündung des Gewinners

▶ Ausschluss des Rechtswegs

▶ Hinweise zum Datenschutz

Achtung: Datenschutz beachten!

Die persönlichen Daten der Teilnehmer müssen selbstverständlich ausreichend geschützt sein. Es muss sichergestellt werden, dass sie ausschließlich zum Zwecke des Gewinnspiels genutzt werden und nicht zu Werbezwecken. Alles andere bedarf einer ausdrücklichen Einwilligung des Teilnehmers. Auch solltest du darauf achten, dass du mit der Einwilligungserklärung nicht mehr Daten erhebst, als für das Spiel zwingend notwendig sind.

Durchaus üblich ist es, dass Influencer als »Gegenleistung« für die Teilnahme am Gewinnspiel verlangen, dass die Teilnehmer ihrem Social-Media-Profil folgen oder den Beitrag teilen. Darüber hinaus kann auch auf der eigenen Seite ein Beitrag verfasst werden, der dann von den Nutzern mit einem Bild oder Textbeitrag kommentiert werden soll. Aus den Teilnehmern kann der Veranstalter dann selbst den Gewinner ermitteln. Dazu können Influencer auch Kooperationen mit Unternehmen eingehen (siehe Abbildung 10.17).

Diese Art der Veranstaltung von Gewinnspielen ist aus gesetzlicher Perspektive auch unproblematisch zulässig. Doch damit ist es nicht getan. Denn neben den gesetzlichen Vorgaben musst du bei der Veranstaltung eines Gewinnspiels auch die Vorgaben der sozialen Netzwerke beachten, sofern diese dazu Regelungen getroffen haben. Dafür musst du einen Blick in die Nutzungsbedingungen der von dir verwendeten Plattform werfen. Denn diese können deinem Vorhaben unter Umständen Grenzen setzen.

Praxisbeispiel!

Die Plattform Facebook beispielsweise verbietet es, den Gewinnspielteilnehmer dazu aufzufordern, den Werbebeitrag in seiner eigenen Chronik oder der eines Dritten zu teilen oder einen Freund darunter zu markieren, um teilnehmen zu können! Dies zeigt letztlich, wie wichtig es ist, auch einen Blick in die Nutzungsbedingungen zu werden. Denn die Konsequenzen der Plattformbetreiber können für Influencer unter Umständen deutlich empfindlicher sein als die gesetzlichen Folgen.

Abbildung 10.17 Die Food-Bloggerin Sally verlost in Kooperation mit dem Unternehmen GEFU Küchengeräte auf Facebook.

10.6   Die Impressumspflicht

Obwohl nicht minder wichtig und auch nicht weniger rechtsfolgenreich, halten noch immer viele Influencer nicht die nötigen Informationen und Kontaktinformationen auf ihren Kanälen wie Facebook, Twitter, Instagram oder YouTube bereit –

die Rede ist vom *Impressum*, auch *Anbieterkennzeichnung* genannt. Dies ist jedoch problematisch, da zur Veröffentlichung eines Impressums jeder verpflichtet ist, der zu nicht ausschließlich persönlichen oder familiären Zwecken dienende Online-Angebote bereitstellt. Dazu wirst auch du als Influencer gehören.

Trifft dich als Influencer eine Impressumspflicht, dann stellt sich dir nun sicherlich die Frage, welche Bestandteile das Impressum mindestens enthalten muss. Die Antwort hängt davon ab, auf welcher gesetzlichen Grundlage das Impressum erstellt wird. Denn Impressum ist nicht gleich Impressum!

Gesetzliche Regelungen zur Impressumspflicht finden sich dabei sowohl im Telemediengesetz als auch im Rundfunkstaatsvertrag. Ein Impressum nach § 5 Abs. 1 TMG musst du als Influencer immer dann platzieren, wenn du mit deinem Kanal Werbeeinnahmen erzielst, da dein Profil oder Kanal dann unter Umständen unter die Kategorie eines Telemediendienstes gegen Entgelt fällt. Darüber hinaus kann dich eine »abgespeckte« Version der Anbieterkennzeichnung nach § 55 Rundfunkstaatsvertrag treffen. Dies ist dann der Fall, wenn es sich um nicht geschäftsmäßige Telemedien im Sinne des § 55 Abs. 1 RStV oder um journalistisch-redaktionelle Angebote nach § 55 Abs. 2 RStV handelt. Letzteres ist dann der Fall, wenn eine Presseähnlichkeit aufgrund des Ziels der Leistung eines Beitrags zur öffentlichen Meinungsbildung und Information angenommen werden kann. Ob deine Beiträge bzw. dein Kanal tatsächlich unter diesen sehr weit gefassten Begriff fallen, muss im konkreten Einzelfall entschieden werden.

Hinweis

Wenn du dir nicht sicher bist, was alles in dein Impressum gehört, dann kannst du dich auch des Rechtstexters bedienen, den die Rechtsanwaltskanzlei Wilde Beuger Solmecke in Kooperation mit Trusted Shops entwickelt und auf der Webseite *http://wbs.is/rom-rechtstexter* online gestellt hat.

Bist du zur Anbieterkennzeichnung nach § 5 Abs. 1 TMG verpflichtet, dann musst du die folgenden Informationen bereithalten (siehe Abbildung 10.18):

▶ Name

▶ Anschrift

▶ E-Mail-Adresse

▶ Telefonnummer

▶ ggf. Angabe der Umsatzsteueridentifikationsnummer

Influencer, die journalistisch-redaktionell gestaltete Kanäle im Sinne des § 55 RStV betreiben, trifft die Pflicht, einen Verantwortlichen mit Angabe von

► Namen und

► Anschrift

zu benennen.

> **Hinweis**
>
> Je nach Art und Weise der Gestaltung der Beiträge und des Kanals kannst du sowohl zur Einhaltung der Angaben nach dem Telemediengesetz als auch nach dem Rundfunk-staatsvertrag verpflichtet sein. Wenn du dir nicht sicher bist, ob dich neben der »nor-malen« Impressumspflicht auch die für journalistisch-redaktionell gestaltete Webseiten trifft, dann ergänze einfach dein Impressum um die Angabe eines Verantwortlichen. Denn ein Verstoß gegen die Impressumspflicht kann als Ordnungswidrigkeit mit einer Geldbuße von bis zu 50.000 € geahndet werden und Abmahnungen von Konkurrenten zur Folge haben.

Abbildung 10.18 Die Influencerin Janina Uhse hat eine eigene Website, auf der sie auch ein Impressum bereithält.

Zu wissen, ob man zur Anbieterkennzeichnung verpflichtet ist, ist das eine. Das andere ist daneben die Frage, an welcher Stelle die Kennzeichnung zu erfolgen hat. Denn ähnlich wie schon bei der Werbekennzeichnung erläutert, hat der Gesetzgeber auch klare Vorstellungen von der genauen Platzierung und Erreichbarkeit des Impressums: Er verlangt, dass die Anbieterkennzeichnung ohne wesentliche Zwischenschritte abgerufen werden kann. Du musst also dafür sorgen, dass die Informationen zu deiner Person als diejenige oder derjenige, die oder der den YouTube-Kanal, die Facebook-Seite oder das Instagram-Profil betreibt, für den Nutzer leicht erkennbar, unmittelbar erreichbar und ständig verfügbar gehalten werden.

Doch was so einfach klingt, ist in der praktischen Umsetzung häufig nicht ganz leicht. Gerade innerhalb der Social-Media-Auftritte stellt sich aufgrund der beschränkten gestalterischen Möglichkeiten regelmäßig die Frage, wo das Impressum rechtssicher platziert werden kann.

Aufgrund dieser Problematik gilt grundsätzlich, dass das Impressum nicht vollständig auf dem Profil des sozialen Netzwerks abrufbar sein muss, sondern dass es möglich sein muss, die Informationen ohne wesentliche Zwischenschritte abzurufen. Der Bundesgerichtshof (Urteil vom 20.7.2006, Az. I ZR 228/03) geht davon aus, dass die gesetzlichen Voraussetzungen erfüllt sind, wenn das Impressum über zwei Klicks erreicht werden kann – die sogenannte *Zwei-Klick-Lösung*.

Praxistipp!

Für die Umsetzung gibt es verschiedene Möglichkeiten:

▶ Es kann ein sprechender Link verwendet werden: *www.musterseite.de/impressum*.

▶ Weiterhin besteht die Möglichkeit, vor den Link einen aufklärenden Zusatz zu setzen: »Impressum: *www.musterseite.de*«.

▶ Der Link kann auch auf das Wort »Impressum« gelegt werden.

Der Vorteil an einem Link zur Homepage besteht ganz grundsätzlich darin, dass du Änderungen oder Aktualisierungen im Impressum nur auf deiner Webseite vornehmen musst und nicht zusätzlich auf jeder einzelnen Plattform, die du benutzt.

Um die Bereithaltung des Impressums zu vereinfachen, haben inzwischen auch die sozialen Netzwerke eigene Darstellungsformen programmieren lassen. So bietet dir beispielsweise Facebook eine eigene Impressumsrubrik ein, die relativ einfach bedient werden kann: Du kannst in das Feld IMPRESSUM alle erforderlichen Angaben eintragen und auf diese Weise ein rechtssicheres Impressum erstellen.

Influencer, die einen Videokanal auf der Plattform YouTube betreiben, können das Impressum unter der Rubrik KANALINFO als Link eingeben und die URL zu ihrer Homepage hinterlegen. Der Nutzer klickt also beim ersten Mal auf KANALINFO, beim zweiten Mal auf IMPRESSUM und bekommt die Anbieterinformationen dann auf der Homepage angezeigt.

Den Influencern, die ihre Follower über Instagram erreichen, empfehle ich die Variante, einen Link in den Profilinformationen unter der Rubrik WEBSEITE zu platzieren, der dann zum Impressum auf deiner Webseite führt (siehe Abbildung 10.19). Denn nur an dieser Stelle kann der Link dann von den Nutzern auch angeklickt werden. Anders ist dies hingegen mit Verlinkungen in der Biographie, weshalb ich dir davon abraten möchte.

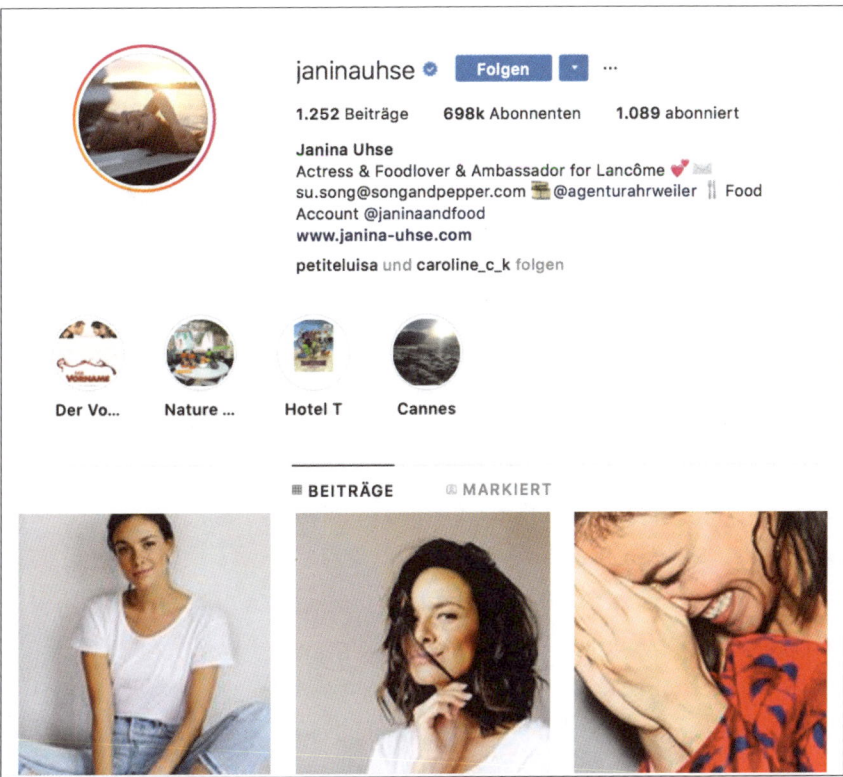

Abbildung 10.19 Das Impressum der Influencerin Janina Uhse erreicht man über einen Klick auf den Link zu ihrer Website (*https://www.instagram.com/janinauhse/*).

10.7   Datenschutzerklärung

Ein weiterer wichtiger Aspekt für dich ist neben der Impressumspflicht die *Datenschutzerklärung*. Mithilfe der Datenschutzerklärung werden diejenigen, die von Datenverarbeitungsprozessen betroffen sind, darüber aufgeklärt, in welchem Umfang und zu welchen Zwecken du ihre personenbezogenen Daten verwendest. Denn der Gesetzgeber fordert Transparenz, damit die Betroffenen autonom über die Verarbeitung ihrer Daten entscheiden können. Diesem Transparenz- und Informationsgedanken wird die Datenschutzerklärung gerecht.

Ob du nun eine Datenschutzerklärung benötigst, hängt davon ab, ob du Daten verarbeitest. Der auch für dich praktisch bedeutsamste Fall ist der Betrieb einer Website, die personenbezogene Daten der Besucher erhebt und diese beispielsweise über Webanalyse-Instrumente wie Google Analytics auswertet. Nur dann, wenn allein anonyme, systembezogene oder statistische Daten ohne Personenbezug verarbeitet werden (z. B. der Browsertyp, das verwendete Betriebssystem oder die Uhrzeit der Serveranfrage), bedarf es keiner Datenschutzerklärung.

Hinweis

Der Inhalt der Datenschutzerklärung kann sich je nach Art der angebotenen Dienste und der auf der Website aktiven Analyse-Tools stark unterscheiden. Daher reichen pauschale Platzhaltertexte in den meisten Fällen nicht aus. Wichtig bei der Formulierung ist jedoch, dass du darauf achtest, die Informationen leicht verständlich zu formulieren.

Geht es dann um die konkrete Formulierung der Datenschutzerklärung, dann kannst du dir als Faustregel merken, dass die Erklärung Antwort auf alle Fragen geben können muss, die Betroffene sich berechtigterweise im Zusammenhang mit der Verarbeitung ihrer personenbezogenen Daten durch dich stellen könnten. Dies umfasst insbesondere Fragestellungen wie:

▶ Welche personenbezogenen Daten werden erhoben?

▶ Was passiert mit den erhobenen Daten?

▶ Warum werden überhaupt Daten erhoben?

▶ Werden die erhobenen Daten an Dritte weitergegeben?

▶ Findet ein grenzüberschreitender Datenverkehr statt?

▶ Welche Maßnahmen werden ergriffen, um die Sicherheit der Daten zu gewährleisten?

Überblick: Inhalt der Datenschutzerklärung

In Art. 13 DSGVO findet sich eine Liste der Informationen, die nach der neuen Datenschutz-Grundverordnung in einer Datenschutzerklärung stehen müssen und an der du dich orientieren kannst. Zwingend sind demnach Informationen zu:

▶ Name und Kontaktdaten des Verantwortlichen (ggf. auch Vertreter)

▶ Zweck und Rechtsgrundlage der Verarbeitung

▶ falls die Rechtsgrundlage der Datenverarbeitung Art. 6 Abs. 1 lit. f DSGVO ist: Angabe der berechtigten Interessen des Verantwortlichen oder Dritten

▶ Aufklärung über Rechte des Betroffenen: Auskunft, Berichtigung, Löschung, Einschränkung, Widerspruch, Datenübertragung

▶ Hinweis auf Beschwerderecht bei einer Aufsichtsbehörde

▶ Speicherdauer der Daten

▶ falls eine Einwilligung Rechtsgrundlage der Datenverarbeitung ist: Hinweis auf die Möglichkeit des jederzeitigen Widerrufs

- sofern vorhanden: Kontaktdaten des Datenschutzbeauftragten
- bei gesetzlicher oder vertraglicher Pflicht zur Datenerhebung: Aufklärung des Betroffenen über diese Pflicht und die möglichen Folgen einer Nichtbereitstellung
- beim Einsatz automatisierter Entscheidungsfindungen, einschließlich Profiling: Aufklärung hierüber, insbesondere über die zugrunde liegende Logik, die Tragweite und die angestrebten Auswirkungen für den Betroffenen
- bei einer Weitergabe an Dritte: Angabe der Empfänger bzw. der Kategorie von Empfängern
- Angabe der Absicht zur Datenübermittlung in ein Drittland und Angabe des von der Kommission festgelegten Datenschutzniveaus des Drittlandes
- im Falle von Übermittlungen nach Art. 46, 47 oder 49 DSGVO: Verweis auf die geeigneten oder angemessenen Garantien, die verbindlichen internen Datenschutzvorschriften und das Vorliegen der jeweiligen Voraussetzungen sowie auf die Möglichkeit und die Modalitäten des Erhalts einer Kopie

Auch die Platzierung der Datenschutzerklärung ist, ähnlich wie beim Impressum, wichtig. Inzwischen hat es sich etabliert, diese auf Websites meist am Fuß der Seite in der Nähe des Impressums zu platzieren (siehe Abbildung 10.20), weshalb der durchschnittliche Internetnutzer inzwischen erwartet, diese Informationen dort zu finden. Der entsprechende Link sollte dann mit den Begriffen DATENSCHUTZ, DATENSCHUTZERKLÄRUNG oder DATENSCHUTZINFORMATIONEN bezeichnet werden.

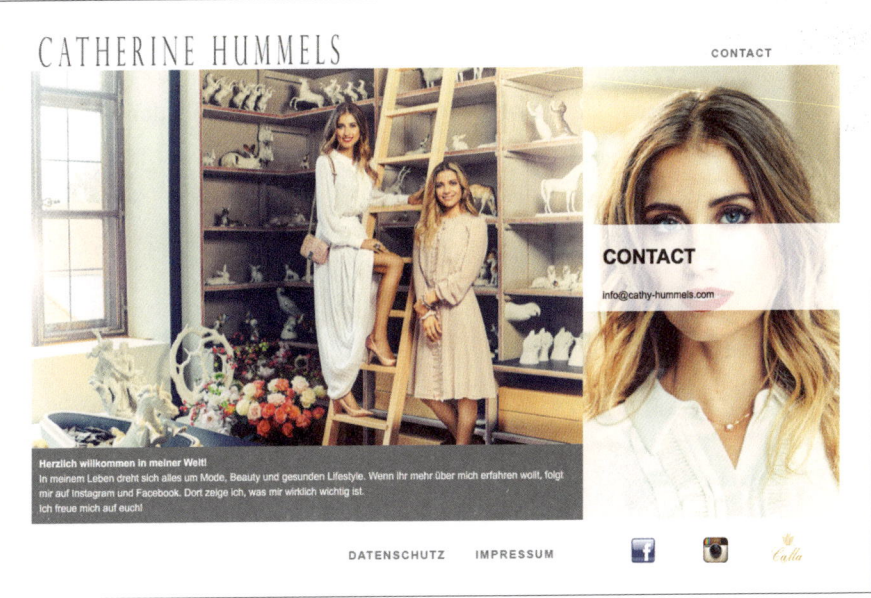

Abbildung 10.20 Influencerin Cathy Hummels platziert den Datenschutzhinweis ebenfalls an den Fuß der Website (*http://www.cathy-hummels.com/*).

Hinweis!

Es ist jedoch nicht zulässig, die Datenschutzerklärung innerhalb des Impressums unter-zubringen. Datenschutzerklärung und Impressum sind klar voneinander zu trennen. Vorlagen für eine Datenschutzerklärung und ein Impressum enthalten die von mir zu-sammen mit Sibel Kocatepe veröffentlichten Praktiker-Handbücher »Recht im Online-Marketing« sowie »DSGVO für Website-Betreiber«, die beide ebenfalls im Rheinwerk Verlag erschienen sind. Beachte jedoch bitte, dass eine Anpassung dieser Vorlagen auf deinen speziellen Einzelfall erforderlich sein kann!

10.8   Fazit

Vertragsgestaltung, Urheberrechte, Kennzeichnung von Werbung, Sendelizenzen, Gewinnspielbestimmungen, Impressumspflicht und Datenschutzerklärung ... – ein Ritt durch eine Vielzahl von Rechtsgebieten mit vielen Stolperfallen und schwieri-gen Begriffen. Doch ich bin sicher, dass du schon nach der ersten Lektüre dieses Kapitels deutlich sensibler in Bezug auf die rechtlichen Belange beim Influencer-Dasein geworden bist. Auch wenn du nun vielleicht nicht hundertprozentig weißt, welche Maßnahmen du ergreifen musst, weißt du zumindest, welche Themen dich betreffen, und du kannst dort noch einmal vertieft einsteigen – das ist viel wert! Im Auge behalten musst du jedoch auch die weiteren Entwicklungen. Denn Influencer sind eine recht neue Medienerscheinung, zu der es noch keine solide Rechtspre-chungsbasis gibt. Dies betrifft insbesondere die äußerst problematische Pflicht zur Kennzeichnung als Werbung. Theoretisch gelernt hast du nun einiges, jetzt geht es für dich an die praktische Umsetzung – ich wünsche dir viel Erfolg dabei!

Index

W

Z